国家示范性高职院校建设项目成果
高等职业教育教学改革系列规划教材
四川省省级精品课配套教材

# 西门子 S7-300 PLC 及工业网络基础应用

王舒华 主 编

黎 智 罗华富 副主编

罗光伟 本柏忠 主 审

電子工業出版社

Publishing House of Electronics Industry

北京·BEIJING

## 内 容 简 介

本书从实用角度出发，为学生讲述西门子 S7-300/400 PLC 应用技术、WinCC 组态软件、MPI 通信、PROFIBUS 网络、工业以太网等专业知识，按照电气自动化技术专业应用岗位职业标准，依据实际岗位职责，按照学生职业能力培养的基本规律，以真实工作任务及其工作过程为依据整合教学内容，设计了 5 个由浅入深的项目，分别以西门子 PLC 应用、组态软件应用、工业网络设计、装调和设备联网监控为载体，将教、学、做有机融合，把理论学习和实践训练贯穿其中。本书以能力为本，重视操作技能的培养，是集理论与实践为一体的专业课程教材。

本书可作为本科及高等职业院校电气工程及其自动化、电子信息工程、仪器仪表、计算机、机械电子及相关专业的教材，也可作为相关领域工程技术人员的参考书或培训教材。



**图书在版编目（CIP）数据**

西门子 S7-300 PLC 及工业网络基础应用/王舒华主编. —北京：电子工业出版社，2015.8
高等职业教育教学改革系列规划教材
ISBN 978-7-121-26410-8

Ⅰ. ①西…　Ⅱ. ①王…　Ⅲ. ①plc 技术－高等职业教育－教材　Ⅳ. ①TM571.6

中国版本图书馆 CIP 数据核字（2015）第 138304 号

策划编辑：王艳萍
责任编辑：王艳萍
印　　刷：北京季蜂印刷有限公司
装　　订：北京季蜂印刷有限公司
出版发行：电子工业出版社
　　　　　北京市海淀区万寿路 173 信箱　邮编 100036
开　　本：787×1 092　1/16　印张：14.75　字数：377.6 千字
版　　次：2015 年 8 月第 1 版
印　　次：2015 年 8 月第 1 次印刷
印　　数：3 000　定价：35.00 元

凡所购买电子工业出版社图书有缺损问题，请向购买书店调换。若书店售缺，请与本社发行部联系，联系及邮购电话：（010）88254888。

质量投诉请发邮件至 zlts@phei.com.cn，盗版侵权举报请发邮件至 dbqq@phei.com.cn。

服务热线：（010）88258888。

# 前　言

为适应高技能、高素质人才培养需求，根据高等职业教育电气类专业技能要求及电气自动化技术专业应用岗位职业标准，本着校企共建、再现现场的教学思路，我们编写了本书。

本书从实践应用的角度出发，深入浅出地介绍了西门子 S7-300/400 PLC 应用技术、WinCC 组态软件、MPI 通信、PROFIBUS 网络和工业以太网通信技术，通过实例设计，使学生熟练掌握 PLC 应用技术、通信技术和组态技能，从而体现高等职业学校的“以实践操作培养为重点”的教学模式。

工业网络技术在向社会生活渗透的同时，也在与传统产业紧密结合，并且已经渗透到传统企业开发、生产、经营和售后服务的各个环节。网络工程师是最具增值潜力的职业，掌握企业核心网络架构、安全技术，具有不可替代的竞争优势，职业发展前景广阔。本书将理论与实践、知识与技能有机地融于一体，着重操作技能的培养，突出工业网络控制系统的设计、安装调试、维护、故障诊断和维修。

本书遵循任务驱动、行动导向，着力培养学生职业能力。每个单元的项目方案设计、线路安装、程序编写、监控画面组态、软硬件的调试及技术文件的编写可由学生参与完成，促进学生学习的积极性和主动性。

本书分为 5 个项目，四川工程职业技术学院的李锐、罗华富老师编写项目一，张斌、殷佳琳老师编写项目二，王舒华老师编写项目三，叶小川、初宏伟老师编写项目四，黎智老师编写项目五。全书由王舒华老师统稿，秦敏老师校对，罗光伟、本柏忠老师主审。本书在编写过程中得到了四川工程职业技术学院工业网络精品课程组全体老师的大力指导和帮助，在此一并表示衷心感谢。

本书有配套的立体化教学资源，包括课程大纲、学习指南、电子教学课件、习题答案等，请有需要的教师登录华信教育资源网（www.hxedu.com.cn）免费注册后进行下载，如有问题请在网站留言或与电子工业出版社联系（E-mail：hxedu@phei.com.cn）。

由于作者水平有限，书中难免有错误之处，欢迎广大读者提出宝贵意见。

编　者

2015 年 3 月

# 目　　录

# 项目一　封口机恒温控制系统设计

## 教学方案设计

| 教学程序 | 课堂活动 | 资　源 |
|---|---|---|
| 课题引入 | 目的：了解本单元任务，分析封口机的功能及控制要求，提出需要掌握的新知识、新设备<br>1. 分析任务书，了解本单元任务<br>2. 教师引导学生分析封口机的功能及控制要求<br>3. 教师引导学生提出完成本单元需要学习的新知识和新设备，包括模块化 PLC 概念和封口机 | ● 项目任务书<br>● 多媒体设备<br>● 编程器<br>● S7-300 PLC<br>● 封口机 |
| 活动一 | 目的：熟悉 S7-300 PLC 系统特性和硬件配置安装<br>1. 讲授 S7-300 PLC 基本概念和工作原理，以及模块基本结构、模板规范<br>2. 讲授并演示 S7-300 PLC 系统配置、安装，正确连接输入、输出线路 | ● 教材<br>● 多媒体设备 |
| 活动二 | 目的：熟悉 STEP 7 V5.3 软件使用，熟练编写控制程序<br>1. 学习 STEP 7 V5.3 软件使用方法<br>2. 指导学生根据项目要求编写控制程序 | ● 教材<br>● 编程器<br>● 多媒体设备 |
| 活动三 | 目的：进一步学习 S7-300 PLC 编程指令，熟悉用户程序结构，掌握结构化编程方法<br>1. 学习 S7-300 的用户程序结构和编程指令<br>2. 学生通过实例练习，掌握运算指令的使用，熟悉用户程序结构，熟练掌握结构化编程方法 | ● 教材<br>● 编程器<br>● 多媒体设备<br>● S7-300 PLC<br>● 封口机 |
| 活动四 | 目的：学习模拟量闭环控制方法，掌握 PID 指令使用方法，熟悉封口机恒温闭环控制方法<br>1. 掌握模拟量闭环控制功能<br>2. 学生通过实例练习，掌握 PID 指令使用方法 | ● 教材<br>● 编程器<br>● 多媒体设备<br>● S7-300 PLC<br>● 封口机 |
| 活动五 | 目的：学生设计控制方案，进一步掌握控制方案的制订方法和注意事项<br>1. 学生编制项目进程表，拟订改造方案<br>2. 教师和同学一起讨论、审查，确定控制方案<br>3. 学生绘制控制系统结构框图、电气原理图，进行元件选型<br>4. 学生确定主要配置与初步预算<br>5. 学生查看场地等辅助设施是否符合要求<br>6. 教师在整个过程中给予一定的引导和指导 | ● 各种技术文件范本<br>● 计算机<br>● 封口机<br>● S7-300 PLC<br>● 现场设备<br>● 多媒体设备 |

续表

| 教学程序 | 课堂活动 | 资　源 |
| --- | --- | --- |
| 活动六 | 目的：实施方案，完成本单元任务，熟练掌握封口机恒温控制的设计、安装、调试方法与步骤<br>1. 学生编写施工工艺文件，按工艺标准图安装、连接控制线路并进行线路检查<br>2. 学生编写并调试PLC控制程序并仿真调试<br>3. 学生编写PID程序并离线调试<br>4. 学生进行整机调试<br>5. 教师在整个过程中给予一定的引导和指导 | ● 计算机<br>● 现场设备<br>● 各种技术文件范本<br>● 常用电工工具和测量仪器<br>● S7-300 PLC<br>● 封口机 |
| 活动七 | 目的：检查与验收，查看学生在项目实施过程中存在的优缺点<br>1. 教师检查并考核项目的完成情况，包括功能的实现、工期、同组成员合作情况及存在的问题等<br>2. 教师检查图纸是否符合标准、是否整洁<br>3. 教师检查技术文件是否完整、规范 | ● 计算机<br>● 现场设备<br>● 完成的各种技术文件<br>● 常用电工工具和测量仪器<br>● S7-300 PLC<br>● 封口机 |
| 活动八 | 目的：总结提高，帮助学生尽快提高综合能力和素质<br>1. 学生总结在工作过程中的经验教训和心得体会，对任务完成情况做出全面评价<br>2. 教师总结全班情况并提出改进意见 | ● 多媒体设备<br>● 各种技术文件 |

## 学习任务及要求

### 1. 控制对象说明

封口机外形如图1-1所示，其中，传送带由可变速的电机传动，加热与温度检测部分安装有热电偶和电加热器，封口机上方有一个转速调节电位器和一个温度指示仪表，封口机出袋口安装有一个光电传感器。相关参数如下：

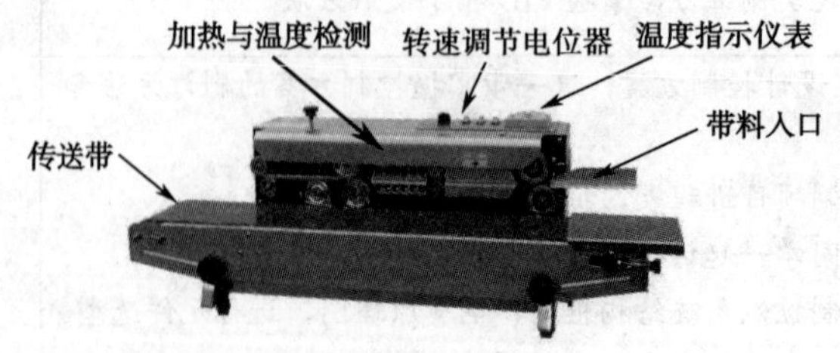


图1-1　封口机外形

① 封袋高度：65～420mm。

② 封口宽度：4～12mm。

③ 封口厚度：0.02～0.75mm。

④ 外形尺寸：800mm×400mm×300mm。

⑤ 电源：220V、50Hz。

⑥ 功率：0.52kW。

### 2. 学习目的

（1）了解以下国家/行业相关规范与标准：

① 盘、柜及二次回路接线施工及验收规范：GB 50171—2012。

② 电气设备安全设计导则：GB 4064—83。

③ 国家电气设备安全技术规范：GB 19517—2009。

④ 机械安全机械电气设备：通用技术条件 GB 5226.1—2008。

⑤ 用电安全导则：GB/T 13869—2008。

（2）熟悉 S7-300 PLC 模板安装与规范：CPU 模块、电源模块、开关量输入/输出模块、模拟量输入/输出模块、其他模块。

（3）学会使用编程软件（STEP 7 V5.3）：

① 建立和编辑项目，创建块和库，定义符号，上传、下载程序及在线监测变量，调试。

② S7 PLC SIM 仿真软件的使用。

③ 故障诊断。

（4）S7-300 的用户程序结构：用户程序的基本结构、数据块、多重背景、组织块与中断处理。

（5）熟悉 PLC 编程：S7-300 编程语言、S7-300 存储区、基本位逻辑指令。

（6）掌握数据处理指令：装入指令与传送指令、比较指令、数据转换指令。

（7）掌握数学运算指令：整数数学运算指令、浮点数数学运算指令、累加器指令。

（8）掌握逻辑控制指令：跳转指令、梯形图中的状态位触点指令、循环指令。

（9）掌握程序控制指令：逻辑块指令、主控继电器指令、数据块指令、梯形图的编程规则。

（10）掌握模拟量闭环控制功能：闭环控制的实现方法，使用系统功能块实现闭环控制，连续 PID 控制器 SFB41，脉冲发生器 SFB43。

（11）学习规范编写技术文件：项目控制方案，原理图、布置图、接线图，元件清单，项目进程表，程序流程图，控制程序，个人设计总结。

### 3. 改造要求

（1）用按钮开关控制封口机设备（包括传送带电机、风扇和加热器）的启、停。

（2）实现电机的自动调速。

（3）实现封口计数。

（4）利用 PID 技术实现封口机恒温闭环控制。

（5）相关技术指标如下：

① 温度范围：100～150℃任意设置。

② 误差范围：±1℃。

③ 温度上升时间：≤1min。

④ 封口速度：根据温度高低实现速度无级（或多级）切换。

### 4. 工作条件

（1）电源：220V、20kW。
（2）S7-300 PLC，CPU 313C-2 DP。
（3）封口机。
（4）编程器。

### 5. 需准备的资料

S7-300 PLC 手册、STEP 7 V5.3 软件使用说明书、热电偶说明书、教材、封口机资料。

### 6. 预习要求

（1）读懂 S7-300 PLC 手册中有关通信部分内容。
（2）阅读 STEP 7 V5.3 软件使用手册，了解软件的使用方法。
（3）了解相关的国家/行业标准。
（4）复习闭环控制的概念和 PID 知识。

### 7. 重点和难点

（1）重点：S7-300 的硬件安装、S7-300 的模板规范、STEP 7 软件的使用、S7-300 的编程方法、模拟量模块的应用、闭环 PID 控制概念、控制方案确定、项目的组织实施、PID 控制程序的编写、技术文件的编写。

（2）难点：控制方案确定、STEP 7 软件的使用、S7-300 的编程方法、元件选择与安装、配线工艺是否符合规范、闭环 PID 控制程序的编写、技术文件的编写。

### 8. 学习方法建议

（1）项目开始前，必须做好充分预习。
（2）遇到问题要主动与同学、老师讨论。
（3）要主动查阅相关资料。
（4）项目实施中要主动、积极地自主完成。
（5）在项目实施中遇到的问题一定要做好详细记录。

### 9. 学生需完成的资料

设计方案，原理图、位置图、布线图，调试记录，元件清单，项目进程表，程序框图及程序清单，项目及程序电子文档，个人总结。

### 10. 总结与思考

（1）总结自己在项目中的得与失，以后要注意和改进的地方。
（2）每做一步的时候要多思考，多问几个为什么。
（3）在本项目学习中，学到了哪些理论知识？掌握了哪些实践工作技能？
（4）编写 PID 程序有几种方式？
（5）普通模拟量模块与热电偶模块有什么区别？

# 1.1 S7-300 PLC 的系统特性

## 1.1.1 PLC 简介

### 1. PLC 概述

可编程控制器（PLC）是集计算机技术、自动控制技术、通信网络技术于一体的新型自动控制装置，其性能优越，已被广泛应用于工业控制的各个领域。现在，PLC 已成为工业自动化的三大支柱技术（PLC、工业机器人、CAD/CAM）之一，PLC 应用已经成为控制领域的一个潮流。随着电气技术的发展，PLC 技术成为从事相关专业的人员必不可少的技能之一。

1987 年，国际电工委员会（IEC）对可编程控制器做了如下定义：可编程控制器是一种数字运算操作的电子系统，专为在工业环境下应用而设计。它采用可编程存储器，用来在其内部存储执行逻辑运算、顺序控制、定时、计数和算术运算等操作的指令，并通过数字式、模拟式的输入和输出，控制各种机械或生产过程。可编程控制器及其有关外部设备，都按易于与工业控制系统连成一个整体、易于扩充其功能的原则设计。

现在，PLC 不仅能进行逻辑控制，在模拟量的闭环控制、数字量的智能控制、数据采集、监控、通信联网及集散控制等方面都得到广泛的应用。如今 PLC 都配有 A/D、D/A 转换及算术运算功能，有的还具有 PID 功能。这些功能使 PLC 应用于模拟量的闭环控制、运动控制、速度控制等；PLC 具有输出和接收高速脉冲的功能，配合相应的传感器及伺服装置，可以实现数字量的智能控制；PLC 配合可编程终端设备（如触摸屏），可以实时显示采集到的现场数据及分析结果，为分析、研究系统提供依据；利用 PLC 的自检信号可实现系统监控；PLC 具有较强的通信功能，可与计算机或其他智能装置进行通信和联网，从而能方便地实现集散控制（DCS）。功能完备的 PLC 不仅能满足控制的要求，还能满足现代化大生产管理的需要。

### 2. PLC 的特点

由于控制对象的复杂性、运行环境的特殊性和运行工作的连续、长期性，使 PLC 在设计、结构上具有许多其他控制器所不可比拟的优点。

（1）可靠性高、抗干扰能力强

在继电器控制系统中，器件老化、脱焊、触点的抖动及触点电弧造成熔焊等现象是不可避免的，大大降低了系统的可靠性。而在 PLC 控制系统中，大量的开关动作是由无触点的半导体电路来完成的，加之 PLC 在硬件和软件方面都采取了强有力的措施，使产品具有极高的可靠性，故 PLC 可直接安装在工业现场中稳定地工作。据有关数据统计，国内外使用 PLC 的平均无故障率可以达到几万甚至几十万小时以上。PLC 在硬件和软件方面主要采取以下措施来提高 PLC 的可靠性。

① 硬件方面采取的措施。

由于 PLC 对其信号采集回路、负载驱动回路采用了严格的措施，如屏蔽措施、多种形式的滤波电路、光电隔离电路、模块式结构等，减少或避免了外界电磁信号对 PLC 运行的影响，有效地保证了 PLC 的可靠性，以减少故障和误动作。

② 软件方面采取的措施。

PLC 在设计时，专门设计了自诊、自检程序，在 PLC 上电、运行中能定时地对 PLC 实现自诊。当检测到故障时，立即把当前状态保存起来，并禁止程序继续运行，以防存储信息被破坏。故障排除后立即恢复到故障前的状态继续执行。PLC 还设置监视定时器，如果程序每次循环的执行时间超过规定值，表明程序已进入死循环，则立即报警。PLC 的后备电池（电源系统）对用户程序及动态数据进行保护，确保在运行中停电也不会使信息丢失。

（2）灵活性和通用性强

在 PLC 控制的系统中，当控制功能改变时只需修改程序即可，PLC 外部接线改动极少，甚至可不必改动。这是继电器控制电路无法比拟的。

（3）编程语言简单易学

对 PLC 使用者不要求精通计算机方面复杂的硬件和软件知识。大多数 PLC 具有类似继电器控制电路的“梯形图”语言编程方式，清晰直观、简单易学，也便于程序的分析设计。

（4）PLC 与外部设备连接简单、使用方便

用微机控制时，要在输入/输出接口电路上做大量工作，才能使微机与控制现场的设备连接起来，调试也比较烦琐。而 PLC 的输入/输出接口已经做好，其输入接口可以直接与各种输入设备（如按钮、各种传感器等）连接，输出接口具有较强的驱动能力，可以直接与继电器、接触器、电磁阀等强电电器连接，接线简单，使用非常方便。

（5）PLC 的功能强大

① PLC 利用程序进行定时、计数、顺序、步进等控制，十分准确可靠。② PLC 具有 A/D 和 D/A 转换、数据运算和数据处理等功能，容易实现对开关量、模拟量的控制。③ PLC 具有通信联网功能，既可现场控制，也可远距离对生产过程进行监控。

（6）PLC 控制系统的设计和调试周期短

由于 PLC 通过程序实现对系统的控制，所以设计人员可以在实验室里设计和修改程序，使调试工作省时又省力。

（7）PLC 体积小、重量轻，易于实现机电一体化

由于 PLC 内部电路主要采用半导体集成电路，具有结构紧凑、体积小、重量轻、功耗低的特点，更由于它具有很强的抗干扰能力，能适应各种恶劣的环境，因而已成为实现机电一体化十分理想的控制装置。

### 3. 西门子模块式 S7-300/400 PLC

PLC 的主要生产厂家有德国的西门子（SIEMENS）公司，美国的 Rockwell 公司、AB 公司、GE-Fanuc 公司，法国的施耐德（Schneider）公司和日本的三菱公司、欧姆龙（OMRON）公司。

西门子公司生产的 S7-300 是模块化中型 PLC 系统，单独的模块之间可进行广泛组合构成不同要求的系统。与 S7-200 PLC 比较，S7-300 系列 PLC 采用模块化结构，具备高速（0.6～0.1μs）的指令运算速度；用浮点数运算可有效地实现更为复杂的算术运算；一个带标准用户接口的软件工具可方便用户给所有模块进行参数赋值；方便的人机界面服务已经集成在 S7-300 操作系统内，人机对话的编程要求大大减少。SIMATIC 人机界面（HMI）从 S7-300 中取得数据，S7-300 按用户指定的刷新速度传送这些数据。S7-300 操作系统自动地处理数据的传送；CPU 的智能化诊断系统连续监控系统的功能是否正常、记录错误和特殊系统事件（如超时、模块更换等）；多级口令保护可以使用户高度、有效地保护其技术机密，防止未经允许

的复制和修改；S7-300 系列 PLC 设有操作方式选择开关，操作方式选择开关像钥匙一样可以拔出，当钥匙拔出时，就不能改变操作方式，这样就可防止非法删除或改写用户程序。具备强大的通信功能，S7-300 系列 PLC 可通过编程软件 STEP 7 的用户界面提供通信组态功能，这使得组态非常容易、简单。S7-300 系列 PLC 具有多种不同的通信接口模块，并通过多种通信处理器来连接 AS-I 总线接口和工业以太网总线系统；串行通信处理器用来连接点到点的通信系统；多点接口（MPI）集成在 CPU 中，用于同时连接编程器、PC、人机界面系统及其他 SIMATIC S7/M7/C7 等自动化控制系统。

S7-400 系列 PLC 是用于中、高档性能范围的可编程序控制器。S7-400 系列 PLC 采用模块化无风扇的设计，可靠耐用，同时可以选用多种级别（功能逐步升级）的 CPU，并配有多种通用功能模板，用户能根据需要组合成不同的专用系统。当控制系统规模扩大或升级时，只要适当地增加一些模板，便能使系统升级，充分满足需要。

在 SIMATIC S7 系列 PLC 产品中，小型可编程控制器应用广泛、结构简单、使用方便，尤其适合初学者学习掌握。小型可编程控制器全部采用整体式结构，根据型号的不同，部分只能单机运行，多数具有输入/输出扩展，有的还可以接特殊功能模块。它结构小巧、可靠性高、运行速度快，有丰富的指令集，具有强大的多种集成功能和实时特性，配有丰富的功能扩展模块，具有网络通信能力。它适用于各行各业、各种场合中的自动检测、监测及控制等，是一般小型控制系统的理想控制设备。

西门子公司生产的 PLC 在我国的应用也相当广泛，在机械加工、冶金、化工、印刷生产线等领域都有应用。

S7-300/400 属于模块式 PLC，主要由机架、CPU 模块、信号模块、功能模块、接口模块、通信处理器、电源模块和编程设备组成，如图 1-2 所示。

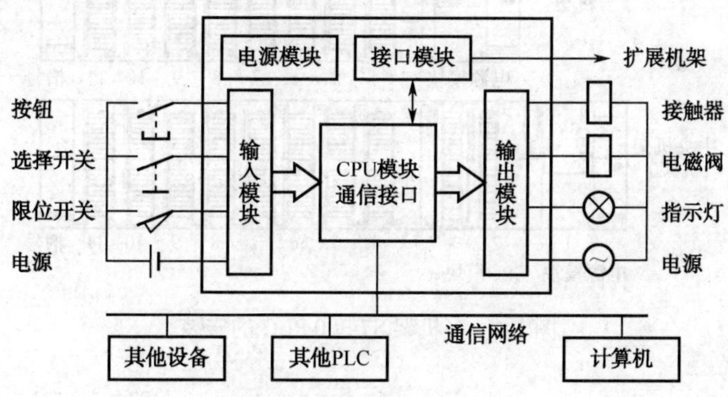

图 1-2　PLC 控制系统示意图

## 4. 西门子 PLC 的分类

（1）S7 系列：传统意义上的 PLC 产品，S7-200 是针对低性能要求的小型 PLC 的。S7-300 是模块式中小型 PLC，最多可以扩展 32 个模块。S7-400 是大型 PLC，可以扩展 300 多个模块。S7-300/400 可以组成 MPI、PROFIBUS 和工业以太网等。

（2）M7-300/400：采用与 S7-300/400 相同的结构，它可以作为 CPU 或功能模块使用。具有 AT 兼容计算机的功能，可以用 C、C++或 CFC 等语言来编程。

（3）C7 由 S7-300 PLC、HMI（人机接口）操作面板、I/O、通信和过程监控系统组成。

（4）WinAC 基于 Windows 和标准的接口（ActiveX，OPC），提供软件 PLC 或插槽 PLC。

## 5. S7-300 的硬件安装

图 1-3 为单机架 S7-300 的安装图，图 1-4 为多机架 S7-300 的安装图。

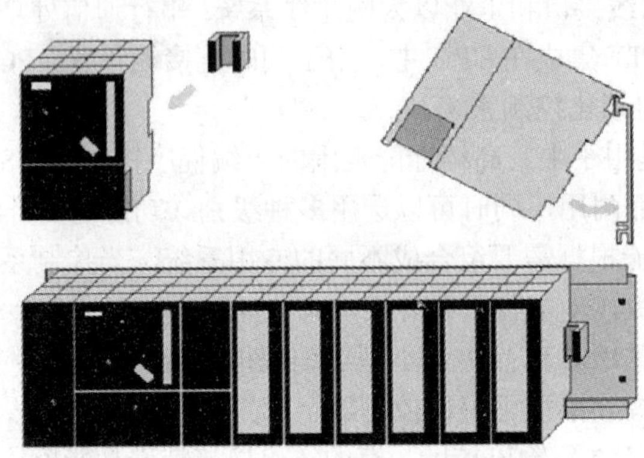

图 1-3 单机架 S7-300 的安装

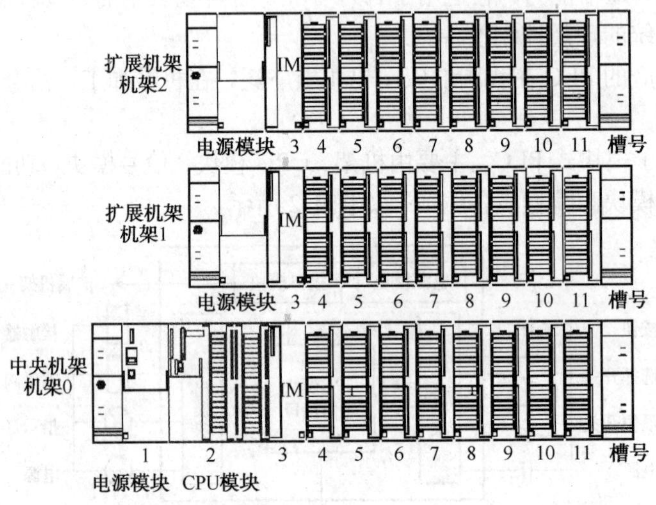


图 1-4 多机架 S7-300 PLC 的安装

## 6. S7-300 CPU 模块

S7-300 的 CPU 模块（简称 CPU）都有一个编程用的 RS-485 接口，有的为 PROFIBUS-DP 接口或 PtP 串行通信接口，可以建立一个 MPI（多点接口）网络或 DP 网络。图 1-5 为其基本系统的构成图。

功能强的 S7-300 CPU（如 319-3PN/DP）的 RAM 可达 1400KB，最多 8192 个存储器位，2048 个定时器和 2048 个计数器，数字量最大为 65536，模拟量通道最大为 4096。

（1）属性

计数器的计数范围为 1～999，定时器的定时范围为 10ms～9990s。

只需要扩展一个机架时，可以使用价格便宜的 IM365 接口模块对。

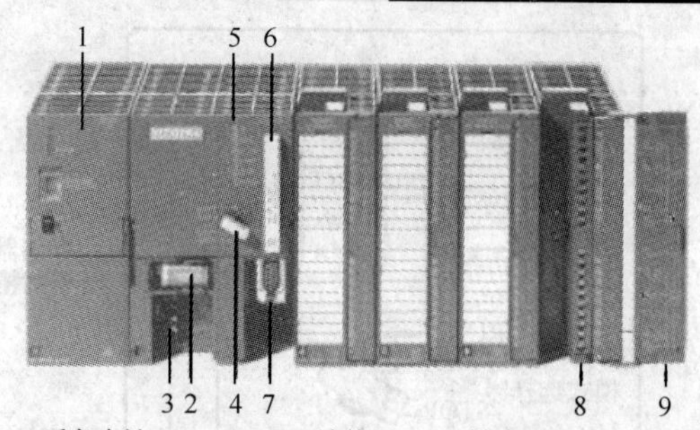


1—电源模块；2—后备电池；3—DC 24V 连接器；4—模式开关；5—状态和故障指示灯；

6—存储器卡（CPU 313 以上）；7—MPI 多点接口；8—前连接器；9—前盖

图 1-5　S7-300 PLC 基本系统的构成

数字量模块从 0 号机架的 4 号槽开始，每个槽位分配 4 个字节的地址，32 个 I/O 点。

模拟量模块一个通道占一个字节的地址。从 IB256 开始，给每一个模拟量模块分配 8 个字节。

（2）模块诊断功能

可以诊断出以下故障：失压，熔断器熔断，看门狗故障，EPROM、RAM 故障，模拟量模块共模故障，组态/参数错误，断线，上下溢出。

（3）过程中断

数字量输入信号上升沿、下降沿中断，模拟量输入超限，CPU 暂停当前程序，处理相应硬件中断组织块。

（4）状态与故障显示 LED

SF（系统出错/故障显示，红色）：CPU 硬件故障或软件错误时亮。

BATF（电池故障，红色）：电池电压低或没有电池时亮。

DC 5V（+5V 电源指示，绿色）：5V 电源正常时亮。

FRCE（强制，黄色）：至少有一个 I/O 被强制时亮。

RUN（运行方式，绿色）：CPU 处于 RUN 状态时亮，重新启动时以 2Hz 的频率闪亮。

HOLD（单步、断点）：CPU 处于 STOP、HOLD 状态时以 0.5Hz 的频率闪亮。

STOP（停止方式，黄色）：CPU 处于 STOP、HOLD 状态或重新启动时亮。

BASF（总线错误，红色）：总线出现错误时亮。

指示灯在 CPU 318-2 面板上的分布如图 1-6 所示。

（5）模式选择开关

① RUN-P（运行-编程）位置：运行时可以读出和修改用户程序，改变运行方式。

② RUN（运行）位置：CPU 执行、读出用户程序，但是不能修改用户程序。

③ STOP（停止）位置：不执行用户程序，可以读出和修改用户程序。

④ MRES（清除存储器）：不能保持。将开关从 STOP 状态拨到 MRES 位置，可复位存储器，使 CPU 回到初始状态。复位存储器操作：通电后从 STOP 位置拨到 MRES 位置，“STOP”LED 熄灭 1s，亮 1s，再熄灭 1s 后保持亮。放开开关，使它回到 STOP 位置，然后又回到 MRES，“STOP”LED 以 2Hz 的频率至少闪亮 3s，表示正在执行复位，最后“STOP”LED 一直亮。

某些 CPU 模块上有集成 I/O。PLC 使用的物理存储器有 RAM、ROM、快闪存储器（Flash EPROM）和 EEPROM。

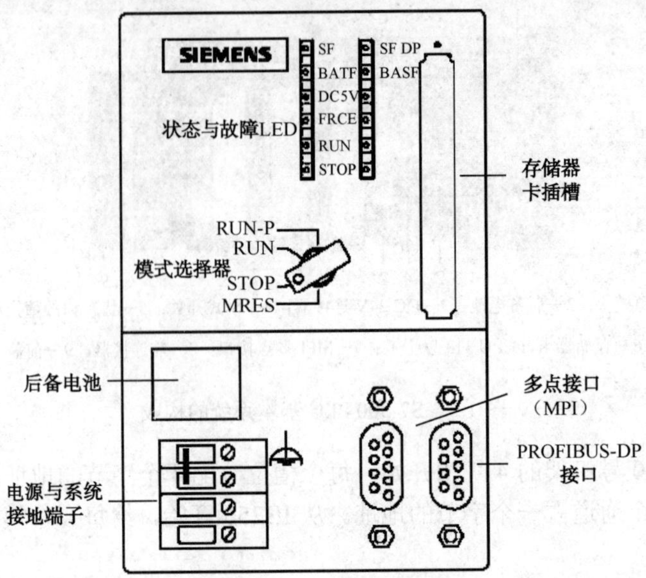


图 1-6　指示灯在 CPU 318-2 面板上的分布

### 1.1.2　电源模块

有多种 DC 24V 电源模块可用于 S7-300 PLC 和传感器/执行器。PS 305 户外型电源模块采用直流供电，输出为 24V 直流。PS 307 标准电源模块包括 PS 307（2A）、PS 307（5A）和 PS 307（10A）三种。

S7-400 PLC 的电源模块通过背板总线向各个模块提供 DC 5V 和 DC 24V 电源。PS 405 的输入为直流电压，PS 407 的输入为直流电压或交流电压。S7-400 PLC 有带冗余功能的电源模块。如果没有使用传送 5V 电源的接口模块，每个扩展机架都需要一块电源模块。

本小节以电源模块 PS 305（2A）（6ES7 305-1BA80-0AA0）为例，介绍 S7-300 电源模块的特性、接线图、方框图和线路保护。

（1）PS 305（2A）（6ES7 305-1BA80-0AA0）电源模块

订货号：6ES7 305-1BA80-0AA0

（2）PS 305（2A）电源模块的属性

① 输出电流为 2A。

② 输出电压为 DC 24V，抗短路和断路。

③ 连接直流电源（额定输入电压为 DC 24/48/72/96/110V）。

④ 安全隔离符合 EN60950 标准。

⑤ 可用做负载电源。

（3）PS 305（2A）的接线图（见图 1-7）

（4）PS 305（2A）的方框图（见图 1-8）

（5）线路保护

PS 305（2A）电源模块的主电源应使用具有下列额定值的微型断路器（如 SIEMENS 5SN1 系列）进行保护：

① DC 110V 时的额定电流：10A。

② 跳闸特性（类型）：C。

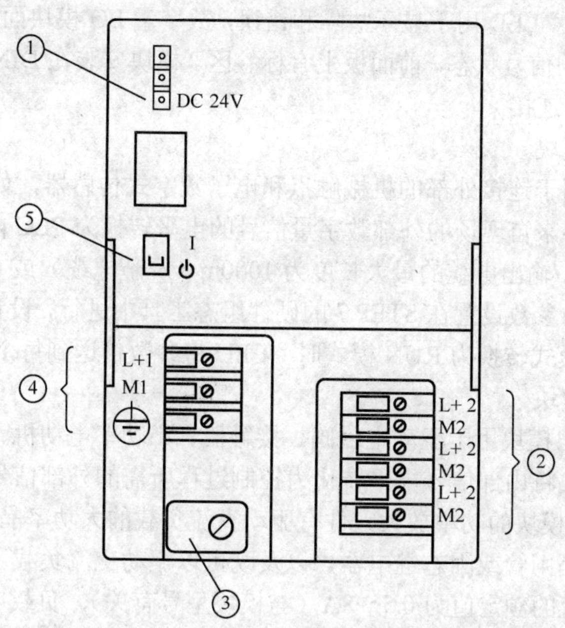


①—DC 24V 输出电压工作显示；②—DC 24V 输出电压接线端；③—张力消除；

④—主回路和保护性导体接线端；⑤—DC 24V 开关

图 1-7 PS 305（2A）接线图

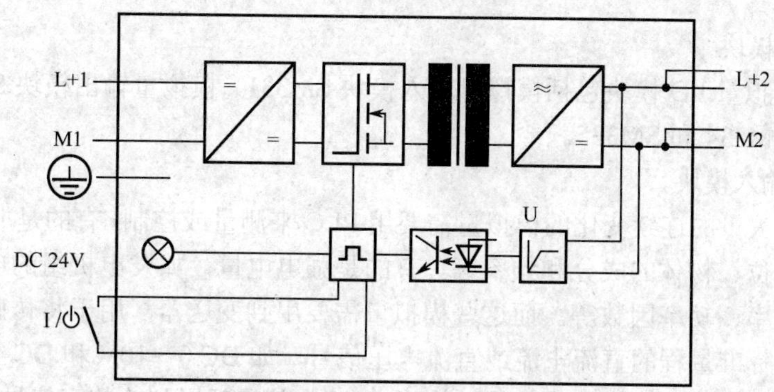


图 1-8 PS 305（2A）方框图

### 1.1.3 信号模块

输入/输出模块统称为信号模块（SM），包括数字量（或称开关量）输入（DI）模块、数字量输出（DO）模块、数字量输入/输出（DI/DO）模块、模拟量输入（AI）模块、模拟量输出（AO）模块和模拟量输入/输出（AI/AO）模块。

S7-300 的输入/输出模块的外部接线接在插接式的前连接器的端子上，前连接器插在前盖板后面的凹槽内。更换模块时不需要断开前连接器上的外部接线，只需拆下前连接器，将它插到新的模块上，不用花费时间重新接线。模块上有两个带顶罩的编码元件，第一次插入时，顶罩永久地插入前连接器上。为避免更换模块时发生错误，第一次插入前连接器时，它被编码，以后该前连接器只能插入同样类型的模块。20 针的前连接器用于信号模块（32 点的模块除外）和功能模块，40 针的前连接器用于 32 点的信号模块。

模块面板上的“SF” LED 用于显示故障和错误，数字量 I/O 模块面板上的 LED 用来显示各数字量输入/输出点的信号状态，前面板上有标签区。模块安装在 DIN 标准导轨上，并通过总线连接器与相邻模块连接。

（1）数字量输入模块

数字量输入模块用于连接外部的机械触点和电子数字式传感器，如光电开关和接近开关等。数字量输入模块将来自现场的外部数字量信号的电平转换为 PLC 内部的信号电平。

数字量模块的输入/输出电缆的最大长度为 1000m（屏蔽电缆）或 600m（非屏蔽电缆）。

数字量输入模块的参数设置在 STEP 7 的硬件组态工具中进行，设置完成后，应将参数下载到 CPU。从 STOP 模式转换为 RUN 模式时，CPU 将参数传送到每个模块。

（2）数字量输出模块

SM322 数字量输出模块用于驱动电磁阀、接触器、小功率电动机、灯和电动机启动器等负载。数字量输出模块将内部信号电平转化为控制过程所需的外部信号电平，同时有隔离和功率放大的作用。输出模块的功率放大元件有驱动直流负载的大功率晶体管和场效应晶体管、驱动交流负载的双向晶闸管或固态继电器，以及既可以驱动交流负载又可以驱动直流负载的小型继电器。输出电流的额定值为 0.5～8A（与模块型号有关），负载电源由外部现场提供。

在选择数字量输出模块时，应注意负载电压的种类和大小、工作频率和负载的类型（如电阻性、电感性负载或白炽灯）。除了每一点的输出电流外，还应注意每一组的最大输出电流。

数字量输出模块的参数设置也在 STEP 7 的硬件组态工具中进行，设置完成后，应将参数下载到 CPU。

（3）模拟量模块

S7-300 的模拟量 I/O 模块包括模拟量输入模块 SM331、模拟量输出模块 SM332、模拟量输入/输出模块 SM334 和 SM335。

① 模拟量输入模块。

生产过程中大量的连续变化的模拟量需要用 PLC 来测量或控制。有的是非电量，如温度、压力、流量、液位、物体的成分和频率等。有的是强电电量，如发电机组的电流、电压、有功功率和无功功率、功率因数等。而这些模拟量需要用到变送器，用于将传感器提供的电量或非电量转换为标准量程的直流电流或直流电压信号，如 DC 0～10V 和 DC 4～20mA。

模拟量输入模块用于将模拟量信号转换为 CPU 内部处理用到的数字信号，其主要组成部分是 A/D（Analog/Digital）转换器。模拟量输入模块的输入信号一般是模拟量变送器输出的标准量程的直流电压、直流电流信号。SM331 也可以直接连接不带附加放大器的温度传感器（热电偶或热电阻），这样可以省去温度变送器。

一块 SM331 模块中的各个通道可以分别或分组使用电流或电压输入，并选用不同的量程。大多数模块的分辨率（转换后的二进制数的位数）可以在组态时设置，转换时间与分辨率有关。模块对热电偶、热电阻输入信号进行线性化处理。

模拟量输入模块由多路开关、A/D 转换器、光隔离元件、内部电源和逻辑电路组成。各模拟量输入通道共用一个 A/D 转换器，用多路开关切换被转换的通道，模拟量输入模块各输入通道的 A/D 转换过程和转换结果的存储与传送是顺序进行的。

模拟量输入模块的输入信号类型用量程卡（量程模块）来设置。

② 模拟量输出模块。

S7-300 的模拟量输出模块 SM332 用于将 CPU 送给它的数字转换成比例电流信号或电压信号，对执行机构进行调节或控制，其主要组成部分是 D/A 转换器。

SM332 的 4 种模拟量输出模块均有诊断中断功能，用红色 LED 指示组故障，也可以读取诊断信息。额定负载电压均为 DC 24V。模块与背板总线有光隔离，使用屏蔽电缆时最大距离为 200m。4 种模块均有短路保护，最大短路电流为 25mA，最大开路电压为 18V。

S7-400 只有一种 8 通道 13 位的模拟量输出模块。

### 1.1.4　功能模块

（1）计数器模块

计数器模块的计数器为 32 位或 ±31 位加/减计数器，可以判断脉冲的方向，有比较功能，达到比较值时，通过集成的数字量输出响应信号，或通过背板总线向 CPU 发出中断。用户可以 2 倍频和 4 倍频计数。4 倍频是指在两个互差 90° 的 A、B 相信号的上升沿、下降沿都计数，通过集成的数字量输入直接接收启动、停止计数器等数字量信号。模块可以给编码器供电。

FM350-1 是智能化的单通道计数器模块，FM350-2 和 CM35 是 8 通道智能型计数器模块。CM35 可以计数和最多用于 4 轴的简单定位控制。

（2）位置控制与位置检测模块

定位模块可以用编码器来测量位置，并向编码器供电，使用步进电动机的位置控制系统一般不需要位置测量。在定位控制系统中，定位模块控制步进电动机或伺服电动机的功率驱动器完成定位任务，用模块集成的数字量输出点来控制快速进给、慢速进给和运动方向等。根据与目标的距离，确定慢速进给或快速进给，定位完成后给 CPU 发出一个信号。定位模块的定位功能独立于用户程序。

FM351 是双通道定位模块，FM352 高速电子凸轮控制器是机械式凸轮控制器的低成本替代产品，FM352-5 高速布尔处理器高速地进行布尔控制（数字量控制）。FM353 和 FM354 分别是在高速机械设备中使用的步进电动机、伺服电动机智能定位模块。FM357-2 定位和连续路径控制模块用于从独立的单轴定位控制到最多 4 轴直线、圆弧插补连续路径控制。

SM338 超声波位置编码器模块用超声波传感器检测位置，具有无磨损、保护等级高、精度稳定不变、与传感器的长度无关等优点。SM338 位置输入模块可以将最多 3 个绝对值编码器（SSI）信号转换为 S7-300 的数字值。FM453 定位模块可以控制 3 个独立的伺服电动机或步进电动机，以高频率的时钟脉冲控制机械运动。

（3）闭环控制模块

S7-300/400 有多种闭环控制模块，有自优化控制算法和 PID 算法，有的可能用模糊控制器。FM355 有 4 个闭环控制通道，FM355-2 是适用于温度闭环控制的 4 通道闭环控制模块，FM4355 有 16 个闭环通道，FM458-1DP 是为自由组态闭环控制设计的模块，包含 300 个功能块的库函数和 CFC 图形组态软件，带有 PROFIBUS-DP 接口。

（4）称重模块

SIWAREX U 是紧凑型电子秤，RS-232 接口用于连接设置参数用的计算机，TTY 串行接口用于连接最多 4 台数字式远程显示器。SIWAREX M 是有校验能力的电子称重和配料单元，可以安装在易爆区域，还可以作为独立于 PLC 的现场仪器使用。

S7-400 与 S7-300 有许多功能模块的技术规范基本相同，模块编号的最低两位也相同，如

FM351和FM451。

# 1.2 S7-300/400的编程语言与指令系统

## 1.2.1 S7-300/400的编程语言

### 1. PLC编程语言的国际标准

IEC 61131是PLC的国际标准，1992～1995年发布了IEC 61131标准中的第1～4部分，我国在1995年11月发布了GB/T 15969-1/2/3/4（等同于IEC 61131-1/2/3/4）。IEC 61131-3广泛地应用于PLC、DCS和工控机、“软件PLC”、数控系统、RTU等产品。

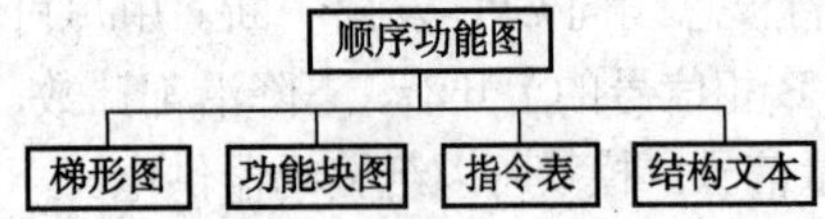


图1-9 西门子PLC编程语言

IEC 61131-3定义了5种编程语言（见图1-9）：

（1）指令表IL（Instruction List）：西门子称为语句表STL。

（2）结构文本ST（Structured Text）：西门子称为结构化控制语言（SCL）。

（3）梯形图LD（Ladder Diagram）：西门子简称为LAD。

（4）功能块图FBD（Function Block Diagram）：标准中称为功能方框图语言。

（5）顺序功能图SFC（Sequential Function Chart）：对应于西门子的S7 Graph。

### 2. STEP 7中的编程语言

STEP 7有多种编程语言可供用户选用。

（1）顺序功能图（SFC）：STEP 7中的S7 Graph。

（2）梯形图（LAD）：直观易懂，适合数字量逻辑控制。“能流”（power flow）代表程序执行的方向。

（3）语句表（STL）：功能比梯形图或功能块图强。

（4）功能块图（FBD）：“LOGO!”系列微型PLC使用功能块图编程。图1-10为功能块图的实例。

OB1：主程序

Network 1：起保停电路

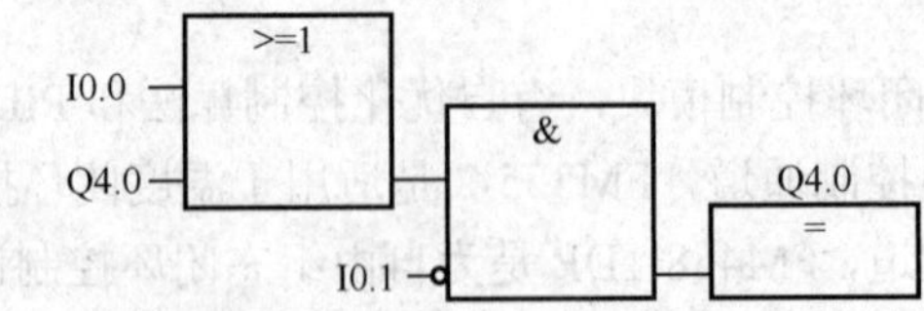


Network 2：置位复位电路

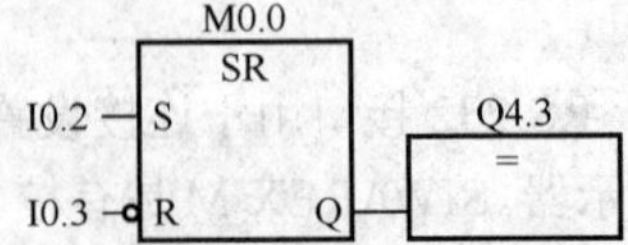


图1-10 功能块图的实例

（5）结构文本（ST）：STEP 7 的 S7 SCL（结构化控制语言）符合 EN 61131-3 标准。SCL 适合于复杂的公式计算、复杂的计算任务和最优化算法或管理大量的数据等。

（6）S7 HiGraph 编程语言：图形编程语言 S7 HiGraph 属于可选软件包，它用状态图（state graphs）来描述异步、非顺序过程的编程语言。

（7）S7 CFC 编程语言：可选软件包 CFC（Continuous Function Chart，连续功能图）用图形方式连接程序库中以块的形式提供的各种功能。

（8）编程语言的相互转换与选用。在 STEP 7 编程软件中，如果程序块没有错误，并且被正确地划分为网络，在梯形图、功能块图和语句表之间可以转换，如图 1-11 所示。如果部分网络不能转换，则用语句表表示。

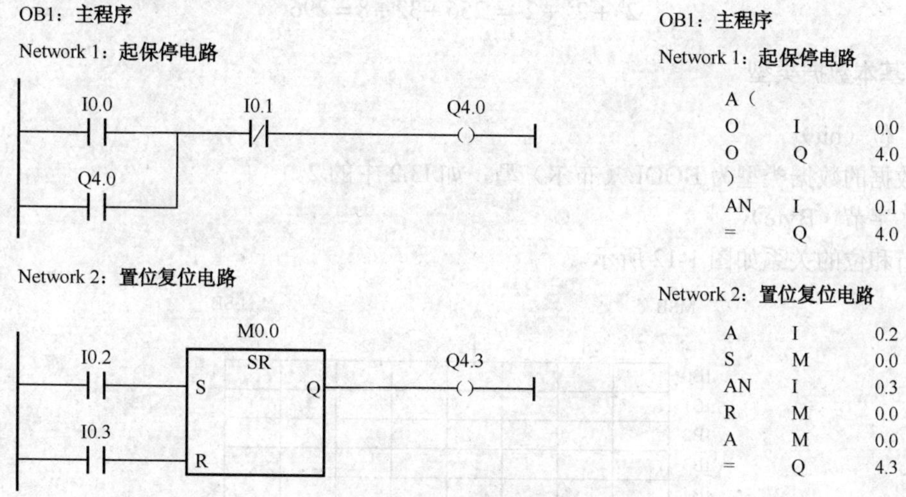


图 1-11　STEP 7 编程语言实例

语句表可供喜欢用汇编语言编程的用户使用，语句表的输入块可以在每条语句后面加上注释，设计高级应用程序时建议使用语句表。

梯形图适合熟悉继电器电路的人员使用，设计复杂的触点电路时最好用梯形图。

功能块图适合熟悉数字电路的人员使用。

S7 SCL 编程语言适合熟悉高级编程语言（如 PASCAL 或 C 语言）的人员使用。

S7 Graph、HiGraph 和 CFC 可供有技术背景，但是没有 PLC 编程经验的用户使用。S7 Graph 适合于顺序控制过程的编程，HiGraph 适合异步非顺序过程的编程，CFC 适合于连续过程控制的编程。

## 1.2.2　S7-300/400 CPU 的存储区

### 1. 数制

（1）二进制

二进制数的 1 位（bit）只能取 0 和 1 这两个不同的值，用来表示开关量的两种不同的状态。该位的值与线圈、触点的关系：ON/OFF 对应 TRUE/FALSE。

二进制常数的表示：2#1111_0110_1001_0001。

（2）十六进制

十六进制的 16 个数字是 0～9 和 A～F，每个数字占二进制数的 4 位。

十六进制常数的表示：B#16#，W#16#，DW#16#，如 W#16#13AF（13AFH），B#16#3C=3×16+12=60。

（3）BCD 码

BCD 码用 4 位二进制数表示 1 位十进制数，如十进制数 9 对应的二进制数为 1001。

BCD 码的最高 4 位二进制数用来表示符号，16 位与 32 位 BCD 码的范围不同。BCD 码实际上是十六进制数，但是各位之间逢十进一。如 296 对应的 BCD 码为 W#16#296 或 2#0000 0010 1001 0110，2#0000 0001 0010 1000 对应的十进制数也是 296，即

$$2^8+2^5+2^3=256+32+8=296$$

### 2. 基本数据类型

（1）位（bit）

位数据的数据类型为 BOOL（布尔）型，如 I3.2 中的 2。

（2）字节（Byte）

字节和位的关系如图 1-12 所示。

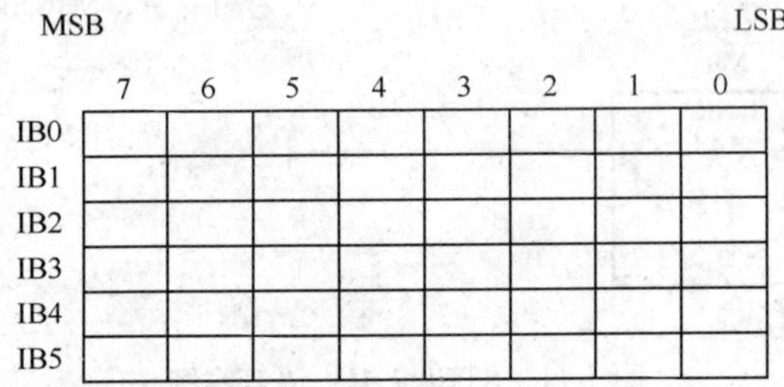


图 1-12 字节与位的关系

（3）字（Word）

字表示无符号数，取值范围为 W#16#0000～W#16#FFFF。

（4）双字（Double Word）

双字表示无符号数，取值范围为 DW#16#0000_0000～DW#16#FFFF_FFFF。字节、字和双字的关系如图 1-13 所示。

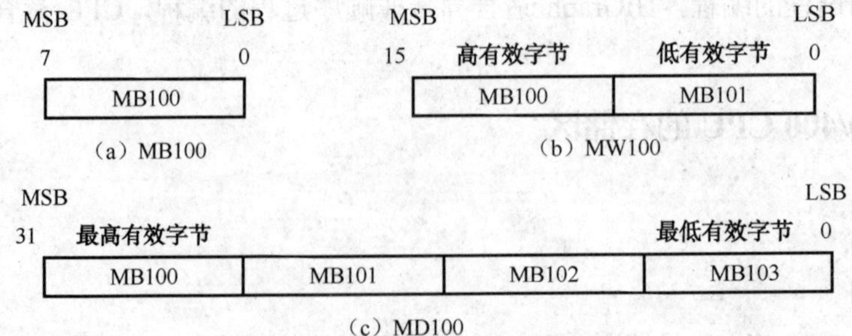


图 1-13 字节、字和双字的关系

（5）16 位整数（INT，Integer）

有符号数，补码。最高位为符号位，为 0 时为正数，取值范围为-32 768～32 767。

（6）32 位整数（DINT，Double Integer）

最高位为符号位，取值范围为-2 147 483 648～2 147 483 647。

（7）32 位浮点数

$$浮点数 = 1.m \times 2^{e}$$

式中，指数 e=E+127（1≤e≤254），为 8 位正整数。ANSI/IEEE 标准浮点数占用一个双字（32 位）。因为规定尾数的整数部分总为 1，只保留尾数的小数部分 *m*（0～22 位）。

浮点数的表示范围为 $\pm 1.175495 \times 10^{-38} \sim \pm 3.402823 \times 10^{38}$。

浮点数的优点是用很小的存储空间（4 个字节）可以表示非常大和非常小的数，图 1-14 为浮点数的结构。PLC 输入和输出的数值大多是整数，浮点数的运算速度比整数运算的慢。

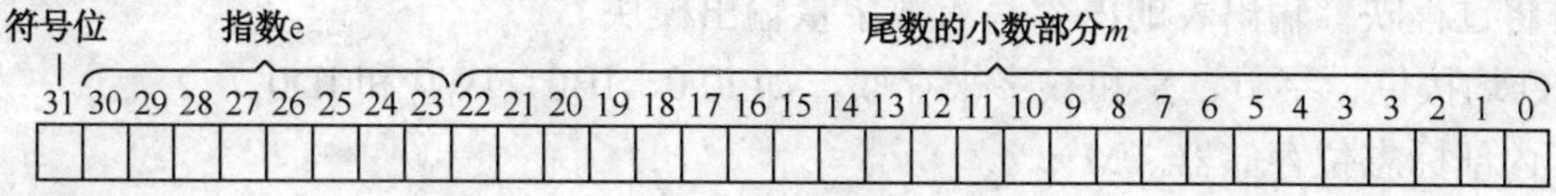

符号位　指数e　尾数的小数部分*m*

31 30 29 28 27 26 25 24 23 22 21 20 19 18 17 16 15 14 13 12 11 10 9 8 7 6 5 4 3 3 2 1 0

图 1-14　浮点数的结构

（8）常数的表示方法

L#表示 32 位双整数常数，如 L#5。

P#表示地址指针常数，如 P#M1.0 是 M1.0 的地址。

S5T#表示 16 位 S5 时间常数，格式为 S5T#aD_bH_cM_dS_eMS。例如：S5T#4S30MS=4s30ms，取值范围为 S5T#0～S5T#2H_46M_30S_0MS（9990s），时间增量为 10ms。

C#表示计数器常数（BCD 码），如 C#250。8 位 ASCII 字符用单引号表示，如‘ABC’。

T#表示带符号的 32 位 IEC 时间常数，如 T#1D_12H_30M_0S_250MS，时间增量为 1ms。

DATE 表示 IEC 日期常数，如 D#2015-1-15，取值范围为 D#1990-1-1～D#2168-12-31。

TOD#表示 32 位实时（Time of Day）时间常数，时间增量为 1ms，如 TOD#23:50:45.300。

B（b1，b2），B（b1，b2，b3，b4）用来表示 2 个字节或 4 个字节常数。

### 3. 复合数据类型与参数类型

（1）复合数据类型

通过组合基本数据类型和复合数据类型可以生成下面的数据类型：

① 数组（ARRAY）将一组同一类型的数据组合在一起，形成一个单元。

② 结构（STRUCT）将一组不同类型的数据组合在一起，形成一个单元。

③ 字符串（STRING）是最多有 254 个字符（CHAR）的一维数组。

④ 日期和时间（DATE_AND_TIME）用于存储年、月、日、时、分、秒、毫秒和星期，占用 8 个字节，用 BCD 格式保存。星期日的代码为 1，星期一～星期六的代码为 2～7。

例如：DT#2015-07-15-12:30:15.200 为 2015 年 7 月 15 日 12 时 30 分 15.2 秒。

⑤ 用户定义的数据类型 UDT（user-defined data types）：在数据块 DB 和逻辑块的变量声明表中定义复合数据类型。

（2）参数类型

在逻辑块之间传递参数的形参（formal parameter，形式参数）定义的数据类型：

① TIMER（定时器）和 COUNTER（计数器）：对应的实参（actual parameter，实际参数）应为定时器或计数器的编号，如 T3，C21。

② BLOCK（块）：指定一个块用做输入和输出，实参应为同类型的块。

③ POINTER（指针）：指针用地址作为实参，如 P#M50.0。

④ ANY：用于实参的数据类型未知或实参可以使用任意数据类型的情况，占 10 个字节。

### 4. 系统存储器

（1）过程映像输入/输出（I/Q）

在扫描循环开始时，CPU 读取数字量输入模块的输入信号的状态，并将它们存入过程映像输入（PII）中。

在扫描循环中，用户程序计算输出值，并将它们存入过程映像输出表（PIQ）。在循环扫描结束时将过程映像输出表的内容写入数字量输出模块。

I 和 Q 均按位、字节、字和双字来存取，如 I0.0、IB0、IW0 和 ID0。

（2）内部标志位存储器（M）

PLC 在执行程序过程中，可能会用到一些标志位，这些标志位也需要用存储器来寄存。标志位存储器就是为保存标志位数据而建立的一个存储区，用 M 表示。其中的数据可以是位，还可以是字节、字或双字。

（3）定时器（T）

时间值可以用二进制或 BCD 码方式读取。

（4）计数器（C）

计数值（0～999）可以用二进制或 BCD 码方式读取。

（5）共享数据块（DB）与背景数据块（DI）

DB 为共享数据块，如 DBX1.3、DBB5、DBW10 和 DBD12。

DI 为背景数据块，如 DIX3.1、DIB7、DIW55 和 DID26。

（6）外设输入/输出（PI/PQ）区

外设输入（PI）和外设输出（PQ）区允许直接访问本地的和分布式的输入模块和输出模块。可以按字节（PIB 或 PQB）、字（PIW 或 PQW）或双字（PID 或 PQD）存取，不能以位为单位存取 PI 和 PQ。

### 5. CPU 中的寄存器

（1）累加器（ACCUx）

累加器是用于处理字节、字或双字的寄存器。S7-300 有两个 32 位累加器（ACCU1 和 ACCU2），S7-400 有 4 个累加器（ACCU1～ACCU4）。数据放在累加器的低端（右对齐）。

（2）状态字寄存器（16 位）

状态字的结构如图 1-15 所示。

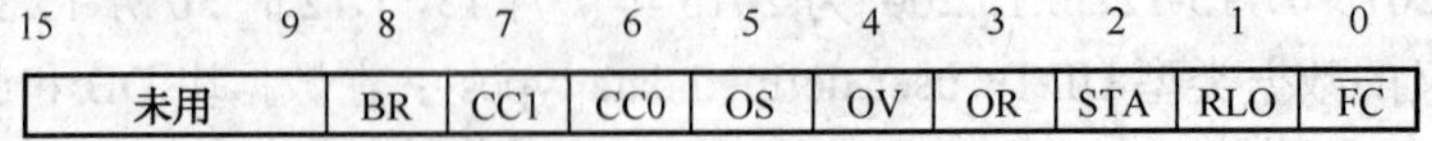


图 1-15　状态字的结构

包括：首次检测位 FC，逻辑运算结果位 RLO，状态位 STA 不能用指令检测，OR 位暂

存逻辑“与”的操作结果（先与后或），算术运算或比较指令执行时出现错误，溢出位 OV 被置 1；OV 位被置 1 时溢出状态保持位 OS 位也被置 1，OV 位被清 0 时 OS 位仍保持 1，用于指明前面的指令执行过程中是否产生过错误。

条件码 1（CC1）和条件码 0（CC0）用于表示在累加器 1 中产生的算术运算或逻辑运算的结果与 0 的大小关系、比较指令的执行结果或移位指令的移出位状态。

二进制结果位 BR 在一段既有位操作又有字操作的程序中，用于表示字操作结果是否正确。在梯形图的方框指令中（见图 1-16），BR 位与 ENO 位有对应关系，用于表明方框指令是否被正确执行：如果执行出现了错误，BR 位为 0，ENO 位也为 0；如果功能被正确执行，BR 位为 1，ENO 位也为 1。

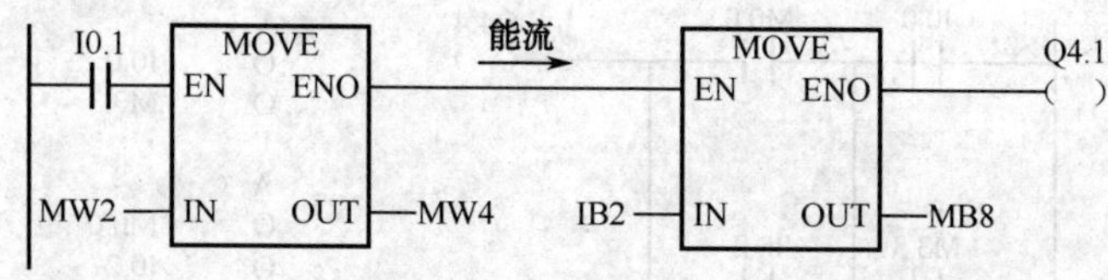


图 1-16　传送指令

### 1.2.3　位逻辑指令

位逻辑指令用于二进制数的逻辑运算，位逻辑运算的结果简称 RLO。

**1. 触点指令**

（1）触点与线圈。

A（And，与）指令表示串联的常开触点，O（Or，或）指令表示并联的常开触点，AN（And Not，与非）指令表示串联的常闭触点，ON（Or Not，或非）指令表示并联的常闭触点。

图 1-17 为触点与输出指令的使用举例，输出指令“=”将 RLO 写入地址位，与线圈相对应。L20.0 是局域变量。将梯形图转换为语句表时，局域变量 L20.0 是自动分配的。

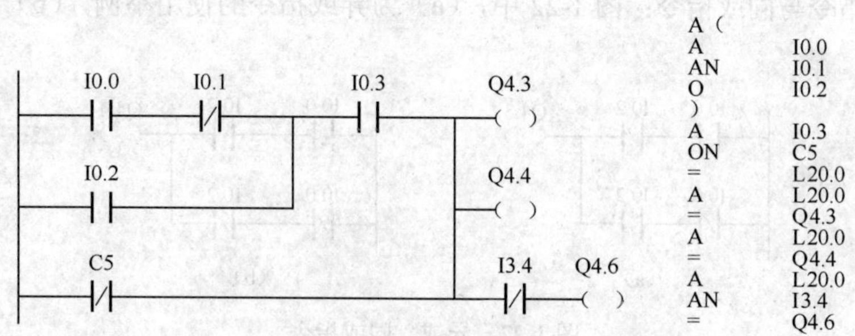


图 1-17　触点与输出指令

（2）取反触点：图 1-18 为取反触点指令的使用举例。

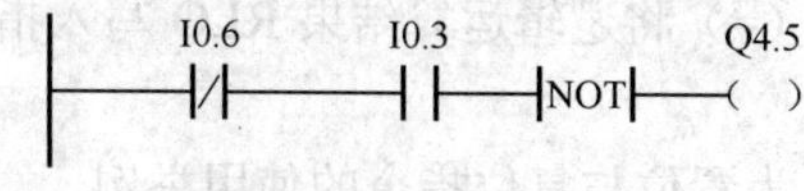


图 1-18　取反触点指令

（3）电路块的串联和并联：图 1-19、图 1-20 为电路块的并联、串联指令的使用举例。

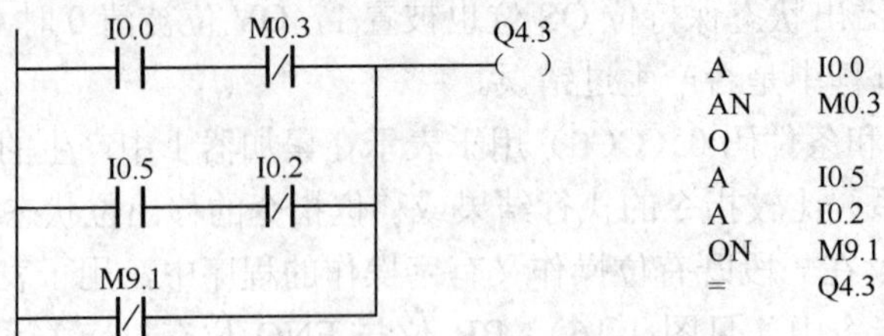


图 1-19　电路块的并联指令

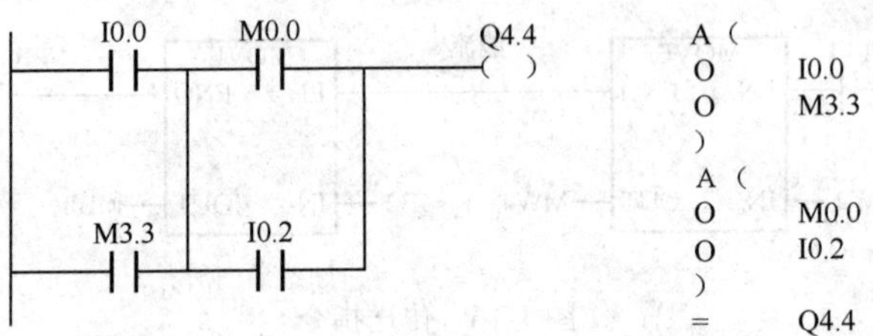


图 1-20　电路块的串联指令

（4）中线输出指令：图 1-21 中的（b）是（a）中线输出指令的使用举例，（c）的语句是（b）中第一行对应的语句表。

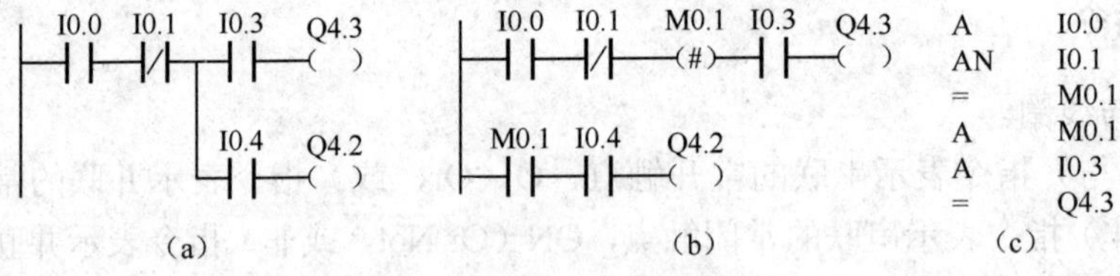


图 1-21　中线输出指令

（5）异或指令与同或指令：图 1-22 中，（a）为异或指令的使用举例，（b）为同或指令的使用举例。

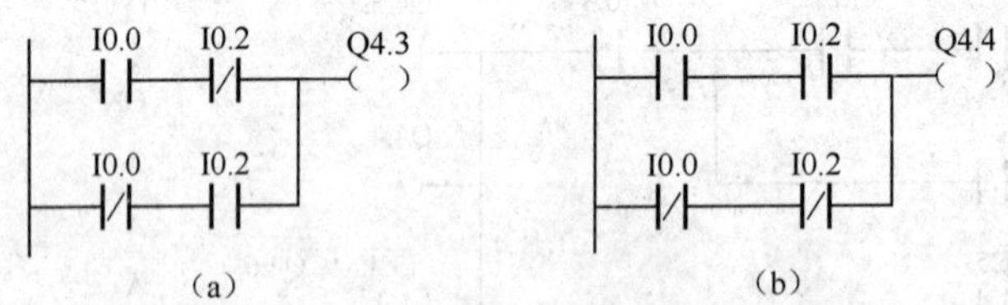


图 1-22　异或、同或指令

**2. 输出类指令**

（1）赋值指令：赋值指令（=）将逻辑运算结果 RLO 写入指定的地址位，对应于梯形图中的线圈。

（2）置位与复位：图 1-23 为置位与复位指令的使用举例。

（3）RS 触发器与 SR 触发器：图 1-24 为 RS 触发器与 SR 触发器指令的使用举例。

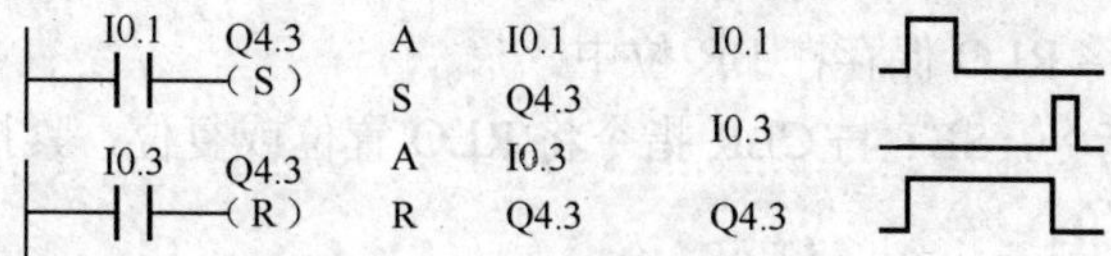


图 1-23　置位与复位指令

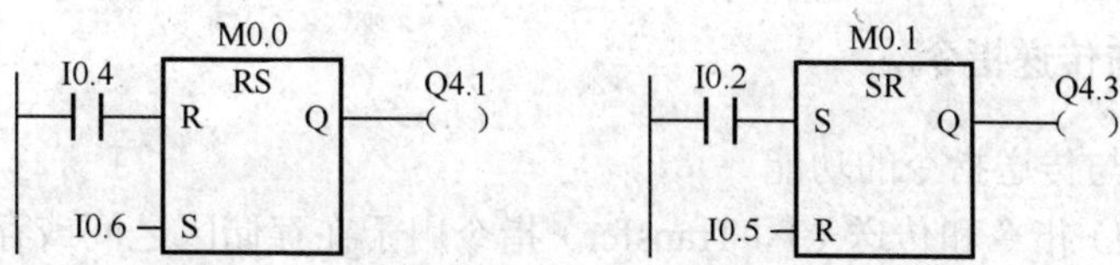


图 1-24　RS 触发器与 SR 触发器指令

### 3. 其他指令

（1）RLO 边沿检测指令：图 1-25 为 RLO 边沿检测指令的使用举例。

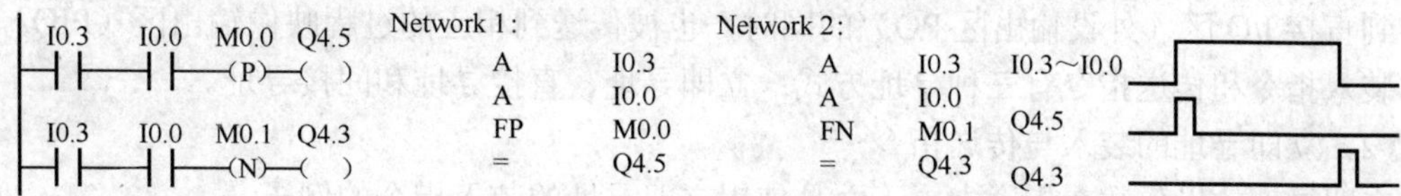


图 1-25　RLO 边沿检测指令

（2）信号边沿检测指令：图 1-26 为信号边沿检测指令的使用举例。

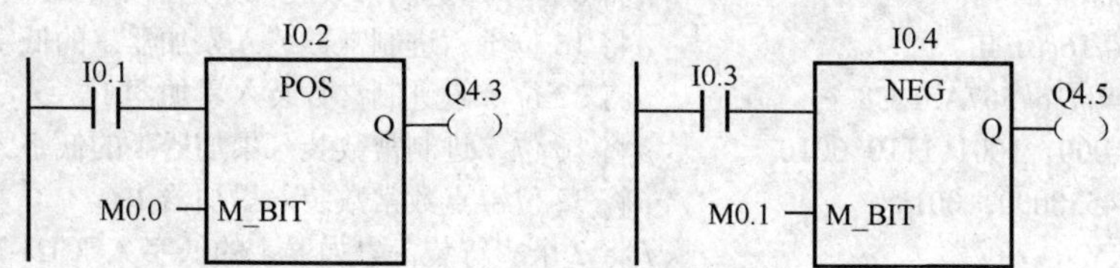


图 1-26　信号边沿检测指令

**【例 1-1】** 设计故障信息显示电路，故障信号 I0.0 为 1 时，Q4.0 控制的指示灯以 1Hz 的频率闪烁。操作人员按复位按钮 I0.1 后，如果故障已经消失，指示灯熄灭。如果没有消失，指示灯转为常亮，直至故障消失。

图 1-27 给出了电路的一种实现方式，其中 M1.5 为频率为 1Hz 的周期信号。

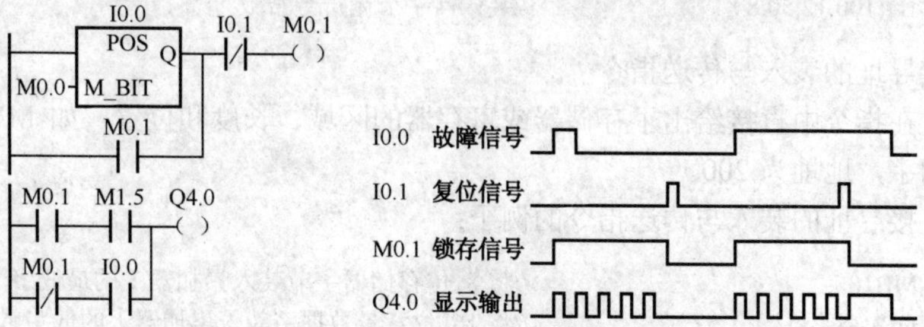


图 1-27 【例 1-1】故障信息显示程序

（3）SAVE 指令：将 RLO 保存在 BR 位中。

（4）SET 与 CLR 指令：SET 与 CLR 指令将 RLO 置位或复位，紧接在它们后面的赋值语句中的地址将变为 1 或 0。

### 1.2.4 数据处理指令

#### 1. 装入指令与传送指令

（1）装入指令与传送指令的功能

装入（L，Load）指令和传送（T，Transfer）指令用于在存储区之间或存储区与过程输入、过程输出之间交换数据。

装入指令将源操作数装入累加器 1，而累加器 1 原有的数据移入累加器 2。装入指令可以对字节（8 位）、字（16 位）、双字（32 位）数据进行操作，数据长度小于 32 位时，数据在累加器中右对齐，其余的高位字节填 0。

传送指令将累加器 1 中的内容写入目的存储区，累加器 1 的内容不变。数据从累加器 1 传送到直接 I/O 区（外设输出区 PQ）的同时，也被传送到相应的过程映像输出区（PIQ）。

装入指令和传送指令有三种寻址方式：立即寻址、直接寻址和间接寻址。

（2）立即寻址的装入与传送指令

立即寻址的操作数在指令中，下面是使用立即寻址的装入指令的例子：

```
L    -35                         //将 16 位十进制常数-35 装入累加器 1 的低字 ACCU1-L
L    L#5                         //将 32 位常数 5 装入累加器 1
L    B#16#5A                     //将 8 位十六进制常数装入累加器 1 的最低字节 ACCU1-LL
L    W#16#3E4F                   //将 16 位十六进制常数装入累加器 1 的低字 ACCU1-L
L    DW#16#567A3DC8              //将 32 位十六进制常数装入累加器 1
L    2#0001_1001_1110_0010       //将 16 位二进制常数装入累加器 1 的低字 ACCU1-L
L    1.4538000e+001              //将 32 位浮点数常数装入累加器 1
L    'XY'                        //将 2 个字符装入累加器 1 的低字 ACCU1-L
L    'ABCD'                      //将 4 个字符装入累加器 1
L    TOD#12:30:3.0               //将 32 位实时时间常数装入累加器 1
L    D#2015-2-3                  //将 16 位日期常数装入累加器 1 的低字 ACCU1-L
L    C#50                        //将 16 位计数器常数装入累加器 1 的低字 ACCU1-L
L    T#1M20S                     //将 16 位定时器常数装入累加器 1 的低字 ACCU1-L
L    S5T#2S                      //将 16 位定时器常数装入累加器 1 的低字 ACCU1-L
L    P#M5.6                      //将指向 M5.6 的指针装入累加器 1
L    B#(100,12,50,8)             //装入 4 字节无符号常数
```

（3）直接寻址的装入与传送指令

直接寻址在指令中直接给出了存储器或寄存器的区域、长度和位置，如 MW200 指定了位存储区中的字，地址为 200。

下面是直接寻址的装入与传送指令的例子：

```
L    MB10          //将 8 位存储器字节装入累加器 1 的最低字节 ACCU1-LL
L    DIW15         //将 16 位背景数据字装入累加器 1 的低字 ACCU1-L
L    LD22          //将 32 位局域数据双字装入累加器 1
T    QB10          //将 ACCU1-LL 中的数据传送到过程映像输出字节 QB10
```

```
T    MW14          //将 ACCU1-L 中的数据传送到存储器字 MW14
T    DBD2          //将 ACCU1 中的数据传送到数据双字 DBD2
```

（4）间接寻址的装入与传送指令

在存储器间接寻址指令中，给出了一个作为地址指针的存储器，该存储器的内容是操作数所在存储单元的地址，该地址称为地址指针。只有双字 MD、LD、DBD 和 DID 能做地址指针，在循环程序中经常使用存储器间接寻址。

在寄存器间接寻址指令中，地址寄存器 AR1 或 AR2 的内容加上偏移量后形成地址指针，后者指向数值所在的存储单元。

下面是间接寻址的装入指令与传送指令的例子：

```
L    QB[LD 10]          //将输出字节 QB 装入累加器 1 的最低字（ACCU1-LL），其地址在
                        //数据双字 LD10 中
L    DBW[AR2,P#8.0]     //将 DBW 装入累加器 1 的低字（ACCU1-L），其地址为 AR2 中的地
                        //址加上偏移量 P#8.0
T    W[AR1,P#5.0]       //累加器 1 的低字传送到字，其地址为 AR1 中的地址加上偏移量 P#5.0
                        //数据区的类型由 AR1 中的地址标识符决定
```

（5）装入时间值或计数值

可以用 L 指令将定时器中的二进制剩余时间值装入累加器 1 的低字中，称为直接装载。也可以用 LC 指令以 BCD 码格式将剩余时间值装入累加器 1 的低字中。使用 LC 指令可以同时获得时间值和时基，时基与时间值相乘得到实际的定时剩余时间。

可以用 L 指令将二进制计数值装入累加器 1 的低字中，或用 LC 指令将 BCD 码格式的计数值装入累加器 1 的低字中。举例如下：

```
L    T5      //将定时器 T5 中的二进制时间值装入累加器 1 的低字中
LC   T5      //将定时器 T5 中的 BCD 码格式的时间值装入累加器 1 的低字中
L    C3      //将计数器 C3 中的二进制计数值装入累加器 1 的低字中
LC   C16     //将计数器 C16 中的 BCD 码格式的计数值装入累加器 1 的低字中
```

（6）地址寄存器的装入与传送指令

可以不经过累加器 1，直接将操作数装入地址寄存器 AR1 和 AR2，或从 AR1 和 AR2 将数据传送出来。举例如下：

```
LAR1   DBD20     //将数据双字 DBD20 中的指针装入 AR1
LAR2   LD80      //将局域数据双字 LD80 中的指针装入 AR2
LAR1   P#M10.2   //将带存储区标识符的 32 位指针常数装入 AR1
LAR2   P#24.0    //将不带存储区标识符的 32 位指针常数装入 AR2
LAR1             //将累加器 1 的内容（32 位指针常数）装入 AR1
LAR2             //将累加器 1 的内容（32 位指针常数）装入 AR2
CAR              //交换 AR1 和 AR2 的内容
TAR1             //将 AR1 的数据传送到累加器 1，累加器 1 的数据保存到累加器 2
TAR2             //将 AR2 的数据传送到累加器 1，累加器 1 的数据保存到累加器 2
TAR1   DBD20     //AR1 中的内容传送到数据双字 DBD20
TAR2   MD24      //AR2 中的内容传送到存储器双字 MD24
```

（7）梯形图中的传送指令

在梯形图中，用指令框（BOX）表示某些指令。指令框的输入端均在左边，输出端均在

右边。梯形图中有一条提供“能流”的左侧垂直“电源”线，如图 1-28 中 I0.1 的常开触点接通时，能流流到左边指令框的使能输入端 EN（Enable），该输入端有能流时，指令框中的指令才能被执行。

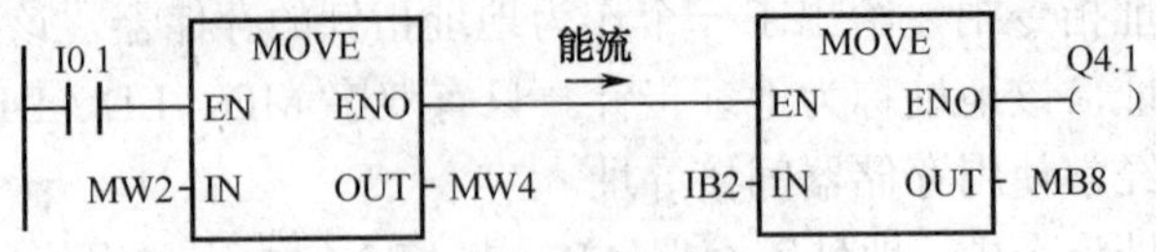


图 1-28 梯形图能流

如果指令框的 EN 输入有能流并且执行时无错误，则 ENO（Enable Output，使能输出）将能流传递给下一元件。如果执行过程中有错误，能流在出现错误的指令框终止。

ENO 可以与下一指令框的 EN 端相连，即几个指令框可以在一行中串联，只有前一个指令框被正确执行，后一个才能被执行。EN 和 ENO 的操作数均为能流，数据类型为 BOOL。

方框传送（MOVE）指令为变量赋值，如果使能输入端 EN 为 1，执行传送操作，将输入 IN 指定的数据送到输出 OUT 指定的地址，并使 ENO 为 1，ENO 与 EN 的逻辑状态相同；如果 EN 为 0，不进行传送操作，并使 ENO 为 0。

用 MOVE 指令能传送数据长度为 8 位、16 位或 32 位的基本数据类型（包括常数）。如果要传送用户定义的数据类型，如数组或结构，必须使用系统功能 BLKMOV（SFC20）。

上面梯形图对应的语句表如下：

```
      A      I0.1
      JNB    _001          //如果 I0.1=0，则跳转到标号_001 处
      L      MW2           //将 MW2 的值装入累加器 1 的低字
      T      MW4           //将累加器 1 低字的内容传送到 MW4
      SET                  //将 RLO 置为 1
      SAVE                 //将 RLO 保存到 BR 位（从梯形图中的 ENO 端输出能流）
      CLR                  //将 RLO 置为 0
  _001:A     BR
      …
```

在梯形图的方框指令中，BR 位用于表明方框指令是否被正确执行：如果执行出错，BR 位为 0，ENO 位也为 0；如果执行正确，BR 位为 1，ENO 位也为 1。

### 2. 比较指令

比较指令用于比较累加器 1 与累加器 2 中的数据大小，被比较的两个数的数据类型应该相同，数据类型可以是整数、双整数或浮点数（实数）。如果比较的条件满足，则 RLO 为 1，否则为 0。状态字中的 CC0 和 CC1 位用来表示两个数的大小关系。

比较指令影响状态字，用指令测试状态字的有关位，可以得到更多的信息。

整数比较指令用来比较两个整数字的大小，指令助记符中用 I 表示整数；双整数比较指令用来比较两个双字的大小，指令助记符中用 D 表示双整数；浮点数比较指令用来比较两个浮点数的大小，指令助记符中用 R 表示浮点数。如表 1-1 所示，表中的“？”可取==、<>、>、<、>=和<=。

表 1-1　比较指令

| 语句表指令 | 梯形图中的符号 | 说　明 |
|---|---|---|
| ? I | CMP? I | 比较累加器 2 和累加器 1 低字中的整数，如果条件满足，RLO=1 |
| ? D | CMP? D | 比较累加器 2 和累加器 1 中的双整数，如果条件满足，RLO=1 |
| ? R | CMP? R | 比较累加器 2 和累加器 1 中的浮点数，如果条件满足，RLO=1 |

下面是比较两个浮点数的例子：

```
L       MD4           //将 MD4 中的浮点数装入累加器 1
L       1.4345E+02    //将浮点数常数装入累加器 1，MD4 装入累加器 2
>R                    //比较累加器 1 和累加器 2 的值
= Q4.2                //如果 MD4 >1.4345E+02，则 Q4.2 为 1
```

梯形图中的方框比较指令可以比较两个同类型的数，与语句表中的比较指令类似，可以比较整数（I）、双整数（D）和浮点数（R）。方框比较指令在梯形图中相当于一个常开触点，可以与其他触点串联和并联。如果比较条件满足，指令框就有能流流过。图 1-29 是一个整数比较程序。如果 I0.6 和 I0.3 的常开触点闭合，且 MW2≤MW4，Q4.1 被置位为 1。

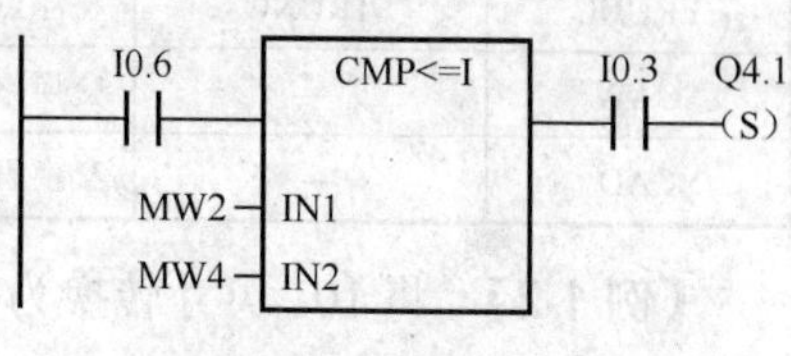


图 1-29　方框比较指令

梯形图中指令框的输入和输出均为 BOOL 变量，数据类型为 I、Q、M、L 和 D；被比较数 INT1 和 INT2 的数据长度与指令有关，可以取整数、双整数或浮点数，数据类型为 I、Q、M、L、D 或常数。

### 3. 数据转换指令

数据转换指令将累加器 1 中的数据进行数据类型转换，转换的结果仍然在累加器 1 中。下面是双整数转换为 BCD 码的例子：

```
        A       I0.2      //如果 I0.2 为 1
        L       MD10      //将 MD10 中的双整数装入累加器 1
        DTB               //将累加器 1 中的数据转换为 BCD 码，结果仍在累加器 1 中
        JO OVER           //运算结果超出允许范围（OV=1），则跳转到标号 OVER 处
        T       MD20      //将转换结果传送到 MD20
        A       M4.0
        R       M4.0      //复位溢出标志
        JU      NEXT      //无条件跳转到标号 NEXT 处
OVER: AN M4.0
        S       M4.0      //置位溢出标志
NEXT: …
```

输入以上语句表中的标号时注意只能使用英文输入状态下的半角符号。具体数据转换指令如表 1-2 所示。

表 1-2　数据转换指令

| 语句表 | 梯形图 | 说　明 |
|---|---|---|
| BTI | BCD_I | 将累加器 1 中的 3 位 BCD 码转换成整数 |
| ITB | I_BCD | 将累加器 1 中的整数转换成 3 位 BCD 码 |
| BTD | BCD_DI | 将累加器 1 中的 7 位 BCD 码转换成双整数 |
| DTB | DI_BCD | 将累加器 1 中的双整数转换成 7 位 BCD 码 |
| DTR | DI_R | 将累加器 1 中的双整数转换成浮点数 |
| TID | I_DI | 将累加器 1 中的整数转换成双整数 |
| RND | ROUND | 将浮点数转换为四舍五入的双整数 |
| RND+ | CEIL | 将浮点数转换为大于等于它的最小双整数 |
| RND- | FLOOR | 将浮点数转换为大于等于它的最大双整数 |
| ERUNC | TRUNC | 将浮点数转换为截位取整数的双整数 |
| CAW | — | 交换累加器 1 低字中 2 个字节的位置 |
| CAD | — | 交换累加器 1 低字中 4 个字节的顺序 |

**【例 1-2】** 将 101 英寸转换为以厘米为单位的整数，送到 MW30 中。

```
L      101      //将 16 位常数 101（65H）装入累加器 1
ITD             //转换为 32 位双整数
DTR             //转换为浮点数 101.0
L      2.54     //将浮点数常数 2.54 装入累加器 1，累加器 1 的内容装入累加器 2
*R              //101.0 乘以 2.54，转换为 256.54cm
RND             //四舍五入转换为整数 257（101H）
T      MW30
```

除此之外，还常常用到取反和求补指令，如表 1-3 所示。

表 1-3　取反和求补指令

| 语句表指令 | 梯形图指令 | 说　明 |
|---|---|---|
| INVI | INV-I | 求累加器 1 低字中的 16 位整数的反码 |
| INVD | INV-DI | 求累加器 1 中双整数的反码 |
| NEGI | NEG-I | 求累加器 1 低字中的 16 位整数的补码 |
| NEGD | NEG-DI | 求累加器 1 中双整数的补码 |
| NEGR | NEG-R | 将累加器 1 中的浮点数的符号位取反 |

指令应用举例如下：

```
L      MD20     //将 32 位双整数装入累加器 1
NEGD            //求补
T      MD30     //运算结果传送到 MD30
```

指令运行后，存储器中的数据变化如表 1-4 所示。

表 1-4　取反与求补指令对内存数据的影响

| 内　　容 | 累加器 1 的低字 |
|---|---|
| 变换前的数 | 1101 1101 0011 1000 |
| 取反的结果 | 1010 0010 1100 0111 |
| 求补的结果 | 1010 0010 1100 1000 |

## 1.2.5　数学运算指令

数学运算指令包括整数数学运算指令、浮点数数学运算指令、移位与循环移位指令、字逻辑运算指令和累加器指令。

### 1. 整数数学运算指令

图 1-30 表示整数数学运算指令执行前后累加器中数据变化的过程。

图 1-31 为整数除法指令的使用，表 1-5 给出了常用整数数学运算指令。

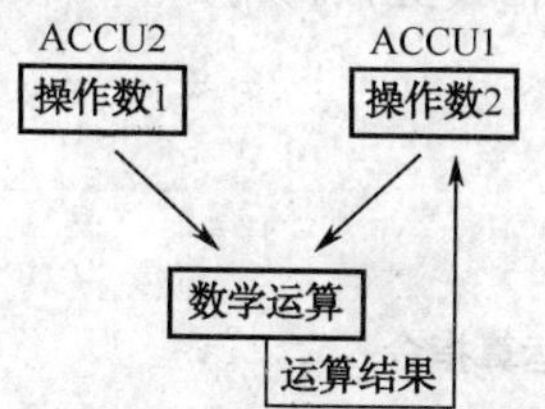


图 1-30　整数数学运算指令执行过程

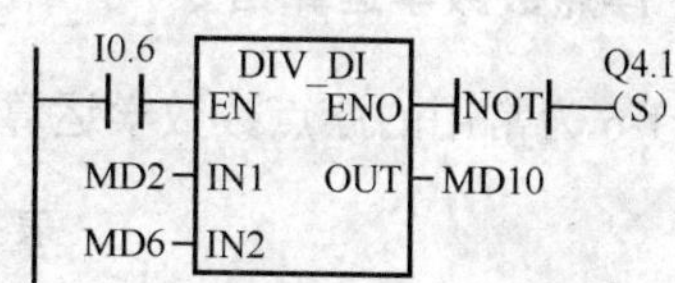


图 1-31　整数除法指令的使用

下面是一个整数除法程序示例：

```
L    IW10        //将 IW10 的内容装入累加器 1 的低字
L    MW14        //将累加器 1 的内容装入累加器 2，MW14 的值装入累加器 1 的低字
/I               //累加器 2 低字的值除以累加器 1 低字的值，结果在累加器 1 的低字中
T    DB1.DBW2    //将累加器 1 低字中的运算结果传送到数据块 DB1 的 DBW2 中
```

表 1-5　常用整数数学运算指令

| 语 句 表 | 梯 形 图 | 描　　述 |
|---|---|---|
| +I | ADD_I | 将累加器 1、2 低字中的整数相加，运算结果在累加器 1 的低字中 |
| −I | SUB_I | 累加器 2 的整数减去累加器 1 的整数，运算结果在累加器 1 的低字中 |
| * I | MUL_I | 将累加器 1、2 低字中的整数相乘，32 位双整数运算结果在累加器 1 中 |
| /I | DIV_I | 累加器 2 的整数除以累加器 1 的整数，商在累加器 1 的低字，余数在累加器 1 的高字中 |
| +D | ADD_DI | 将累加器 1、2 中的双整数相加，双整数运算结果在累加器 1 中 |
| −D | SUB_DI | 累加器 2 中的双整数减去累加器 1 中双整数，运算结果在累加器 1 中 |
| * D | MUL_DI | 将累加器 1、2 中的双整数相乘，32 位双整数运算结果在累加器 1 中 |
| /D | DIV_DI | 累加器 2 中的双整数除以累加器 1 中的双整数，32 位商在累加器 1 中 |
| MOD | MOD_DI | 累加器 2 中的双整数除以累加器 1 中的双整数，32 位余数在累加器 1 中 |

【例 1-3】 压力变送器的量程为 0～10MPa，输出信号为 4～20mA，S7-300 的模拟量输入模块的量程为 4～20mA，转换后的数字量为 0～27648，设转换后的数字为 *N*，试求以 kPa

为单位的压力值。

解：0～10MPa（0～10000kPa）对应于转换后的数字 0～27648，转换公式为

$$P=(10000\times N)/27648\text{（kPa）}$$

值得注意的是在运算时建议先乘后除，否则会损失原始数据的精度。假设 A/D 转换后的数据 $N$ 在 MD6 中，以 kPa 为单位的运算结果在 MW10 中。图 1-32 是实现以上算术运算的梯形图程序。

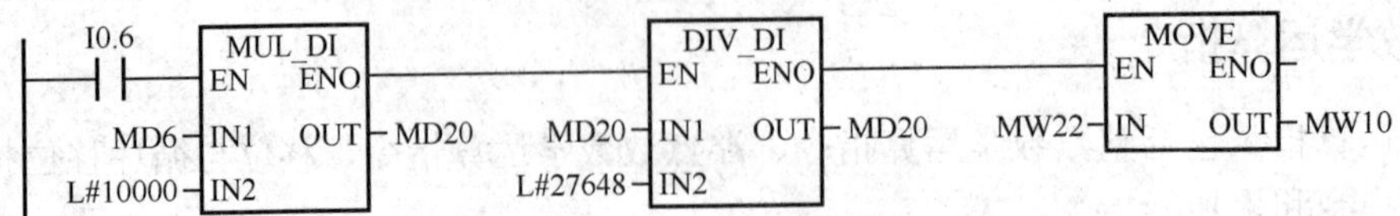


图 1-32　算术运算指令

语句表中“*I”指令的运算结果为 32 位整数，梯形图中 MUL_I 指令的运算结果为 16 位整数。A/D 转换后的最大数字为 27648，所以要使用 MUL_DI。双字除法指令 DIV_DI 的运算结果为双字，运算结果不会超过 16 位正整数的最大值（32767）。

### 2. 浮点数数学运算指令

表 1-6 为常用的浮点数数学运算指令。

**表 1-6　浮点数数学运算指令**

| 语 句 表 | 梯 形 图 | 描　　述 |
|---|---|---|
| +R | ADD_R | 将累加器 1、2 中的浮点数相加，浮点数运算结果在累加器 1 中 |
| -R | SUB_R | 累加器 2 中的浮点数减去累加器 1 中的浮点数，运算结果在累加器 1 中 |
| * R | MUL_R | 将累加器 1、2 中的浮点数相乘，浮点数乘积在累加器 1 中 |
| /R | DIV_R | 累加器 2 中的浮点数除以累加器 1 中的浮点数，商在累加器 1 中，余数丢掉 |
| ABS | ABS | 取累加器 1 中的浮点数的绝对值 |
| SQR | SQR | 求浮点数的平方 |
| SQRT | SQRT | 求浮点数的平方根 |
| EXP | EXP | 求浮点数的自然指数 |
| LN | LN | 求浮点数的自然对数 |
| SIN | SIN | 求浮点数的正弦函数 |
| COS | COS | 求浮点数的余弦函数 |
| TAN | TAN | 求浮点数的正切函数 |
| ASIN | ASIN | 求浮点数的反正弦函数 |
| ACOS | ACOS | 求浮点数的反余弦函数 |
| ATAN | ATAN | 求浮点数的反正切函数 |

以下是一段浮点数运算程序，用来求 DB17.DBD0 的平方，如果运算正确，结果存在 DB17.DBD4 中。

```
OPN      DB17      //打开数据块 DB17
L        DBD0      //将数据块 DB17 的 DBD0 中的浮点数装入累加器 1
```

```
      SQR                  //求累加器 1 中的浮点数的平方，运算结果在累加器 1 中
      AN        OV         //如果运算时没有出错
      JC        OK         //跳转到标号 OK 处
      BEU                  //如果运算时出错，功能块无条件结束
OK:   T         DBD4       //将累加器 1 中的运算结果传送到数据块 DB17 的 DBD4 中
```

浮点数开平方指令 SQRT 将累加器 1 中的 32 位浮点数开平方，得到的浮点数运算结果在累加器 1 中。输入值应大于等于 0，运算结果为正数或 0。

以下为使用浮点自然对数指令 EXP 来完成一次运算。当求以 10 为底的对数时，应将自然对数值除以 2.302585（10 的自然对数值）。例如：

$$\lg100=\ln100/2.302585=4.605170/2.302585=2$$

**【例 1-4】** 用浮点数对数指令和指数指令求 5 的立方。计算公式为

$$5^3 = \mathrm{EXP}(3 * \mathrm{LN}(5)) = 125$$

下面是对应的程序：

```
L       L#5
DTR
LN
L       3.0
*R
EXP
RND
T       MW40
```

其中，RND 是将浮点数四舍五入转换为整数的指令。

浮点数三角函数指令的输入值为弧度，角度值乘以π/180，可转换为弧度值。

### 3. 移位与循环移位指令

（1）移位指令

① 移位指令概述。

使用移位指令，可以将输入 IN 中的内容向左或向右逐位移动。将输入 IN 中的内容左移相当于完成乘 2 加权的运算，将输入 IN 中的内容右移相当于完成除 2 加权的运算。例如，如果将十进制数“3”的等效二进制数左移 3 位，则累加器中的结果是十进制数“24”的二进制数。如果将十进制数“16”的等效二进制数右移 2 位，则累加器中的结果是十进制数“4”的二进制数。

输入参数 N 提供的数值表示移动的位数。执行移位指令所空出的位既可以用 0 填入，也可以用符号位的信号状态填入（“0”代表“正”，“1”代表“负”）。最后移出位的信号状态装入状态字的 CC1 位，状态字的 CC0 和 OV 位清零。可用跳转指令判断 CC1 位的状态。

下述移位指令可供使用：

a．SHR_I：整数右移指令；

b．SHR_DI：双整数右移指令；

c．SHL_W：字左移指令；

d．SHR_W：字右移指令；

e．SHL_DW：双字左移指令；

f．SHR_DW：双字右移指令。

② SHR_I 整数右移指令。

图 1-33 是整数右移指令格式，表 1-7 为指令参数。

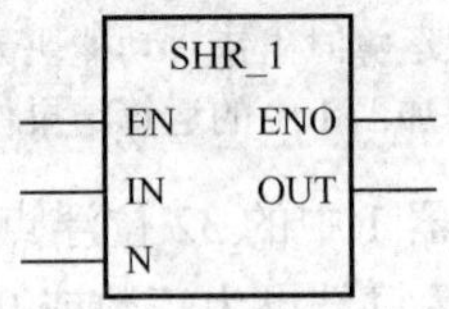


图 1-33　整数右移指令格式

表 1-7　整数右移指令参数

| 参　　数 | 数 据 类 型 | 存 储 区 域 | 说　　明 |
|---|---|---|---|
| EN | BOOL | I，Q，M，L，D | 使能输入 |
| ENO | BOOL | I，Q，M，L，D | 使能输出 |
| IN | INT | I，Q，M，L，D | 要移位的值 |
| N | WORD | I，Q，M，L，D | 要移位的位数 |
| OUT | INT | I，Q，M，L，D | 移位操作的结果 |

**说明：**SHR_I 可以由使能输入（EN）端的逻辑“1”信号激活。SHR_I 指令用于将输入 IN 位的位 0～位 15 逐位右移。整数右移的位状态如图 1-34 所示，位 16～位 31 不受影响。输入 N 指定移位的位数，如果 N 大于 16，则该命令的作用和 N 等于 16 时一样。从左边到需填充空出位的所有移位都根据位 15 的信号状态填充（这是一个整数的符号位）。这就意味着，如果整数为正值，则这些位被赋值“0”；如果整数为负值，则这些位被赋值“1”。移位操作的结果可以在输出 OUT 中扫描。如果 N 不等于“0”，则通过 SHR_I 指令将 CC0 位和 OV 位清零。ENO 和 EN 具有相同的信号状态。

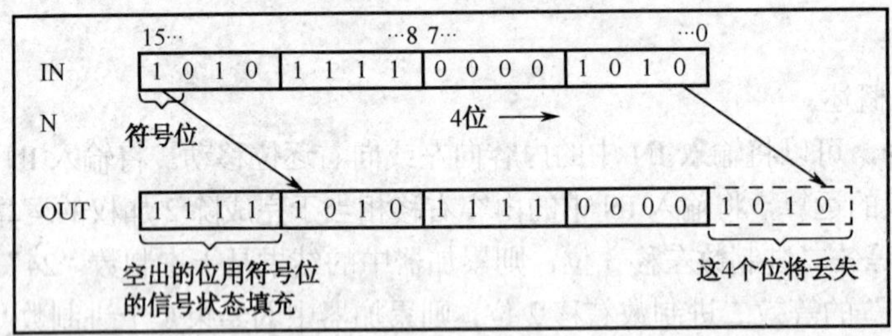


图 1-34　整数右移的位状态

整数右移的位状字如表 1-8 所示。

表 1-8　整数右移的位状字

| | BR | CC1 | CC0 | OV | OS | OR | STA | RLO | /FC |
|---|---|---|---|---|---|---|---|---|---|
| 写 | × | × | × | × | — | × | × | × | 1 |

整数右移指令应用举例如图 1-35 所示。

图 1-35 中，如果 I0.0=1，则 SHR_I 方块激活。MW0 装入并右移使用 MW2 指定的位数。其结果被写入 MW4 中，Q4.0 被置位。

③ SHR_DI 双整数右移指令。

图 1-36 是双整数右移指令格式，表 1-9 为指令参数。

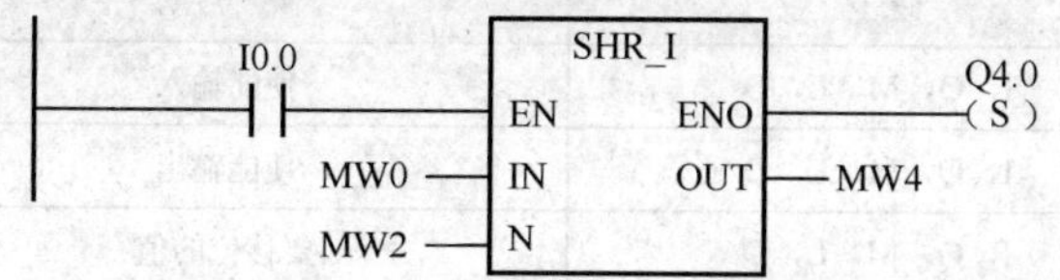


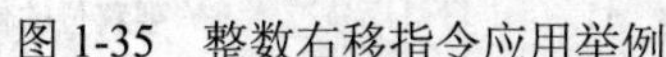
图 1-35　整数右移指令应用举例

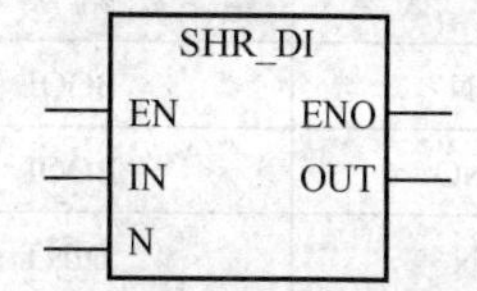


图 1-36　双整数右移指令格式

**表 1-9　双整数右移指令参数**

| 参　数 | 数据类型 | 存储区域 | 说　明 |
|---|---|---|---|
| EN | BOOL | I，Q，M，L，D | 使能输入 |
| ENO | BOOL | I，Q，M，L，D | 使能输出 |
| IN | DINT | I，Q，M，L，D | 要移位的值 |
| N | WORD | I，Q，M，L，D | 要移位的位数 |
| OUT | DINT | I，Q，M，L，D | 移位操作的结果 |

**说明：**SHR_DI 可以由使能输入（EN）端的逻辑“1”信号激活。SHR_DI 指令用于将输入 IN 位的位 0～位 31 逐位右移。输入 N 指定移位的位数，如果 N 大于 32，则该命令的作用和 N 等于 32 时一样。从左边到需填充空出位的所有移位都根据位 31 的信号状态填充（这是一个整数的符号位）。如果整数为正值，则这些位被赋值“0”；如果整数为负值，则这些位被赋值“1”。移位操作的结果可以在输出 OUT 中扫描。如果 N 不为“0”，则通过 SHR_DI 指令将 CC0 位和 OV 位清零。ENO 和 EN 具有相同的信号状态。

双整数右移的位状字如表 1-10 所示。

**表 1-10　双整数右移的位状字**

| | BR | CC1 | CC0 | OV | OS | OR | STA | RLO | /FC |
|---|---|---|---|---|---|---|---|---|---|
| 写 | × | × | × | × | — | × | × | × | 1 |

双整数右移指令应用举例如图 1-37 所示。

图 1-37 中，如果 I0.0 为逻辑“1”，则 SHR_DI 方块激活，MD0 装入并右移使用 MW4 指定的位数。其结果被写入 MD10 中，Q4.0 被置位。

④ SHL_W 字左移指令。

图 1-38 是字左移指令格式，表 1-11 为指令参数。

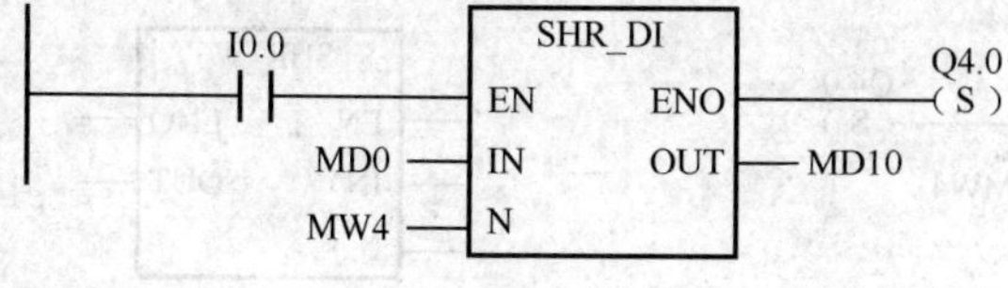


图 1-37　双整数右移指令应用举例

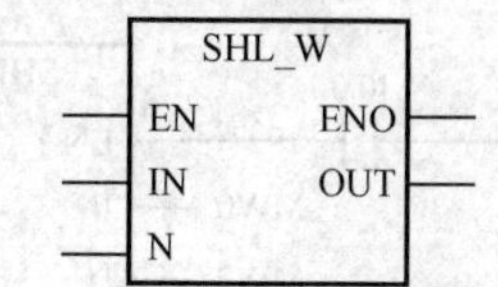


图 1-38　字左移指令格式

表 1-11　字左移指令参数

| 参　数 | 数据类型 | 存储区域 | 说　明 |
|---|---|---|---|
| EN | BOOL | I，Q，M，L，D | 使能输入 |
| ENO | BOOL | I，Q，M，L，D | 使能输出 |
| IN | DINT | I，Q，M，L，D | 要移位的值 |
| N | WORD | I，Q，M，L，D | 要移位的位数 |
| OUT | DINT | I，Q，M，L，D | 移位操作的结果 |

**说明：**SHL_W（字左移指令）可以由使能输入（EN）端的逻辑“1”信号激活。SHL_W 指令用于将输入 IN 位的位 0～位 15 逐位左移，位 16～位 31 不受影响，字左移的位状态如图 1-39 所示。输入 N 指定移位的位数，如果 N 大于 16，该命令将“0”写入输出 OUT，并将状态字中的位 CC0 和 OV 清零。从右边到需填充空出位的所有位将填入 N 个“0”。移位操作的结果可以在输出 OUT 中扫描。如果 N 不为“0”，则通过 SHL_W 指令将 CC0 位和 OV 位清零。ENO 和 EN 具有相同的信号状态。

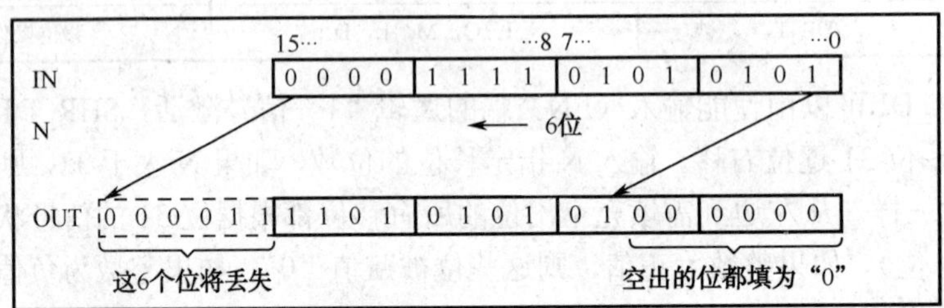


图 1-39　字左移的位状态

字左移的位状字如表 1-12 所示。

表 1-12　字左移的位状字

| | BR | CC1 | CC0 | OV | OS | OR | STA | RLO | /FC |
|---|---|---|---|---|---|---|---|---|---|
| 写 | × | × | × | × | — | × | × | × | 1 |

字左移指令应用举例如图 1-40 所示。

图 1-40 中，如果 I0.0 为逻辑“1”，则 SHL_W 方块激活，MW0 装入并左移使用 MW2 指定的位数。其结果被写入 MW4 中，Q4.0 被置位。

⑤ SHR_W 字右移指令。

图 1-41 是字右移指令格式，表 1-13 为指令参数。

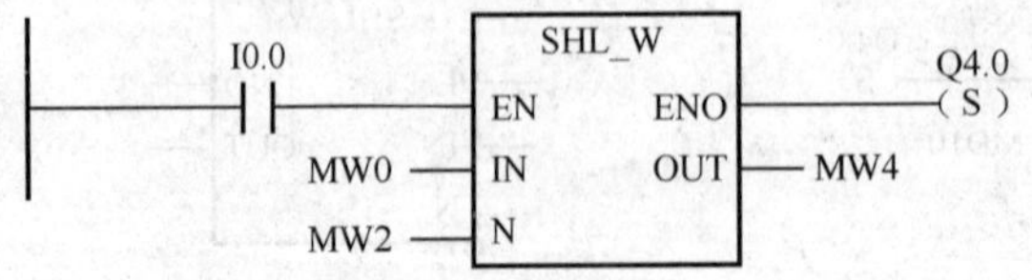


图 1-40　字左移指令应用举例

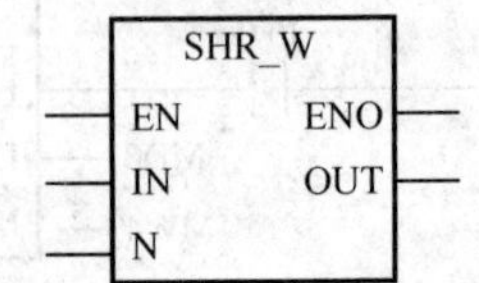


图 1-41　字右移指令格式

表 1-13　字右移指令参数

| 参　数 | 数 据 类 型 | 存 储 区 域 | 说　明 |
| --- | --- | --- | --- |
| EN | BOOL | I，Q，M，L，D | 使能输入 |
| ENO | BOOL | I，Q，M，L，D | 使能输出 |
| IN | WORD | I，Q，M，L，D | 要移位的值 |
| N | WORD | I，Q，M，L，D | 要移位的位数 |
| OUT | WORD | I，Q，M，L，D | 移位操作的结果 |

**说明：**SHR_W（字右移指令）可以由使能输入（EN）端的逻辑“1”信号激活。SHR_W 指令用于将输入 IN 位的位 0～位 15 逐位右移，位 16～位 31 不受影响。输入 N 指定移位的位数，如果 N 大于 16，该命令将“0”写入输出 OUT，并将状态字中的位 CC0 和 OV 清零。从左边到需填充空出位的所有位将填入 N 个“0”。移位操作的结果可以在输出 OUT 中扫描。如果 N 不为“0”，则通过 SHR_W 指令将 CC0 位和 OV 位清零。ENO 和 EN 具有相同的信号状态。

字右移的位状字如表 1-14 所示。

表 1-14　字右移的位状字

| | BR | CC1 | CC0 | OV | OS | OR | STA | RLO | /FC |
| --- | --- | --- | --- | --- | --- | --- | --- | --- | --- |
| 写 | × | × | × | × | — | × | × | × | 1 |

字右移指令应用举例如图 1-42 所示。

图 1-42 中，如果 I0.0 为逻辑“1”，则 SHR_W 方块激活，MW0 装入，并右移使用 MW2 指定的位数。其结果被写入 MW4 中，Q4.0 被置位。

⑥ SHL_DW 双字左移指令。

图 1-43 是双字左移指令格式，表 1-15 为指令参数。

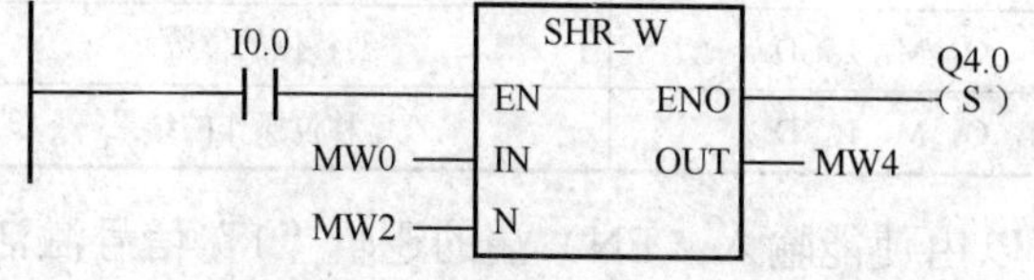

图 1-42　字右移指令应用举例

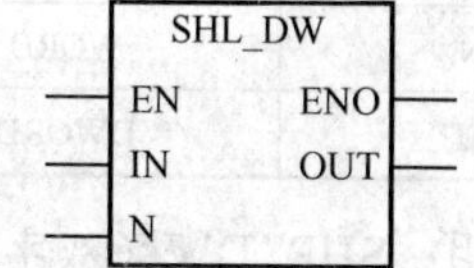

图 1-43　双字左移指令格式

表 1-15　双字左移指令参数

| 参　数 | 数 据 类 型 | 存 储 区 域 | 说　明 |
| --- | --- | --- | --- |
| EN | BOOL | I，Q，M，L，D | 使能输入 |
| ENO | BOOL | I，Q，M，L，D | 使能输出 |
| IN | DWORD | I，Q，M，L，D | 要移位的值 |
| N | WORD | I，Q，M，L，D | 要移位的位数 |
| OUT | DWORD | I，Q，M，L，D | 双字移位操作的结果 |

**说明：**SHL_DW（双字左移指令）可以由使能输入（EN）端的逻辑“1”信号激活。SHL_DW 指令用于将输入 IN 位的位 0～位 31 逐位左移。输入 N 指定移位的位数，如果 N 大

于 32，该命令将“0”写入输出 OUT，并将状态字中的位 CC0 和 OV 清零。从右边到需填充空出位的所有位将填入 N 个“0”。双字移位操作的结果可以在输出 OUT 中扫描。如果 N 不为“0”，则通过 SHL_DW 指令将 CC0 位和 OV 位清零。ENO 和 EN 具有相同的信号状态。

双字左移的位状字如表 1-16 所示。

**表 1-16　双字左移的位状字**

| | BR | CC1 | CC0 | OV | OS | OR | STA | RLO | /FC |
|---|---|---|---|---|---|---|---|---|---|
| 写 | × | × | × | × | — | × | × | × | 1 |

双字左移指令应用举例如图 1-44 所示。

图 1-44 中，如果 I0.0 为逻辑“1”，则 SHL_DW 方块激活。MD0 装入并左移使用 MW4 指定的位数。其结果被写入 MD10 中，Q4.0 被置位。

⑦ SHR_DW 双字右移指令。

图 1-45 是双字右移指令格式，表 1-17 为指令参数。

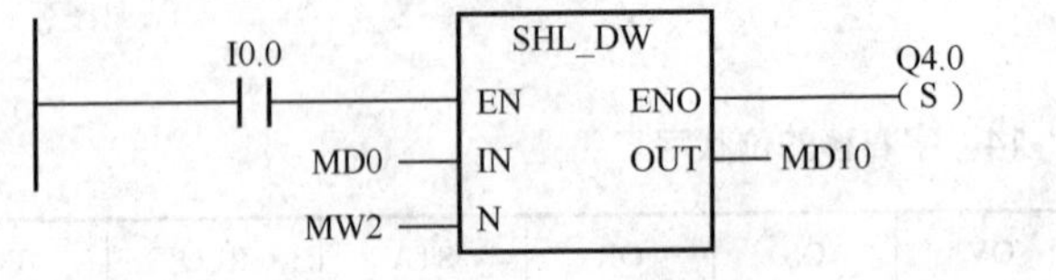


图 1-44　双字左移指令应用举例

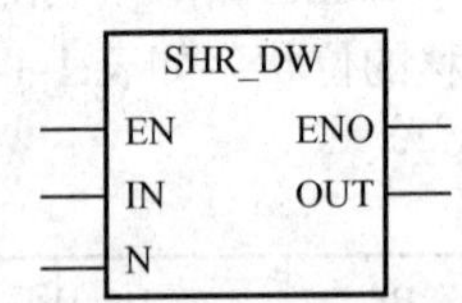


图 1-45　双字右移指令格式

**表 1-17　双字右移指令参数**

| 参　数 | 数 据 类 型 | 存 储 区 域 | 说　明 |
|---|---|---|---|
| EN | BOOL | I，Q，M，L，D | 使能输入 |
| ENO | BOOL | I，Q，M，L，D | 使能输出 |
| IN | DWORD | I，Q，M，L，D | 要移位的值 |
| N | WORD | I，Q，M，L，D | 要移位的位数 |
| OUT | DWORD | I，Q，M，L，D | 双字移位操作的结果 |

**说明**：SHR_DW（双字右移指令）可以由使能输入（EN）端的逻辑“1”信号激活。SHR_DW 指令用于将输入 IN 位的位 0～位 31 逐位右移，双字右移的位状态如图 1-46 所示。输入 N 指定移位的位数，如果 N 大于 32，该命令将“0”写入输出 OUT，并将状态字中的位 CC0 和 OV 清零。从左边到需填充空出位的所有位将填入 N 个“0”。双字移位操作的结果可以在输出 OUT 中扫描。如果 N 不为“0”，则通过 SHR_DW 指令将 CC0 位和 OV 位清零。ENO 和 EN 具有相同的信号状态。

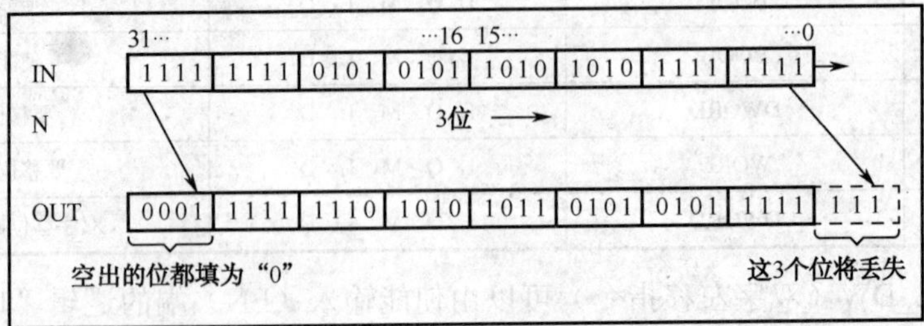


图 1-46　双字右移的位状态

双字右移的位状字如表 1-18 所示。

**表 1-18　双字右移的位状字**

| | BR | CC1 | CC0 | OV | OS | OR | STA | RLO | /FC |
|---|---|---|---|---|---|---|---|---|---|
| 写 | × | × | × | × | — | × | × | × | 1 |

双字右移指令应用举例如图 1-47 所示。

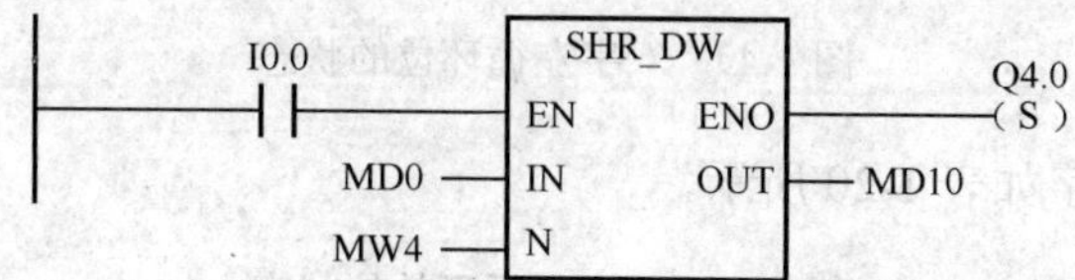


图 1-47　双字右移指令应用举例

图 1-47 中，如果 I0.0 为逻辑“1”，则 SHR_DW 方块激活。MD0 装入并右移使用 MW4 指定的位数。其结果被写入 MD10 中，Q4.0 被置位。

（2）循环指令

① 循环指令概述。

使用循环指令可以将输入 IN 中的全部内容循环地逐位左移或右移，空出的位用输入 IN 移出位的信号状态填充。输入参数 N 提供的数值表示循环的位数，根据指令，通过状态字的 CC1 位执行循环，状态字的 CC0 位复位为“0”。有 ROL_DW 双字左循环和 ROR_DW 双字右循环指令可供使用。

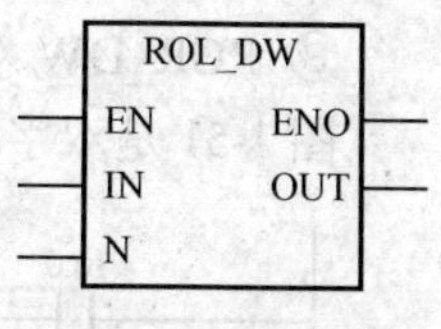


图 1-48　双字左循环指令格式

② ROL_DW 双字左循环指令。

图 1-48 是双字左循环指令格式，表 1-19 为指令参数。

**表 1-19　双字左循环指令参数**

| 参　数 | 数据类型 | 存储区域 | 说　明 |
|---|---|---|---|
| EN | BOOL | I，Q，M，L，D | 使能输入 |
| ENO | BOOL | I，Q，M，L，D | 使能输出 |
| IN | DWORD | I，Q，M，L，D | 要循环的值 |
| N | WORD | I，Q，M，L，D | 要循环的位数 |
| OUT | DWORD | I，Q，M，L，D | 双字循环操作的结果 |

**说明：** ROL_DW（双字左循环指令）可以由使能输入（EN）端的逻辑“1”信号激活。ROL_DW 指令用于将输入 IN 位的全部内容逐位循环左移，双字左循环位的状态见图 1-49。输入 N 指定循环的位数，右边的位以循环位状态填充。双字循环操作的结果可以在输出 OUT 中扫描。如果 N 不为“0”，则通过 ROL_DW 指令将 CC0 位和 OV 位清零。ENO 和 EN 具有相同的信号状态。

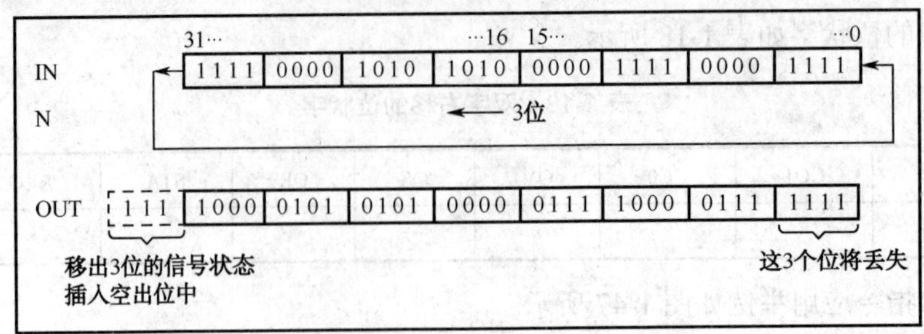


图 1-49　双字左循环位的状态

双字左循环的位状字如表 1-20 所示。

表 1-20　双字左循环的位状字

| | BR | CC1 | CC0 | OV | OS | OR | STA | RLO | /FC |
|---|---|---|---|---|---|---|---|---|---|
| 写 | × | × | × | × | — | × | × | × | 1 |

双字左循环指令应用举例如图 1-50 所示。

图 1-50 中，如果 I0.0 为逻辑“1”，则 ROL_DW 方块激活。MD0 装入，并左循环 MW4 指定的位数。其结果被写入 MD10 中，Q4.0 被置位。

③ ROR_DW 双字右循环指令。

图 1-51 是双字右循环指令格式，表 1-21 为指令参数。

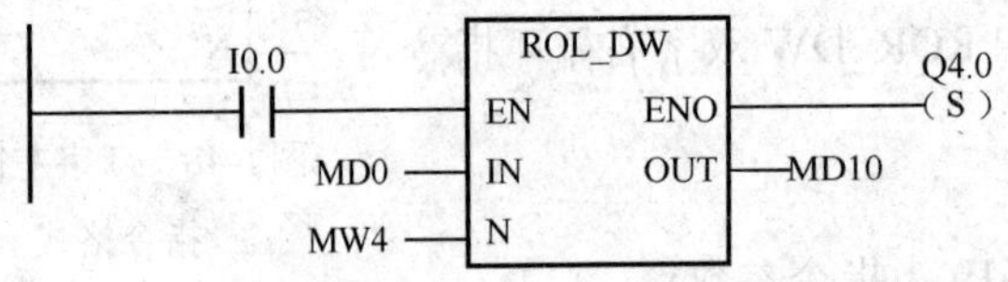


图 1-50　双字左循环指令应用举例

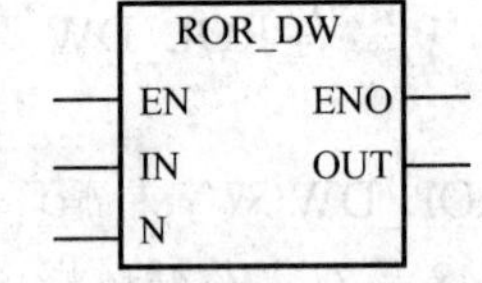


图 1-51　双字右循环指令格式

表 1-21　双字右循环指令参数

| 参　数 | 数 据 类 型 | 存 储 区 域 | 说　明 |
|---|---|---|---|
| EN | BOOL | I，Q，M，L，D | 使能输入 |
| ENO | BOOL | I，Q，M，L，D | 使能输出 |
| IN | DWORD | I，Q，M，L，D | 要循环的值 |
| N | WORD | I，Q，M，L，D | 要循环的位数 |
| OUT | DWORD | I，Q，M，L，D | 双字循环操作的结果 |

**说明：**ROR_DW（双字右循环指令）可以由使能输入（EN）端的逻辑“1”信号激活。ROR_DW 指令用于将输入 IN 位的全部内容逐位循环右移，双字右循环位的状态如图 1-52 所示。输入 N 指定循环的位数，左边的位以循环位状态填充。双字循环操作的结果可以在输出 OUT 中扫描。如果 N 不为“0”，则通过 ROR_DW 指令将 CC0 位和 OV 位清零。ENO 和 EN 具有相同的信号状态。

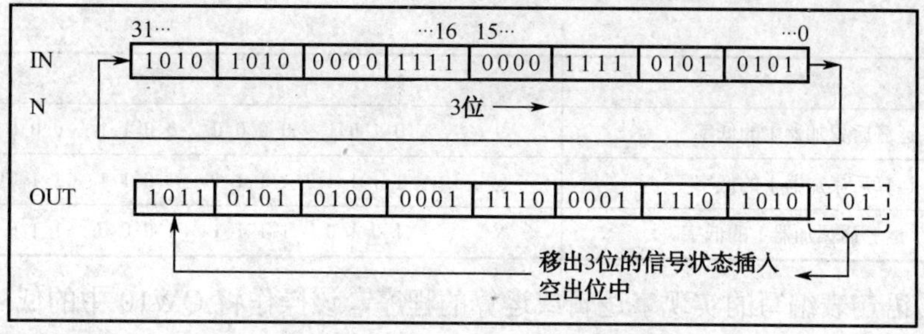


图 1-52　双字右循环位的状态

双字右循环的位状字如表 1-22 所示。

**表 1-22　双字右循环的位状字**

| | BR | CC1 | CC0 | OV | OS | OR | STA | RLO | /FC |
|---|---|---|---|---|---|---|---|---|---|
| 写 | × | × | × | × | — | × | × | × | 1 |

双字右循环指令应用举例如图 1-53 所示。

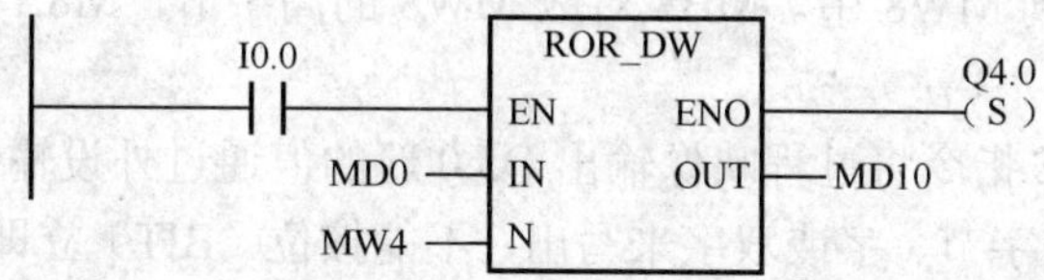


图 1-53　双字右循环指令应用举例

图 1-53 中，如果 I0.0 为逻辑“1”，则 ROR_DW 方块激活。MD0 装入，并右循环 MW4 指定的位数。其结果被写入 MD10 中，Q4.0 被置位。

## 4. 字逻辑运算指令

字逻辑运算指令如表 1-23 所示，字逻辑运算累加器状态如表 1-24 所示。

**表 1-23　字逻辑运算指令**

| 语　句　表 | 梯　形　图 | 描　　述 |
|---|---|---|
| AW | WAND_W | 字与 |
| OW | WOR_W | 字或 |
| XOW | WXOR_W | 字异或 |
| AD | WAND_DW | 双字与 |
| OD | WOR_DW | 双字或 |
| XOD | WXOR_DW | 双字异或 |

**表 1-24　字逻辑运算累加器状态**

| 位 | 15　　　　　　　　　　　0 |
|---|---|
| 逻辑运算前累加器 1 的低字 | 0101　1001　0011　1001 |
| 逻辑运算前累加器 2 的低字 | 1111　0110　1011　0101 |

续表

| 位 | 15 | 0 |
|---|---|---|
| "与"运算后累加器 1 的低字 | 0101 0000 0011 0001 | |
| "或"运算后累加器 1 的低字 | 1111 1111 1011 1101 | |
| "异或"运算后累加器 1 的低字 | 1010 1111 1000 1100 | |

下面是用语句表编写的实现字逻辑或运算的程序，该操作将 QW10 中的低 4 位置 1，其余各位保持不变：

```
L      QW10          //QW10 的内容装入累加器 1 的低字
L      W#16#000F     //将累加器 1 的内容装入累加器 2，W#16#000F 装入累加器 1 的低字
OW                   //累加器 1 低字与 W#16#000F 逐位相或，结果在累加器 1 的低字中
T      QW10          //将累加器 1 低字中的运算结果传送到 QW10 中
```

图 1-54 中的字逻辑指令 WAND_W 用来立即读取 I0.1 和 I0.2，通过字逻辑与指令访问外设输入区 PI，而不是读取输入映像存储区（PII）中的数据。由于外设输入区只能按字节、字或双字来读取，不能按位（BIT）来立即读取，则运行之后，PIW0 的值先做字与指令保留 I0.1 和 I0.2，再将它们存放到 MW8 中。MB8 对应 MW8 的高字节，M8.1 和 M8.2 对应输入信号 I0.1 和 I0.2。

图 1-55 中的 MOVE 指令将过程映像输出 Q5.0 新的值通过外设输出 PQB5 立即写到对应的输出模块。PQ 只能按字节、字或双字来写出，不能按位（BIT）立即写出单个数字量输出。

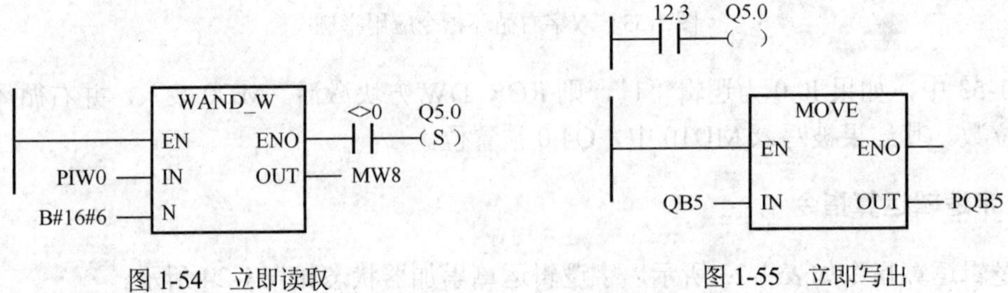


图 1-54　立即读取　　图 1-55　立即写出

## 5. 累加器指令

累加器指令如表 1-25 所示。图 1-56 为入栈指令执行前后累加器状态对比，图 1-57 为出栈指令执行前后累加器状态对比。

**表 1-25　累加器指令**

| 语 句 表 | 描　述 |
|---|---|
| TAK | 交换累加器 1、2 的内容 |
| PUSH | 入栈 |
| POP | 出栈 |
| ENT | 进入 ACCU 堆栈 |
| LEAVE | 离开 ACCU 堆栈 |
| INC | 累加器 1 的最低字节加上 8 位常数 |
| DEC | 累加器 1 的最低字节减去 8 位常数 |

续表

| 语句表 | 描　述 |
|---|---|
| +AR1 | AR1 的内容加上地址偏移量 |
| +AR2 | AR2 的内容加上地址偏移量 |
| BLD | 程序显示指令（空指令） |
| NOP 0 | 空操作指令 |
| NOP 1 | 空操作指令 |

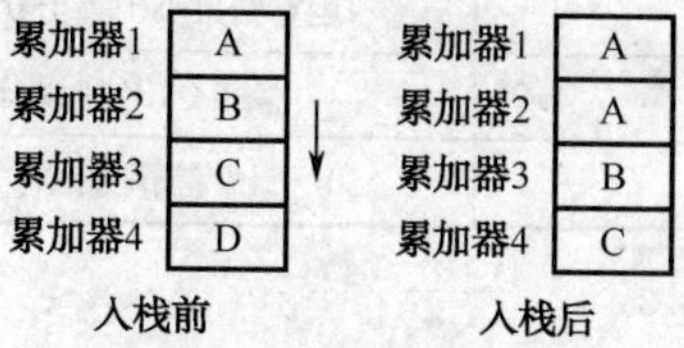

图 1-56　入栈指令执行前后累加器状态对比

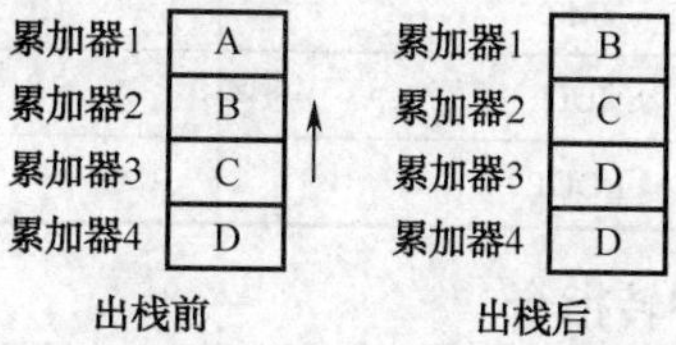

图 1-57　出栈指令执行前后累加器状态对比

【例 1-5】 用语句表实现浮点数运算(DBD0+DBD4)/(DBD8-DBD12)。

```
L      DBD0          //将 DBD0 中的浮点数装入累加器 1
L      DBD4          //将累加器 1 的内容装入累加器 2，DBD4 中的浮点数装入累加器 1
+R                   //累加器 1、2 中的浮点数相加，结果保存在累加器 1 中
L      DBD8          //将累加器 1 的内容装入累加器 2，DBD8 中的浮点数装入累加器 1
ENT                  //将累加器 3 的内容装入累加器 4，累加器 2 的中间结果装入累加器 3
L      DBD12         //将累加器 1 的内容装入累加器 2，DBD12 中的浮点数装入累加器 1
-R                   //累加器 2 的内容减去累加器 1 的内容，结果保存在累加器 1 中
LEAVE                //将累加器 3 的内容装入累加器 2，累加器 4 的中间结果装入累加器 3
/R                   //累加器 2 的(DBD0+DBD4)除以累加器 1 的(DBD8-DBD12)
T      DBD16         //将累加器 1 中的运算结果传送到 DBD16
```

## 1.2.6　逻辑控制指令

逻辑控制指令与状态位触点指令如表 1-26 所示。

**表 1-26　逻辑控制指令与状态位触点指令**

| 语句表中的逻辑控制指令 | 梯形图中的状态位触点指令 | 说　明 |
|---|---|---|
| JU | — | 无条件跳转 |
| JL | — | 多分支跳转 |
| JC | — | RLO=1 时跳转 |
| JCN | — | RLO=0 时跳转 |
| JCB | — | RLO=1 且 BR=1 时跳转 |
| JNB | — | RLO=0 且 BR=1 时跳转 |
| JBI | BR | BR=1 时跳转 |
| JNBI | — | BR=0 时跳转 |
| JO | OV | OV=1 时跳转 |
| JOS | OS | OS=1 时跳转 |

续表

| 语句表中的逻辑控制指令 | 梯形图中的状态位触点指令 | 说　明 |
|---|---|---|
| JZ | ==0 | 运算结果为 0 时跳转 |
| JN | < >0 | 运算结果非 0 时跳转 |
| JP | >0 | 运算结果为正时跳转 |
| JM | <0 | 运算结果为负时跳转 |
| JPZ | >=0 | 运算结果大于等于 0 时跳转 |
| JMZ | <=0 | 运算结果小于等于 0 时跳转 |
| JUO | UO | 指令出错时跳转 |
| LOOP | — | 循环指令 |

（1）跳转指令

跳转指令要求只能在同一逻辑块内跳转，同一个跳转目的地址只能出现一次。跳转或循环指令的操作数为地址标号，标号最多由 4 个字符组成，第一个字符必须是字母，其余的可以是字母或数字。在梯形图中，目标标号必须是一个网络的开始。

**【例 1-6】** IW8 与 MW12 的异或结果如果为 0，将 M4.0 复位，非 0 则将 M4.0 置位。

```
          L      IW8        //将 IW8 的内容装入累加器 1 的低字
          L      MW12       //将累加器 1 的内容装入累加器 2，MW12 的内容装入累加器 1
          XOW               //将累加器 1、2 低字的内容逐位异或
          JN     NOZE       //如果累加器 1 的内容非 0，则跳转到标号 NOZE 处
          R      M4.0
          JU     NEXT
    NOZE: AN     M4.0
          S      M4.0
    NEXT: NOP    0
```

该程序的执行流程如图 1-58 所示。

下面再举两个跳转指令的应用例子，如图 1-59、图 1-60 所示。

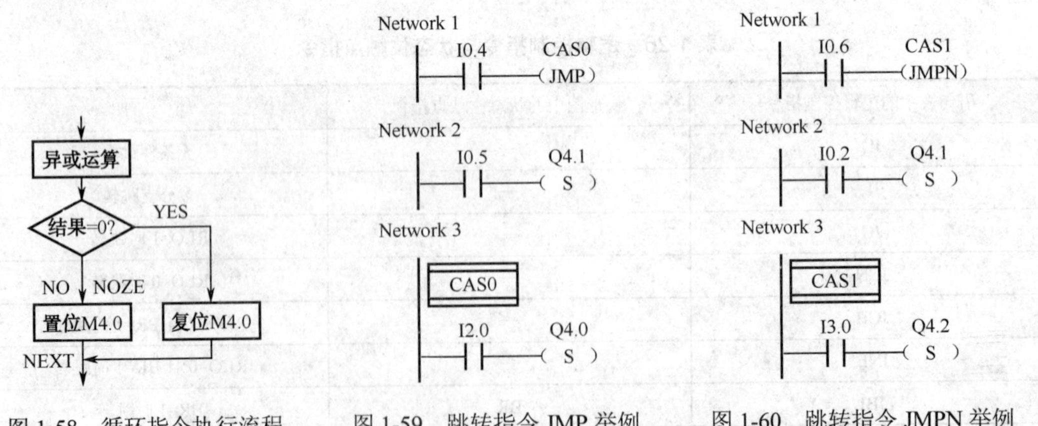


图 1-58　循环指令执行流程　　图 1-59　跳转指令 JMP 举例　　图 1-60　跳转指令 JMPN 举例

以上两条指令称做有条件跳转指令，只要它前面的逻辑运算结果满足要求，跳转线圈“通电”，就跳转到标号处。图 1-59 中，JMP 指令是当左边的运算结果 RLO=1 时跳转，而图 1-60 中 JMPN 指令是当左边的运算结果 RLO=0 时跳转。

（2）梯形图中的状态位触点指令

梯形图中的状态位指令以常开触点或常闭触点的形式出现，这些触点的通断取决于状态字中的状态位 BR、OV、OS、CC0 和 CC1 的状态（见表 1-26）。数学运算的结果==0、<>0、>0、<0、>=0、<=0 都有对应的状态位常开触点和常闭触点。CC0 和 CC1 均为 1 时，表示数学运算指令有错误，OV 常开触点闭合。

以标有 OV 的触点为例，OV（溢出位）为 1 时，标有 OV 的常开触点闭合，常闭触点断开。图 1-61 中的 I0.6 为 1 时，执行整数减法指令 SUB_I；如果运算结果有溢出（超出允许的范围），状态位 OV 为 1，梯形图中 OV 的常开触点闭合。若 I0.2 的常开触点也闭合，Q4.0 被置位。在梯形图中，状态位触点可以与别的触点串、并联。

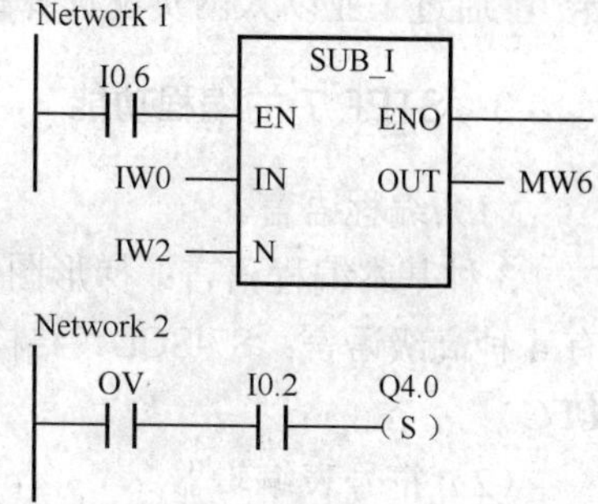

图 1-61　状态位触点

（3）循环指令

循环指令用来重复执行若干次同样的任务。循环指令 LOOP <jump label>用 ACCU1-L 做循环计数器，每次执行 LOOP 指令时 ACCU1-L 的值减 1，若减 1 后 ACCU1-L 非 0，将跳转到<jump label>指定的标号处，在跳步目标处又恢复线性程序扫描。可以往前跳，也可以往后跳，跳步目标号应是唯一的，跳步也只能在同一个逻辑块内进行。

【例 1-7】 用循环指令求 5！（5 的阶乘）。

```
      L     L#1     //将 32 位整数常数装入累加器 1，置阶乘的初值
      T     MD20    //将累加器 1 的内容传送到 MD20，保存阶乘的初值
      L     5       //将循环次数装入累加器的低字
BACK:T      MW10    //将累加器 1 低字的内容保存到循环计数器 MW10 中
      L     MD20    //取阶乘值
      *D            //MD20 与 MW10 的内容相乘
      T     MD20    //乘积送 MD20
      L     MW10    //将循环计数器的内容装入累加器 1
      LOOP  BACK    //累加器 1 低字的内容减 1，减 1 后非 0，跳到标号 BACK
      …             //循环结束后，恢复线性扫描
```

## 1.3　STEP 7 软件的使用

### 1.3.1　STEP 7 概述

#### 1. STEP 7 的用途

STEP 7 用于 S7、M7、C7、WinAC 的编程、监控和参数设置。

STEP 7 具有的功能：硬件配置和参数设置、通信组态、编程、测试、启动和维护、文件建档、运行和诊断等。

#### 2. STEP 7 的硬件接口

STEP 7 的硬件接口主要包括 PC/MPI 适配器、RS 通信电缆。

计算机的通信卡 CP 5611（PCI 卡）、CP 5511 或 CP 5512（PCMCIA 卡）将计算机连接到 MPI 或 PROFIBUS 网络。计算机的工业以太网通信卡 CP 1512（PCMCIA 卡）或 CP 1612（PCI 卡），通过工业以太网实现计算机与 PLC 的通信。

#### 3. STEP 7 的编程功能

（1）编程语言

3 种基本编程语言：梯形图（LAD）、功能块图（FBD）和语句表（STL）。除此之外，还有 4 种高级语言：S7-SCL（结构化控制语言），S7-Graph（顺序功能图语言），S7-HiGraph 和 CFC。

（2）符号表编辑器

符号表编辑器的作用是为变量命名，可定义适用于所有程序块的全局符号。使用符号表编辑器，程序可读性更好，资源分配一目了然，修改灵活，可输入纠错。

（3）增强的测试和服务功能

可实现设置断点、强制输入和输出、多 CPU 运行（仅限于 S7-400）、重新布线、显示交叉参考表、状态功能、直接下载和调试块、同时监测几个块的状态等。程序中的特殊点可以通过输入符号名或地址快速查找。

（4）STEP 7 的帮助功能

按 F1 键便可以得到与它们有关的在线帮助，选择菜单命令“Help”→“Contents”可进入帮助窗口。

#### 4. STEP 7 的硬件组态与诊断功能

（1）硬件组态

① 系统组态：选择硬件机架，模块分配给机架中希望的插槽。

② CPU 的参数设置。

③ 模块的参数设置：可以防止输入错误的数据。

（2）通信组态

① 网络连接的组态和显示。

② 设置用 MPI 或 PROFIBUS-DP 连接的设备之间的周期性数据传送的参数。

③ 设置用 MPI、PROFIBUS 或工业以太网实现的事件驱动的数据传输，用通信块编程。

（3）系统诊断

① 快速浏览 CPU 的数据和用户程序在运行中的故障原因。

② 用图形方式显示硬件配置、模块故障，显示诊断缓冲区的信息等。

### 1.3.2 硬件组态与参数设置

#### 1. 项目的创建与项目的结构

要使用项目管理框架构造自动化任务的解决方案，需要创建一个新的项目。创建新项目可以使用“新项目”向导来进行。使用菜单命令“文件”→“新项目”打开向导，在对话框中输入所要求的详细资料，即可创建项目。除了站、CPU、程序文件夹、源文件夹、块文件夹及 OB1 之外，还可以选择已存在的 OB1 进行错误和报警处理。另外还可以手动创建项目，

即在 SIMATIC 管理器中使用菜单命令“文件”→“新建”来创建一个新项目，它已经包含“MPI 子网”对象。

## 2. 硬件组态

图 1-62 为 STEP 7 中的硬件组态窗口，实际组态位于左边窗口，模块位于右边窗口。

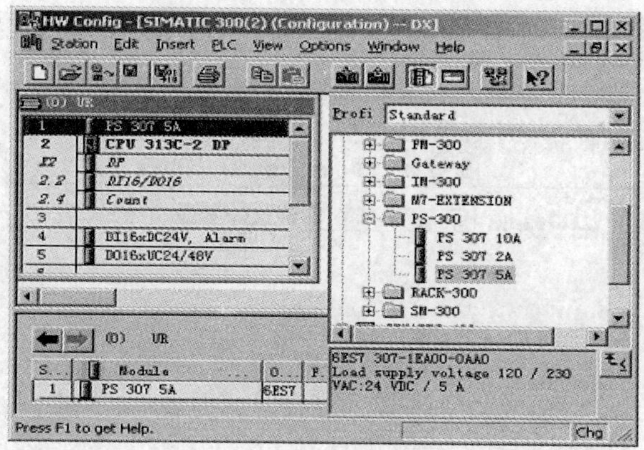


图 1-62　S7-300 的硬件组态窗口

## 3. CPU 模块的参数设置

图 1-63 为 CPU 属性设置，其中时钟存储器各位对应的时钟脉冲周期与频率如表 1-27 所示。

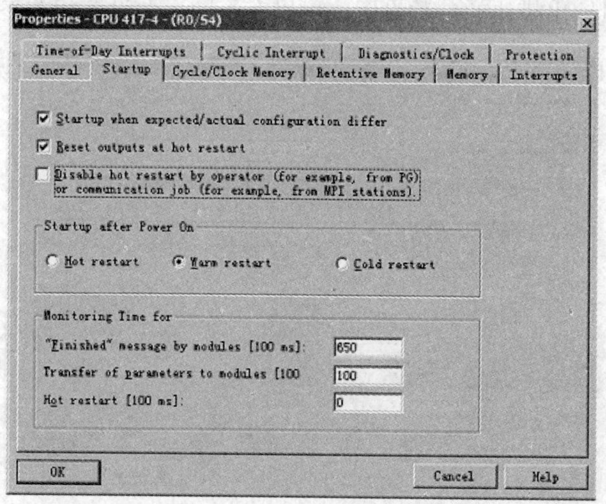


图 1-63　CPU 属性设置

**表 1-27　时钟存储器各位对应的时钟脉冲周期与频率**

| 位 | 7 | 6 | 5 | 4 | 3 | 2 | 1 | 0 |
|---|---|---|---|---|---|---|---|---|
| 周期（s） | 2 | 1.6 | 1 | 0.8 | 0.5 | 0.4 | 0.2 | 0.1 |
| 频率（Hz） | 0.5 | 0.625 | 1 | 1.25 | 2 | 2.5 | 5 | 10 |

### 4. 数字量输入模块的参数设置

数字量输入模块的参数设置在 CPU 处于 STOP 模式下进行，设置完后下载到 CPU 中。当 CPU 从 STOP 模式转换为 RUN 模式时，CPU 将参数传送到每个模块。图 1-64 为数字量输入模块的参数设置。

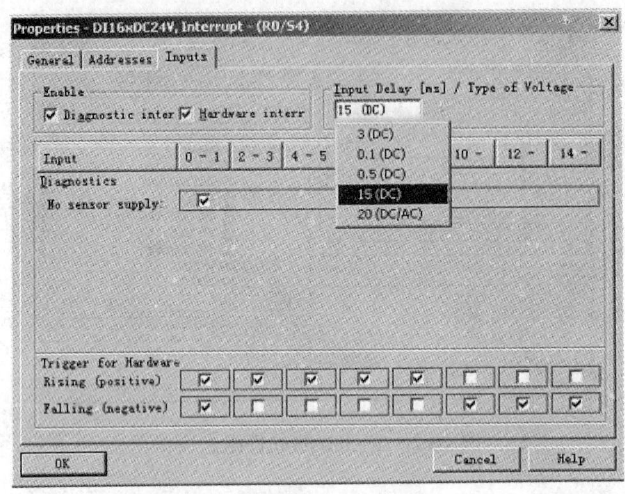


图 1-64　数字量输入模块的参数设置

### 5. 数字量输出模块的参数设置

图 1-65 为数字量输出模块的参数设置，可以在不同页面设置相关参数。

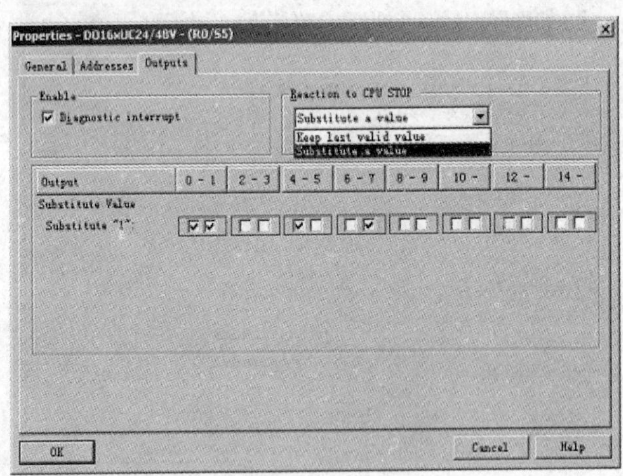


图 1-65　数字量输出模块的参数设置

### 6. 模拟量输入模块的参数设置

（1）模块诊断与中断的设置

8 通道 12 位模拟量输入模块（订货号为 6ES7 331-7KF02-0AB0）的参数设置如图 1-66 所示。

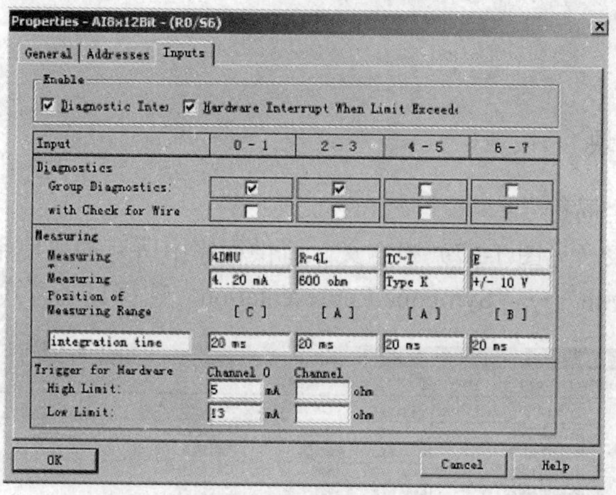


图 1-66　模拟量输入模块的参数设置

（2）模块测量范围的选择

图 1-66 中，“4DMU”是 4 线式传感器电流测量，“R-4L”是 4 线式热电阻，“TC-I”是热电偶，“E”表示测量种类为电压，未使用某一组的通道应选择测量种类中的“Deactivated”（未激活）。

（3）模块测量精度与转换时间的设置

SM331 采用积分式 A/D 转换器，积分时间直接影响 A/D 转换时间、转换精度和干扰抑制频率。为了抑制工频频率，一般选用 20ms 的积分时间。6ES7331-7KF02 模拟量输入模块的参数关系如表 1-28 所示。

**表 1-28　6ES7331-7KF02 模拟量输入模块的参数关系**

| 积分时间（ms） | 1.5 | 16.7 | 20 | 100 |
|---|---|---|---|---|
| 基本转换时间（ms，包括积分时间） | 3 | 17 | 22 | 102 |
| 附加测量电阻转换时间（ms） | 1 | 1 | 1 | 1 |
| 附加开路监控转换时间（ms） | 10 | 10 | 10 | 10 |
| 附加测量电阻和开路监控转换时间（ms） | 16 | 16 | 16 | 16 |
| 精度（位，包括符号位） | 9 | 12 | 12 | 14 |
| 干扰抑制频率（Hz） | 400 | 60 | 50 | 10 |
| 模块的基本响应时间（ms，所有通道使能） | 24 | 136 | 176 | 816 |

（4）设置模拟值的平滑等级

可在平滑参数的四个等级（无、低、平均、高）中进行选择。

### 7. 模拟量输出模块的参数设置

CPU 进入 STOP 时的响应：输出无电流或电压（OCV）、保持最后的输出值（KLV）和采用替代值（SV）。

### 1.3.3 符号表

#### 1. 符号表与逻辑块

（1）共享符号（全局符号）

共享符号在符号表（见图 1-67）中定义，可供程序中所有的块使用。在程序编辑器中用“View”→“Display with”→“Symbolic Representation”选择显示方式。

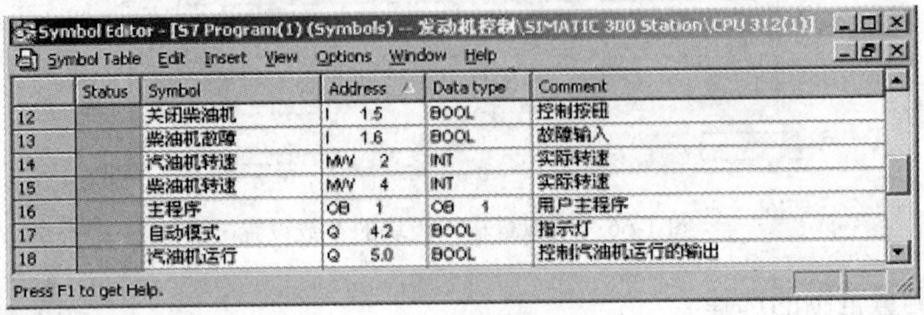

Symbol Editor - [S7 Program(1) (Symbols) -- 发动机控制\SIMATIC 300 Station\CPU 312(1)]

Symbol Table Edit Insert View Options Window Help

| | Status | Symbol | Address | Data type | Comment |
|---|---|---|---|---|---|
| 12 | | 关闭柴油机 | I 1.5 | BOOL | 控制按钮 |
| 13 | | 柴油机故障 | I 1.6 | BOOL | 故障输入 |
| 14 | | 汽油机转速 | MW 2 | INT | 实际转速 |
| 15 | | 柴油机转速 | MW 4 | INT | 实际转速 |
| 16 | | 主程序 | OB 1 | OB 1 | 用户主程序 |
| 17 | | 自动模式 | Q 4.2 | BOOL | 指示灯 |
| 18 | | 汽油机运行 | Q 5.0 | BOOL | 控制汽油机运行的输出 |

Press F1 to get Help.

图 1-67 符号表

（2）生成与编辑符号表

CPU 将自动为程序中的全局符号加双引号，在局域变量的前面自动加“#”。生成符号表和块的局域变量表时不用为变量添加引号和“#”。

数据块中的地址（DBD，DBW，DBB 和 DBX）不能在符号表中定义，应在数据块的声明表中定义。用菜单命令“View”→“Columns R, O, M, C, CC”可以选择是否显示表中的“R, O, M, C, CC”列，它们分别表示监视属性、在 WinCC 里是否被控制和监视、信息属性、通信属性和触点控制。可以用菜单命令“View”→“Sort”选择符号表中变量的排序方法。

（3）局域符号

局域符号不能使用汉字。

（4）过滤器（Filter）

在符号表中执行菜单命令“View”→“Filter”，输入“I*”表示显示所有的输入，“I*.*”表示所有的输入位，“I1.*”表示 IB1 中的位。

#### 2. 逻辑块

逻辑块包括组织块 OB、功能块 FB 和功能 FC，可以使用图 1-68 中的梯形图编辑器输入。

（1）程序的输入方式

增量输入方式或源代码方式（或称文本方式、自由编辑方式）。

（2）生成逻辑块

执行菜单命令“Insert”→“S7 Block”，生成一个新的逻辑块。

（3）网络

执行菜单命令“Insert”→“Network”，或单击工具条中相应的图标，在当前网络的下面生成一个新的网络。菜单命令“View”→“Display”→“Comments”用来激活或取消块注释和网络注释，可以用剪贴板在块内部和块之间复制和粘贴网络，也可使用 Ctrl 键。

（4）打开和编辑块的属性

使用菜单命令“File”→“Properties”可以查看和编辑块属性。

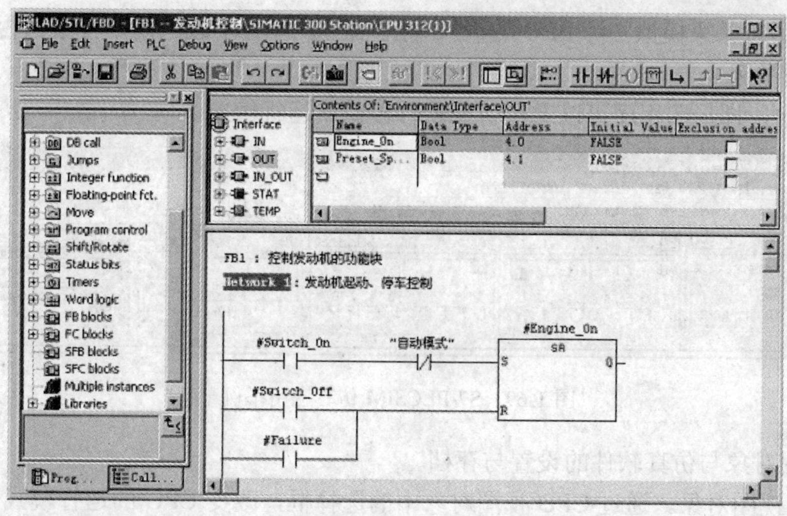

图 1-68　梯形图编辑器

（5）程序编辑器的设置

进入程序编辑器后用菜单命令“Option”→“Customize”打开对话框，可以进行下列设置：

① 在“General”标签页的“Font”中设置编辑器使用的字体和字符的大小。

② 在“STL”和“LAD/FDB”标签页中选择这些程序编辑器的显示特性。

③ 在“Block”（块）标签页中，可以选择生成功能块时是否同时生成背景数据块、功能块是否有多重背景功能。

④ 在“View”标签页中的“View after Open Block”区，选择在块打开时显示的方式。

（6）显示方式的设置

执行“View”菜单命令可放大、缩小梯形图或功能块图的显示比例。

菜单命令“View”→“Display”→“Symbolic Representation”用来切换绝对地址和符号地址方式。

菜单命令“View”→“Display”→“Symbol Information”用来打开或关闭符号信息。

## 1.3.4　S7-PLCSIM 仿真软件在程序调试中的应用

（1）S7-PLCSIM 的主要功能

① 在计算机上对 S7-300/400 PLC 的用户程序进行离线仿真与调试。② 模拟 PLC 的输入/输出存储器区，可控制程序的运行，观察有关输出变量的状态。③ 在运行仿真 PLC 时可以使用变量表和程序状态等方法来监视和修改变量，可以对大部分组织块（OB）、系统功能块（SFB）和系统功能（SFC）仿真。

（2）使用 S7-PLCSIM 仿真软件调试程序的步骤

① 在 STEP 7 编程软件中生成项目，编写用户程序。

② 打开 S7-PLCSIM 窗口，已自动建立了 STEP 7 与仿真 CPU 的连接。仿真 PLC 的电源处于接通状态，CPU 处于 STOP 模式，扫描方式为连续扫描。

③ 在管理器中打开要仿真的项目，选中“Blocks”对象，将所有的块下载到仿真 PLC 中。

④ 生成视图对象。

⑤ 用视图对象来模拟实际 PLC 的输入/输出信号，检查下载的用户程序是否正确。

（3）应用举例

图 1-69 中，梯形图程序可以通过仿真软件模拟其运行情况。

图 1-69 S7-PLCSIM 仿真应用举例

（4）视图对象与仿真软件的设置与存档

① CPU 视图对象。通过 CPU 视图对象中的选择框，改变 CPU 的运行模式，在 CPU 视图的状态指示栏观察 CPU 的运行状态。

② 其他视图对象。

通用变量（Generic Variable）视图对象用于访问仿真 PLC 所有的存储区（包括数据块），垂直位（Vertical Bits）视图对象可以用绝对地址或符号地址来监视和修改 I、Q、M 等存储区。

累加器与状态字视图对象用来监视 CPU 中的累加器、状态字和地址寄存器 AR1 和 AR2。

块寄存器视图对象用来监视数据块地址寄存器的内容、当前和上一次打开的逻辑块的编号，以及块中的步地址计数器 SAC 的值。

嵌套堆栈（Nesting Stacks）视图对象用来监视嵌套堆栈和 MCR（主控继电器）堆栈。

定时器视图对象标有“T=0”的按钮用来复位指定的定时器。

③ 设置扫描方式。

“Execute”菜单中的命令可选择单次扫描或连续扫描。

④ 设置 MPI 地址。

菜单命令“PLC”→“MPI Address…”可设置仿真 PLC 在指定网络中的节点地址。

⑤ LAY 文件和 PLC 文件。

LAY 文件用于保存仿真时各视图对象的信息，PLC 文件用于保存上次仿真运行时设置的数据和动作等。退出仿真软件时会询问是否保存 LAY 文件或 PLC 文件，一般选择不保存。

### 1.3.5 STEP 7 与 PLC 的在线连接与在线操作

1）装载存储器与工作存储器

图 1-70 为装载存储器与工作存储器存储示意图，系统数据（System Data）包括硬件组态、网络组态和连接表，也应下载到 CPU 中。下载的用户程序保存在装载存储器的快闪存储器（FEPROM）中。CPU 电源掉电又重新恢复时，FEPROM 中的内容被重新复制到 CPU 存储器的 RAM 区。

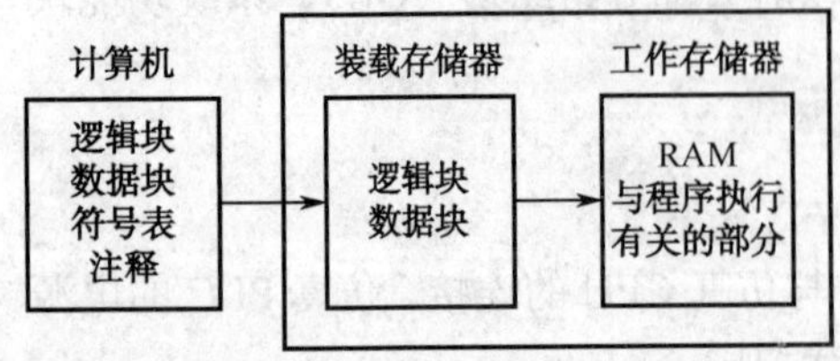


图 1-70 装载存储器与工作存储器

2）在线连接的建立与在线操作

（1）建立在线连接

① 通过硬件接口连接计算机和 PLC，然后通过在线的项目窗口访问 PLC。

② 在管理器中执行菜单命令“View”→“Online”、“View”→“Offline”进入在线、离线窗口。在线窗口显示的是PLC中的内容，离线窗口显示的是计算机中的内容。

③ 如果PLC与STEP 7中的程序和组态数据是一致的，则在线窗口显示的是PLC与STEP 7中的数据的组合。

（2）处理模式与测试模式

在设置CPU属性的对话框中的“Protection”（保护）标签页中选择处理（Process）模式或测试（Test）模式。

（3）在线操作

进入在线状态后，执行菜单命令“PLC”→“Diagnostics/Settings”中不同的子命令。

如果执行菜单命令“PLC”→“Access Rights”→“Setup”时设置了口令，执行在线功能时，会显示“Enter Password”对话框。若输入的口令正确，就可以访问该模块。

3）下载与上载

（1）下载的准备工作

下载前计算机与CPU之间必须建立起连接，要下载的程序已编译好；在RUN-P模式下一次只能下载一个块，建议在STOP模式下载。

在保存块或下载块时，STEP 7首先进行语法检查，应改正检查出来的错误。下载前应将CPU中的用户存储器复位，可以用模式选择开关复位。CPU进入STOP模式，再用菜单命令“PLC”→“Clear/Reset”复位存储器。

（2）下载与上载的方法

① 离线模式下载。

在管理器的块工作区选择块，可用Ctrl+Shift键选择多个块，用菜单命令“PLC”→“Download”将被选择的块下载到CPU中。在管理器左边的目录窗口中选择Blocks对象，下载所有的块和系统数据。

对块编程或组态硬件和网络时，在当时的主窗口可用菜单命令“PLC”→“Download”下载当前正在编辑的对象。

② 上载程序。

可以用“PLC”→“Upload”命令把块的当前内容从CPU的RAM装载到存储器中，上载到计算机打开的项目中。

### 1.3.6　用变量表调试程序

#### 1. 系统调试的基本步骤

首先进行硬件调试，可以用变量表来测试硬件，通过观察CPU模块上的故障指示灯，或使用故障诊断工具来诊断。

下载程序之前应将CPU的存储器复位，将CPU切换到STOP模式，下载用户程序时应同时下载硬件组态数据。

可以在OB1中逐一调用各程序块，一步一步地调试程序，程序结构示例如图1-71所示。

最先调试启动组织块OB100，然后调试FB和FC。应先调试嵌套调用最深的块，调试时可以在完整的OB1的中间临时插入BEU（块无条件结束）指令，只执行BEU指令之前的部分，调试好后将它删除。

最后调试不影响 OB1 的循环执行的中断处理程序，或者在调试 OB1 时调试它们。

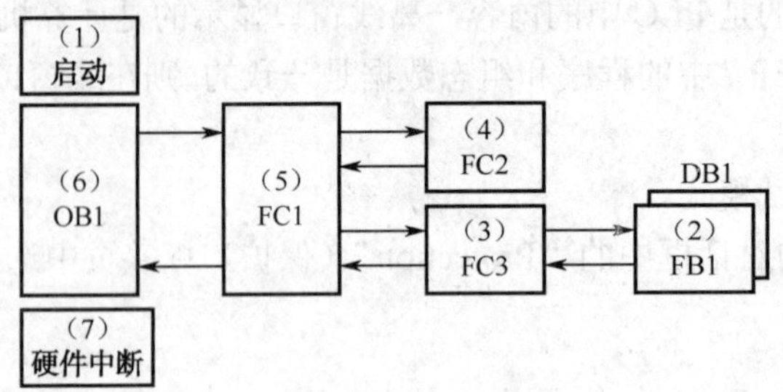


图 1-71　程序结构示例

2. 变量表的基本功能

变量表可以在一个画面中同时监视、修改和强制用户感兴趣的全部变量。一个项目可以生成多个变量表。变量表的功能：监视（Monitor）变量、修改（Modify）变量、对外设输出赋值、强制变量、定义变量被监视或赋予新值的触发点和触发条件。

3. 变量表的生成

（1）生成变量表的几种方法：

① 在管理器中的 S7 程序文件夹下生成一个新的变量表。

② 在变量表编辑器中，用主菜单“Table”生成一个新的变量表，如图 1-72 所示。

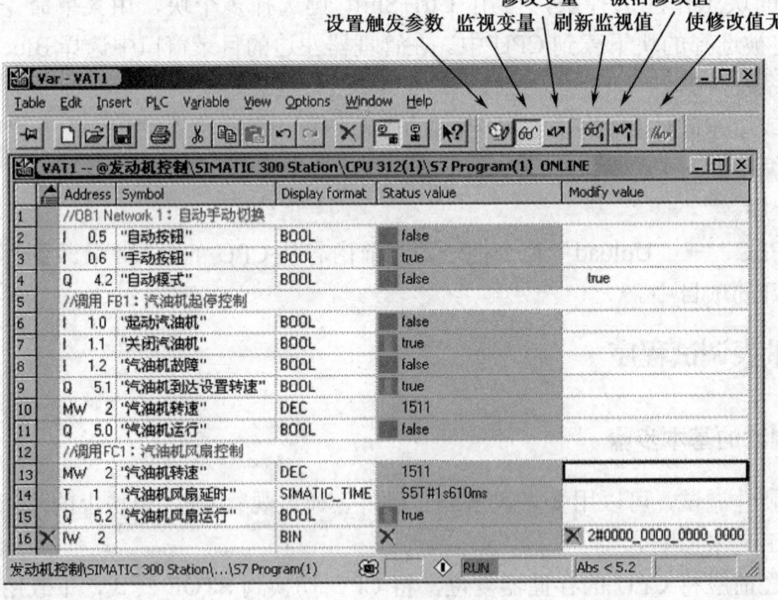


图 1-72　生成新变量表

（2）在变量表中输入变量：可以从符号表中复制地址，将它粘贴到变量表中。使用中，用 IW2 的二进制数（BIN）可以同时显示和分别修改 I2.0～I3.7 这 16 个数字量输入变量。

#### 4. 变量表的使用

（1）建立与 CPU 的连接：在“HW Config”窗口中组态并下载。

（2）定义变量表的触发方式：用菜单命令“Variable”→“Trigger”打开如图 1-73 所示的对话框选择触发方式。

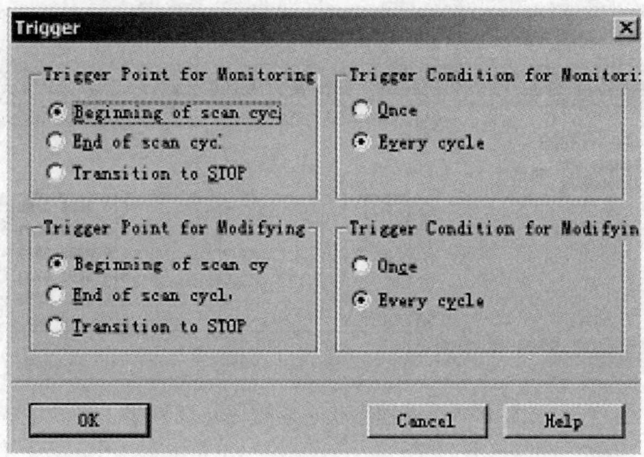


图 1-73　定义变量表的触发方式

（3）监视变量：用菜单命令“Variable”→“Update Monitor Values”对所选变量的数值做一次立即刷新。

（4）修改变量。

在 STOP 模式修改变量时，各变量的状态不会互相影响，并且有保持功能。

在 RUN 模式修改变量时，各变量同时又受到用户程序的控制。

（5）强制变量：强制变量操作给用户程序中的变量赋一个固定的值，不会因为用户程序的执行而改变，如图 1-74 所示。

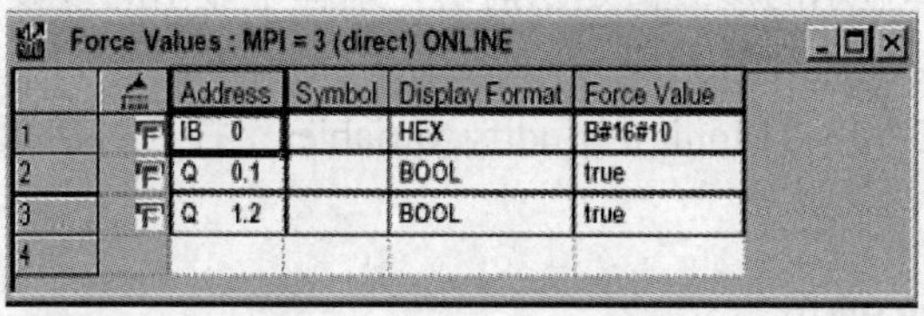

Force Values : MPI = 3 (direct) ONLINE

| | Address | Symbol | Display Format | Force Value |
|---|---|---|---|---|
| 1 | IB 0 | | HEX | B#16#10 |
| 2 | Q 0.1 | | BOOL | true |
| 3 | Q 1.2 | | BOOL | true |
| 4 | | | | |

图 1-74　强制变量窗口

强制操作用菜单命令“Variable”→“Stop Forcing”来删除或终止。

### 1.3.7　用程序状态功能调试程序

#### 1. 程序状态功能的启动与显示

（1）启动程序状态

进入程序状态的条件：经过编译的程序下载到 CPU 中；打开逻辑块，用菜单命令“Debug”→“Monitor”进入在线监控状态；将 CPU 切换到 RUN 或 RUN-P 模式。

（2）语句表程序状态的显示

从光标选择的网络开始监视程序状态，如图 1-75 所示。右边窗口显示每条指令执行后的逻辑运算结果（RLO）和状态位 STA（Status）、累加器 1（STANDARD）、累加器 2（ACCU 2）和状态字（STATUS）。用菜单命令“Options”→“Customize”打开对话框，在 STL 标签页中选择需要监视的内容，在 LAD/FBD 标签页中可以设置梯形图（LAD）和功能块图（SFB）程序状态的显示方式。

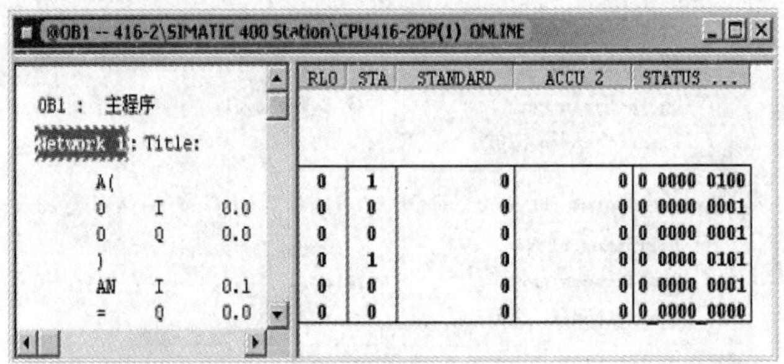


图 1-75　用程序状态监视语句表程序

（3）梯形图程序状态的显示

在 LAD 和 FBD 中绿色连续线表示状态满足，即有“能流”流过，如图 1-76 中左边较粗的线；蓝色点状细线表示状态不满足，没有“能流”流过；黑色连续线表示状态未知。

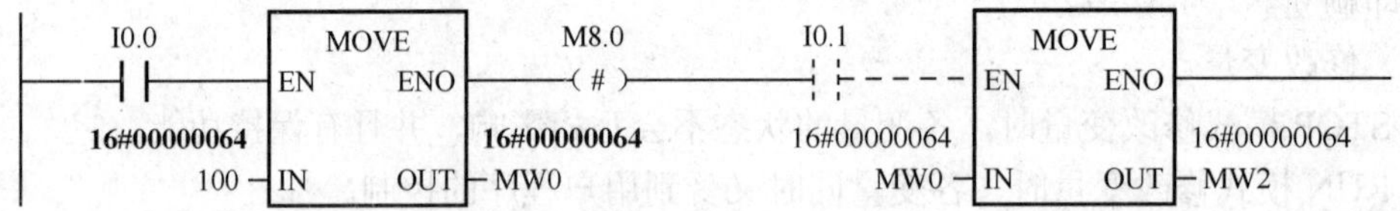


图 1-76　梯形图程序状态的显示

梯形图中加粗的字体显示的参数值是当前值，细体字显示的参数值来自以前的循环。

（4）使用程序状态功能监视数据块

使用菜单命令“PLC”→“Monitor/Modify Variables”打开对话框，输入需要监视数据的地址进行监视。

### 2. 单步与断点功能的使用

进入 RUN 或 RUN-P 模式后将停留在第一个断点处，单步模式一次只执行一条指令。程序编辑器的“Debug”（调试）菜单中的命令用来设置、激活或删除断点，执行菜单命令“View”→“Breakpoint Bar”后，在工具条中将出现一组与断点有关的图标。

（1）设置断点与进入单步模式的条件

① 只能在语句表中使用单步和断点功能。

② 执行菜单命令“Options”→“Customize”，在对话框中选择 STL 标签页，激活“Activate new breakpoints immediately”（立即激活新断点）选项。

③ 执行菜单命令“Debug”→“Operation”，使 CPU 工作在测试（Test）模式。

④ 在 SIMATIC 管理器中进入在线模式，在线打开被调试的块。

⑤ 设置断点时不能启动程序状态（Monitor）功能。

⑥ STL 程序中有断点的行、调用块的参数所在的行、空的行或注释行不能设置断点。

（2）设置断点与单步操作

在菜单命令“Debug”→“Breakpoints Active”前有一个“√”（默认的状态），表示断点的小圆是实心的。执行该菜单命令后“√”消失，表示断点的小圆变为空心。要使断点起作用，应执行该命令来激活断点。

将 CPU 切换到 RUN 或 RUN-P 模式，在第一个表示断点的紫色圆球内将出现一个向右的箭头（见图 1-77），表示程序的执行在该点中断，同时小窗口中出现断点处的状态字等。执行菜单命令“Debug”→“Execute Next Statement”，箭头移动到下一条语句，表示用单步功能执行下一条语句。执行菜单命令“Debug”→“Execute Call”（执行调用）将进入调用的块，块结束时将返回块调用语句的下一条语句。

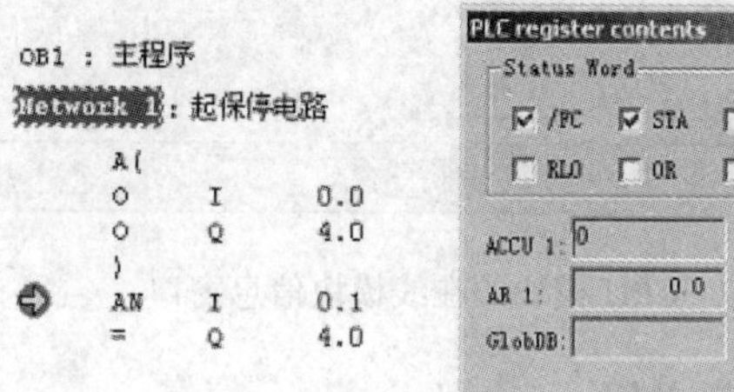

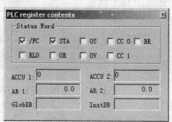

图 1-77　断点与断点处 CPU 寄存器和状态字的内容

为使程序继续运行至下一个断点，执行菜单命令“Debug”→“Resume”（继续），执行菜单命令“Debug”→“Delete Breakpoint”删除一个断点，执行菜单命令“Debug”→“Delete All Breakpoint”删除所有的断点，执行菜单命令“Debug”→“Show Next Breakpoint”，光标跳到下一个断点。

## 1.3.8　故障诊断

（1）故障诊断的基本方法

在管理器中用菜单命令“View”→“Online”打开在线窗口，查看是否有 CPU 显示诊断符号（见图 1-78）。

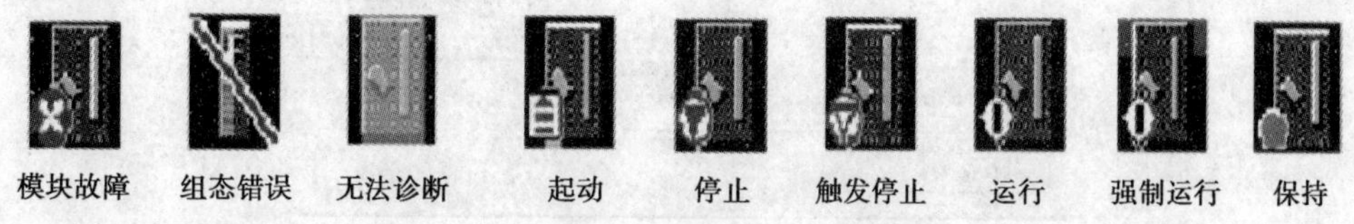


图 1-78　诊断符号

（2）模块信息在故障诊断中的应用

① 打开模块信息窗口。

建立在线连接后，在管理器中选择要检查的站，执行菜单命令“PLC”→“Diagnostics/Settings”→“Module Information”，显示该站中 CPU 模块的信息。在诊断缓冲区（Diagnostic Buffer）标签页中，给出了 CPU 中发生的事件一览表（见图 1-79）。

② 进入出错程序段。

图 1-79 中，顶部的事件是最近发生的事件。因编程错误造成 CPU 进入 STOP 模式，选

择该事件，并单击“Open Block”按钮，将在程序编辑器中打开与错误有关的块，显示出错的程序段。

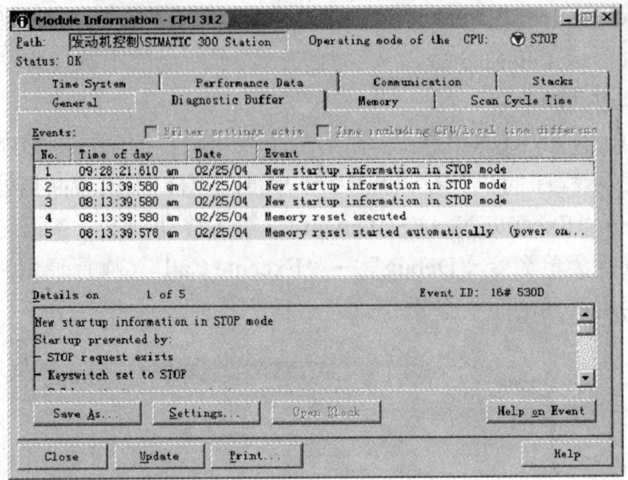


图 1-79　CPU 模块的在线模块信息窗口

（3）用快速视窗和诊断视窗诊断故障

① 用快速视窗诊断故障。

在管理器中选择要检查的站，选择菜单命令“PLC”→“Diagnostics/Settings”→“Hardware Diagnose”打开 CPU 的硬件诊断快速视窗（Quick View），显示该站中的故障模块。选择命令“Option”→“Customize”，在打开的对话框的 View 标签页中，激活快速视窗（见图 1-80）。

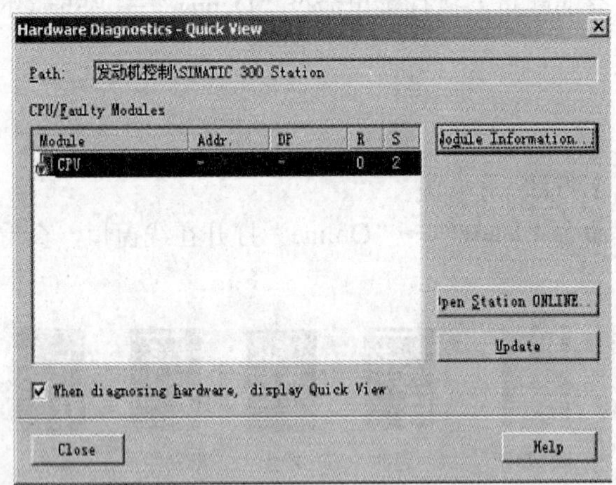


图 1-80　硬件诊断快速视窗

② 打开诊断视窗。

诊断视窗实际上就是在线的硬件组态窗口。在快速视窗中单击“Open Station ONLINE”（打开在线站点）按钮，可打开硬件组态的在线诊断视窗。在管理器中与 PLC 建立在线连接，打开一个站的“Hardware”对象，可以打开诊断视窗。

③ 诊断视窗的信息功能。

诊断视窗显示整个站在线的组态，选择菜单命令“PLC”→“Module Information”可查看其模块状态。

# 1.4　S7-300/400 的用户程序结构

## 1.4.1　用户程序的基本结构

### 1. 用户程序中的块

操作系统处理启动、刷新过程映像表、调用用户程序、处理中断和错误、管理存储区和处理通信等任务，用户程序包含处理用户特定的自动化任务所需要的所有功能。

将用户程序和所需的数据放置在块（见表 1-29）中，使程序部件标准化、用户程序结构化，可以简化程序组织，使程序易于修改、查错和调试。块结构显著地增加了 PLC 程序的组织透明性、可理解性和易维护性。

表 1-29　用户程序中的块

| 块 | 描　述 |
| --- | --- |
| 组织块（OB） | 操作系统与用户程序的接口，决定用户程序的结构 |
| 系统功能块（SFB） | 集成在 CPU 模块中，通过 SFB 调用一些重要的系统功能，有存储区 |
| 系统功能（SFC） | 集成在 CPU 模块中，通过 SFC 调用一些重要的系统功能，无存储区 |
| 功能块（FB） | 用户编写的包含经常使用的功能的子程序，有存储区 |
| 功能（FC） | 用户编写的包含经常使用的功能的子程序，无存储区 |
| 背景数据块（DI） | 调用 FB 和 SFB 时用于传递参数的数据块，在编译过程中自动生成数据 |
| 共享数据块（DB） | 存储用户数据的数据区域，供所有的块共享 |

（1）组织块（OB）

组织块用来控制扫描循环和中断程序的执行、PLC 的启动和错误处理等。

① OB1 用于循环处理，是用户程序中的主程序。

② 事件中断处理：中断发生并开启时才被及时地处理。

③ 中断的优先级：高优先级的 OB 可以中断低优先级的 OB。

（2）临时局域数据

生成逻辑块（OB、FC、FB）时可以声明临时局域数据，这些数据是临时的局域（Local）数据，只能在生成它们的逻辑块内使用。所有的逻辑块都可以使用共享数据块中的共享数据。

（3）功能（FC）

功能是用户编写的没有固定的存储区的块，其临时变量存储在局部数据堆栈中，功能执行结束后，这些数据就丢失了，可以用共享数据区来存储那些在功能执行结束后需要保存的数据。调用功能和功能块时用实参（实际参数）代替形参（形式参数），形参是实参在逻辑块中的名称。功能不需要背景数据块，功能和功能块用 IN、OUT 和 IN_OUT 参数做指针，指向调用它的逻辑块提供的实参。功能可以为调用它的块提供一个数据类型为 RETURN 的返回值。

（4）功能块（FB）

功能块是用户编写的有自己的存储区（背景数据块）的块，每次调用功能块时需要提供各种类型的数据给功能块，也要返回变量给调用它的块。这些数据以静态变量（STAT）的形式存放在指定的背景数据块（DI）中，临时变量 TEMP 存储在局域数据堆栈中。调用 FB 或 SFB 时，必须指定 DI 的编号。在编译 FB 或 SFB 时自动生成背景数据块中的数据。一个功能块可以有多个背景数据块，用于不同的被控对象。可以在 FB 的变量声明表中给形参赋初值，如果调用块时没有提供实参，将使用上一次存储在 DI 中的参数。可以使用 CALL、UC（无条件调用）和 CC（RLO=1 时调用）指令调用没有参数的 FC 和 FB。

（5）数据块

数据块中没有 STEP 7 的指令，STEP 7 按数据生成的顺序自动地为数据块中的变量分配地址。数据块分为共享数据块和背景数据块。应首先生成功能块，然后生成它的背景数据块，在生成背景数据块时应指明它的类型为背景数据块和它的功能块的编号。

（6）系统功能块 SFB 和系统功能 SFC

系统功能块和系统功能是为用户提供的已经编好程序的块，可以调用但不能修改，作为操作系统的一部分，不占用户程序空间。SFB 有存储功能，其变量保存在指定给它的背景数据块中。

（7）系统数据块 SDB

系统数据块包含系统组态数据，如硬件模块参数和通信连接参数等。

（8）程序库

可以通过执行菜单命令“File”→“Manage”，在“Manage”对话框中选择“Libraries”选项，单击“Display”按钮，在“S7LIBS”文件夹中添加需要的程序库。

#### 2. 用户程序使用的堆栈

堆栈采用“先入后出”的规则存入和取出数据，最上面的存储单元称为栈顶。

（1）局域数据堆栈（L 堆栈）

存储块的局域数据区的临时变量、组织块的启动信息、块传递参数的信息和梯形图程序的中间结果，可以按位、字节、字和双字来存取，如 L0.0、LB9、LW4 和 LD52。各逻辑块均有自己的局域变量表，局域变量仅在它被创建的逻辑块中有效。

（2）块堆栈（B 堆栈）

存储被中断的块的类型、编号和返回地址，从 DB 和 DI 寄存器中获得块被中断时打开的共享数据块和背景数据块的编号，作为局域数据堆栈的指针。

（3）中断堆栈（I 堆栈）

存储当前的累加器和地址寄存器的内容、数据块寄存器 DB 和 DI 的内容、局域数据的指针、状态字、MCR（主控继电器）寄存器和 B 堆栈的指针。

#### 3. 线性化编程、模块化编程与结构化编程

（1）线性化编程：将整个用户程序放在循环控制组织块 OB1（主程序）中。

（2）模块化编程：程序被分为不同的逻辑块，每个块包含完成某些任务的逻辑指令。

（3）结构化编程：将复杂的自动化任务分解为小任务，这些任务由相应的逻辑块来表示，程序运行时所需的大量数据和变量存储在数据块中，调用时将实参赋值给形参。

### 1.4.2 数据块

#### 1. 数据块中的数据类型

（1）基本数据类型

基本数据类型包括位（BOOL）、字节（BYTE）、字（WORD）、双字（DWORD）、

整数（INT）、双整数（DINT）和浮点数（FLOAT，或称实数 REAL）等。

（2）复合数据类型

日期和时间用 8 个字节的 BCD 码来存储。第 0～5 字节分别存储年、月、日、时、分和秒，毫秒存储在字节 6 和字节 7 的高 4 位中，星期存放在字节 7 的低 4 位中，例如 2014 年 7 月 27 日 12 点 30 分 21.123 秒可以表示为 DT#2014-07-27-12:30:21.123。

字符串（STRING）由最多 254 个字符（CHAR）和 2 字节的头部组成。字符串的默认长度为 254，通过定义字符串的长度可以减少它占用的存储空间。

（3）数组

数组（ARRAY）是由同一类型的数据组合而成的一个单元。如 ARRAY[1..2,1..3]是一个二维数组，共有 6 个整数元素，最多为 6 维。如数组元素"TANK".PRESS[2,1]：TANK 是数据块的符号名，PRESS 是数组的名称，方括号中是数组元素的下标。如果在块的变量声明表中声明形参的类型为 ARRAY，可以将整个数组而不是某些元素作为参数来传递。

（4）结构

结构（STRUCT）是不同类型的数据的组合，可以用基本数据类型、复合数据类型和 UDT 作为结构中的元素，可以嵌套 8 层。数据块 TANK 内结构 STACK 的元素 AMOUNT 的表示方法为"TANK".STACK.AMOUNT。

将结构作为参数传递时，作为形参和实参的两个结构必须有相同的数据结构，即相同数据类型的结构元素和相同的排列顺序。

（5）用户定义数据类型

用户定义数据类型（UDT）是一种特殊的数据结构，由用户自己生成，定义好后可以在用户程序中多次使用。例如可以生成用于颜料混合配方的 UDT，然后用它生成用于不同颜色配方的数据组合。

#### 2. 数据块的生成与使用

使用菜单命令“View”→“Declaration View”和“View”→“Data View”可分别指定声明表显示方式和数据显示方式。声明表显示状态用于定义和修改共享数据块中的变量。

### 1.4.3　多重背景

#### 1. 多重背景功能块

如果要在 FB10 中使用多重背景，首先生成 FB1，在生成 FB10 时应激活“Multiple Instance FB”（多重背景功能块）选项。例如，为调用 FB1，在 FB10 的变量声明表中要声明两个名为“Petrol_Engine”（汽油机）和“Diesel_Engine”（柴油机）的静态变量（STAT），其数据类型为 FB1。生成 FB10 后，“Petrol_Engine”和“Diesel_Engine”将出现在管理器编程元件目录的“Multiple Instances”（多重背景）文件夹内，可以将它们拖放到 FB10 中，然后指定它们的输入参数和输出参数。

#### 2. 在 OB1 中调用多重背景

使用多重背景时应注意以下问题：

（1）首先应生成需要多次调用的功能块（如上例中的 FB1）。

（2）管理多重背景的功能块（如上例中的 FB10）必须设置为有多重背景功能。

（3）在管理多重背景的功能块的变量声明表中，为被调用的功能块的每一次调用定义一个静态变量，以被调用的功能块的名称（如 FB1）作为静态变量的数据类型。

（4）必须有一个背景数据块（如上例中可生成 DB10）分配给管理多重背景的功能块。背景数据块中的数据是自动生成的。

（5）多重背景只能声明为静态变量（声明类型为“STAT”）。

## 1.4.4 组织块与中断处理

组织块是操作系统与用户程序之间的接口，用组织块可以响应延时中断、外部硬件中断和错误处理等。

### 1. 中断的基本概念

（1）中断过程

中断用来实现对特殊内部事件或外部事件的快速响应。CPU 检测到中断请求时，立即响应中断，调用中断源对应的中断程序（OB）。执行完中断程序后，返回被中断的程序。中断源有 I/O 模块的硬件中断、日期时间中断、延时中断、循环中断和编程错误引起的软件中断。需要注意中断源的中断优先级、中断程序的嵌套调用，以及操作系统对现场进行保护。被中断的 OB 的局域数据压入 L 堆栈、I 堆栈、B 堆栈。

（2）中断的优先级

中断的优先级顺序（优先级逐步提高）：背景循环、主程序扫描循环、日期时间中断、时间延时中断、循环中断、硬件中断、多处理器中断、I/O 冗余错误、异步故障（OB80～OB87）、启动和 CPU 冗余。其中背景循环的优先级最低。

（3）对中断的控制

日期时间中断和延时中断有专用的允许处理中断和禁止中断的系统功能（SFC）。SFC39“DIS_INT”用来禁止所有的中断、某些优先级范围的中断或指定的某个中断。SFC40“EN_INT”用来激活（使能）新的中断和异步错误处理。如果用户希望忽略中断，可以下载一个只有块结束指令 BEU 的空的 OB。SFC41“DIS_AIRT”延迟处理比当前优先级高的中断和异步错误，SFC42“EN_ AIRT”允许立即处理被 SFC41 暂时禁止的中断和异步错误。

### 2. 组织块的变量声明表

OB 没有背景数据块和静态变量，只有由 20 个字节组成的包含 OB 的启动信息的变量声明表（临时变量）。

### 3. 日期时间中断组织块（OB10～OB17）

CPU 可以使用的日期时间中断 OB 的个数与 CPU 的型号有关。S7-300 只能用 OB10，可以在某一特定的日期时间执行一次，也可以从设定的日期时间开始，周期性地重复执行，如每分钟、每小时、每天、甚至每年执行一次，可以用 SFC28～SFC30 取消、重新设置或激活日期时间中断。

（1）设置和启动日期时间中断的方法

① 用 SFC28“SET_TINT”和 SFC30“ACT_TINT”设置和激活日期时间中断。

② 在硬件组态工具中设置和激活日期时间中断。

③ 在硬件组态工具中设置，用 SFC30“ACT_TINT”激活日期时间中断。

（2）用 SFC31“QRY_TINT”查询日期时间中断

（3）禁止与激活日期时间中断

用 SFC29“CAN_TINT”取消（禁止）日期时间中断，用 SFC28“SET_TINT”重新设置那些被禁止的日期时间中断，用 SFC30“ACT_TINT”重新激活日期时间中断。在调用 SFC28 时，如果参数“OB10_PERIOD _EXE”为十六进制数 W#16#0000，W#16#0201，W#16#0401，W#16#1001，W#16#1201，W#16#1401，W#16#1801 和 W#16#2001，分别表示执行一次，如每分钟、每小时、每天、每周、每月、每年和月末执行一次。

**4. 延时中断组织块**

延时中断以 ms 为单位定时，CPU 可以使用的延时中断 OB 的个数与 CPU 型号有关。用 SFC32“SRT_DINT”启动，经过设定的时间触发中断，调用 SFC32 指定的 OB。延时中断可以用 SFC33“CAN_DINT”取消，用 SFC34“QRY_DINT”查询延时中断的状态。

**5. 循环中断组织块**

CPU 可以使用的日期时间中断 OB 的个数与 CPU 的型号有关。设置 OB38 和 OB37 的时间间隔分别为 10ms 和 20ms，它们的相位偏移分别为 0ms 和 3ms。OB38 分别在 10ms、20ms、…、60ms 时产生中断，而 OB37 分别在 $t$=13ms、23ms、63ms 时产生中断。可以用 SFC40 和 SFC39 来激活和禁止循环中断。

**6. 硬件中断组织块**

硬件中断组织块（OB40～OB47）用于快速响应信号模块（SM，输入/输出模块）、通信处理器（CP）和功能模块（FM）的信号变化。硬件中断被模块触发后，操作系统将自动识别是哪一个槽的模块和模块中哪一个通道产生的硬件中断。硬件中断 OB 执行完后，将发送通道确认信号。如果正在处理某一中断事件，又出现了同一模块同一通道产生的完全相同的中断事件，新的中断事件将丢失。如果正在处理某一中断信号时同一模块中其他通道或其他模块产生了中断事件，当前已激活的硬件中断执行完后，再处理暂存的中断。用 PLCSIM 的菜单命令“Execute”→“Trigger Error OB”→“Hardware Interrupt（OB40～OB47）”打开“Hardware Interrupt（OB40～OB47）”对话框，输入模块的起始地址和位地址 0。单击“Apply”按钮触发指定的硬件中断，单击“OK”按钮将执行与“Apply”键同样的操作，同时退出对话框。

**7. 启动时使用的组织块**

（1）CPU 模块的启动方式

① 暖启动（Warm Restart）：S7-300 CPU（不包括 CPU 318）只有暖启动。过程映像数据及非保持的 M/T/C 被复位为零，有保持功能的 M/T/C/DB 将保留原数值，模式开关由 STOP 拨到 RUN 位置。

② 热启动（Hot Restart，仅 S7-400 有）：在 RUN 状态时如果电源突然丢失，然后又重新上电，从上次 RUN 模式结束时程序被中断之处继续执行，不对计数器等复位。

③ 冷启动（Cold Restart，CPU 417 和 CPU 417H）：冷启动时，过程数据区的 I、Q、M、

T、C、DB 等被复位为零，模式开关拨到 MRES 位置。

（2）启动组织块（OB100~OB102）

在暖启动、热启动或冷启动时，操作系统分别调用 OB100、OB101 和 OB102。

### 8. 异步错误组织块

1）错误处理概述

S7-300/400 有很强的错误（或称故障）检测和处理能力。这里错误是指 PLC 内部的功能性错误或编程错误，而不是外部设备的故障。CPU 检测到错误后，操作系统调用对应的组织块，用户可以在组织块中编程，对发生的错误采取相应的措施。对于大多数错误，如果没有给组织块编程，出现错误时 CPU 将进入 STOP 模式。为避免发生某种错误时 CPU 进入停机状态，可以在 CPU 中建立一个对应的空的组织块。

2）错误的分类

被 S7 的 CPU 检测到并且用户可以通过组织块对其进行处理的错误分为两个基本类型：

（1）异步错误

异步错误是与 PLC 的硬件或操作系统密切相关的错误，与程序执行无关，后果严重。异步错误 OB 具有最高等级的优先级，其他 OB 不能中断它们。同时有多个相同优先级的异步错误 OB 出现，将按出现的顺序处理。

（2）同步错误（OB121 和 OB122）

同步错误是与程序执行有关的错误，其 OB 的优先级与出现错误时被中断的块的优先级相同，即同步错误 OB 中的程序可以访问块被中断时累加器和状态寄存器中的内容。对错误进行处理后，可以将处理结果返回被中断的块。

3）异步错误处理组织块

（1）电源故障处理组织块（OB81）

电源故障包括后备电池失效或未安装、S7-400 的 CPU 机架或扩展机架上的 DC 24V 电源故障。电源故障出现和消失时操作系统都要调用 OB81。

（2）时间错误处理组织块（OB80）

循环监控时间的默认值为 150ms，时间错误包括实际循环时间超过设置的循环时间、因为向前修改时间而跳过日期时间中断、处理优先级时延迟太多等。

（3）诊断中断处理组织块（OB82）

OB82 在下列情况时被调用：有诊断功能的模块的断线故障、模拟量输入模块的电源故障、输入信号超过模拟量模块的测量范围等。错误出现和消失时操作系统都会调用 OB82。用 SFC51“RDSYSST”可以读出模块的诊断数据。

（4）插入/拔出模块中断组织块（OB83）

S7-400 可以在 RUN、STOP 或 STARTUP 模式下带电拔出和插入模块，但是不包括 CPU 模块、电源模块、接口模块和带适配器的 S5 模块，上述操作将会产生插入/拔出模块中断。

（5）CPU 硬件故障处理组织块（OB84）

当 CPU 检测到 MPI 网络的接口故障、通信总线的接口故障或分布式 I/O 网卡的接口故障时，操作系统调用 OB84。故障消除时也会调用该 OB 块。

（6）优先级错误处理组织块（OB85）

在以下情况将会触发优先级错误中断：

① 产生了一个中断事件，但是对应的 OB 块没有下载到 CPU 中。

② 访问一个系统功能块的背景数据块时出错。

③ 刷新过程映像表时 I/O 访问出错，模块不存在或有故障。

（7）机架故障组织块（OB86）

在以下情况将会触发机架故障中断：

① 机架故障，如找不到接口模块或接口模块损坏，或者连接电缆断线。

② 机架上的分布式电源故障。

③ 在 SINECL2-DP 总线系统的主系统中有一个 DP 从站有故障。

（8）通信错误组织块（OB87）

在以下情况将会触发通信错误中断：

① 接收全局数据时，检测到不正确的帧标识符（ID）。

② 全局数据通信的状态信息数据块不存在或太短。

③ 接收到非法的全局数据包编号。

#### 9. 同步错误组织块

（1）同步错误

同步错误是与执行用户程序有关的错误，OB121 用于对程序错误的处理，OB122 用于处理模块访问错误。同步错误 OB 的优先级与检测到出错的块的优先级一致。同步错误可以用 SFC36“MASK_FLT”来屏蔽，用错误过滤器中的一位表示某种同步错误是否被屏蔽。错误过滤器分为程序错误过滤器和访问错误过滤器，分别占一个双字。屏蔽后的错误过滤器可以读出，调用 SFC37“DMSK_FLT”并且在当前优先级被执行完后，将解除被屏蔽的错误。可以用 SFC38“READ_ERR”读出已经发生的被屏蔽的错误。

（2）编程错误组织块（OB121）

出现编程错误时，CPU 的操作系统将调用 OB121。局域变量 OB121_SW_FLT 给出了错误代码，可以查看相关的错误代码表。

（3）I/O 访问错误组织块（OB122）

STEP 7 指令访问有故障的模块，如直接访问 I/O 错误（模块损坏或找不到），或者访问了一个 CPU 不能识别的 I/O 地址，此时 CPU 的操作系统将会调用 OB122。

#### 10. 背景组织块

CPU 可以保证设置的最小扫描循环时间，如果它比实际的扫描循环时间长，在循环程序结束后 CPU 处于空闲的时间内可以执行背景组织块（OB90）。背景 OB 的优先级为 29（最低）。

## 1.5 S7-300 在模拟量闭环控制中的应用

### 1.5.1 闭环控制与 PID 控制器

1）模拟量闭环控制系统

（1）模拟量闭环控制系统的组成

图 1-81 为一种 PLC 模拟量闭环控制系统，其中误差 $ev(n)=sp(n)-pv(n)$，$sp(n)$为设定值，

$pv(n)$为过程值，控制器输出为$mv(t)$。按控制原理的不同，自动控制系统分为开环控制系统和闭环控制系统。按给定信号分类，自动控制系统可分为恒值控制系统、随动控制系统和程序控制系统。

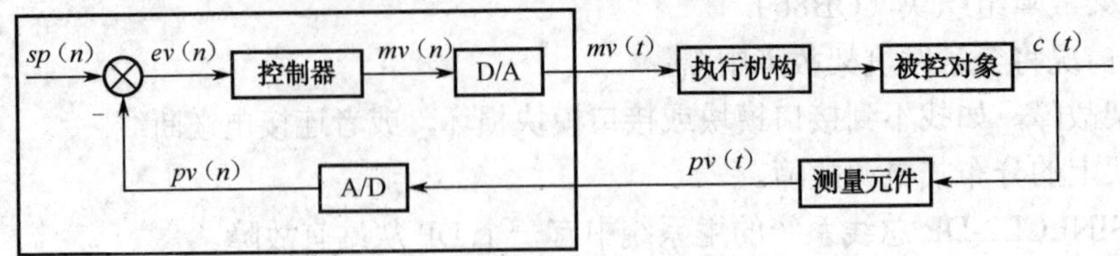


图 1-81　PLC 模拟量闭环控制系统方框图

（2）变送器的选择

① 电流输出型和电压输出型。

② S7-300/400 的模拟量输入模块最大距离为 200m。

③ 二线式和三线式变送器。

2）闭环控制反馈极性的确定

在开环状态下运行 PID 控制程序，如果控制器中有积分环节，因为反馈被断开了，不能消除误差，D/A 转换器的输出电压会向一个方向变化。如果接上执行机构，能减小误差，则为负反馈；反之为正反馈。

3）PID 控制器的优点

PID 是比例、微分、积分的缩写，PID 控制器是应用最广的闭环控制器。PID 控制器具有以下的优点：

① 不需要被控对象的数学模型。

② 结构简单，容易实现。

③ 有较强的灵活性和适应性。

④ 使用方便。

4）PID 控制器的数字化

（1）PID 控制器在连续控制系统中的表达式

PID 控制器的传递函数为

$$\frac{MV(s)}{EV(s)}=K_P\left(1+\frac{1}{T_I s}+T_D s\right) \tag{1-1}$$

模拟量 PID 控制器的输出表达式为

$$mv(t)=K_P\left[ev(t)+\frac{1}{T_I}\int ev(t)\mathrm{d}t+T_D\frac{\mathrm{d}ev(t)}{\mathrm{d}t}\right]+M \tag{1-2}$$

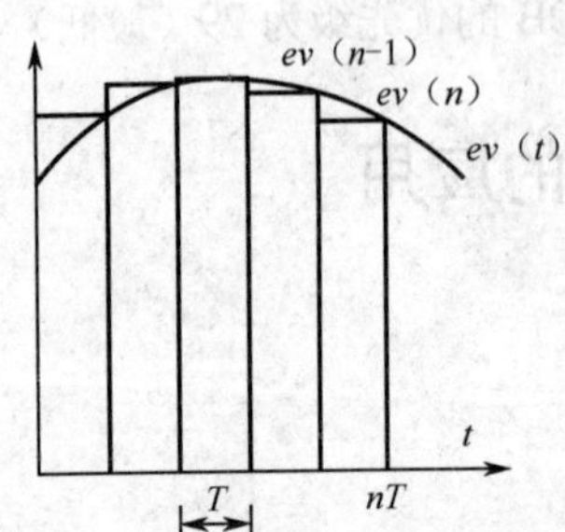


图 1-82　积分部分的近似计算

式（1-2）中，$K_P$为比例系数，$T_I$为积分时间，$T_D$为微分时间，$M$ 是积分部分的初始值。需要较好的动态品质和较高的稳态精度时，可以选用 PI 控制方式；控制对象的惯性滞后较大时，应选择 PID 控制方式。

（2）积分部分的近似计算

$ev(T_S n)$简写为$ev(n)$，输出量$mv(T_S n)$简写为$mv(n)$，积分部分的计算近似为各块矩形的总面积（见图 1-82），总面积为

$T_S\sum_{j=1}^{n}ev(j)$。

（3）微分部分的近似计算

$$\frac{\mathrm{d}ev(t)}{\mathrm{d}t}=\frac{\Delta ev(t)}{\Delta t}=\frac{ev(n)-ev(n-1)}{T_S} \tag{1-3}$$

将积分和微分的近似表达式代入式（1-2），得

$$mv(n)=K_P\left\{ev(n)+\frac{T_S}{T_I}\sum_{j=1}^{n}ev(j)+\frac{T_D}{T_S}[ev(n)-ev(n-1)]\right\}+M \tag{1-4}$$

上式可以简化为

$$mv(n)=K_Pev(t)+K_I\sum_{j=1}^{n}ev(j)+K_D[ev(n)-ev(n-1)]+M \tag{1-5}$$

式中的$K_I=K_PT_S/T_I$，$K_D=K_PT_D/T_S$，分别是积分系数和微分系数。

（4）不完全微分 PID

$T_f$ 对应于微分操作的延迟时间 TM_LAG。不完全微分 PID 的传递函数为

$$\frac{MV(s)}{EV(s)}=K_P\left(1+\frac{1}{T_Is}+\frac{T_Ds}{T_fs+1}\right) \tag{1-6}$$

（5）死区特性在 PID 控制中的应用

图1-83为死区特性用于PID控制器输入信号的处理。

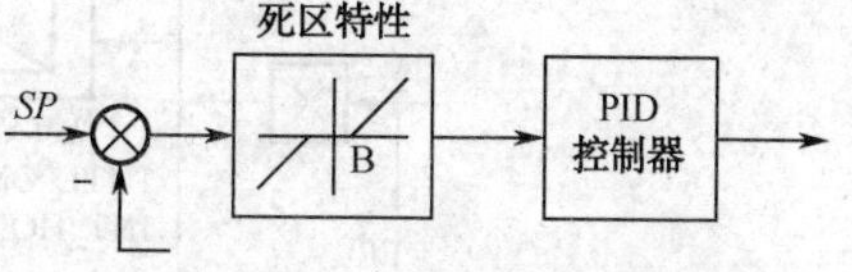

图 1-83 死区特性用于 PID 控制器

5）使用系统功能块实现闭环控制

系统功能块 SFB41～SFB43 主要用于 CPU 31xC 的 PID 控制。

（1）SFB41～SFB43 的调用

计算频率越高，单位时间的计算量越多，能使用的控制器的数量就越少。

（2）PID 控制的程序结构

应在 OB100 和 OB35 中调用 SFB41～SFB43，执行 OB35 的时间间隔（ms）即 PID 控制的采样周期 $T_S$。

## 1.5.2 连续 PID 控制器 SFB41

SFB“CONT_C”可以作为单独的 PID 恒值控制器，或在多闭环控制中实现级联控制器、混合控制器和比例控制器。SFB41 可以用脉冲发生器 SFB43 进行扩展，产生脉冲宽度调制的输出信号，来控制比例执行机构的二级或三级控制器。

### 1. 设定值与过程变量的处理

图 1-84 为设定值与过程变量的处理框图。过程变量 PV_PER 是模拟量模块输出的数值（满量程为 0～27648 或-27648～+27648）。PV_R 为其对应的浮点数形式（满量程为 0～100% 或-100%～+100%），计算见公式（1-7）。PV_NORM 是过程变量 PV_R 格式化之后的值，计算见公式（1-8），式中 PV_FAC 为过程变量的系数，默认为 1.0，PV_OFF 为过程变量的偏移量，默认值为 0.0。PV_FAC 和 PV_OFF 用来调节过程输入的范围。

$$\mathrm{PV\_R}=\mathrm{PV\_PER}\times 100/27648 \tag{1-7}$$

$$PV\_NORM = PV\_R \times PV\_FAC + PV\_OFF \tag{1-8}$$

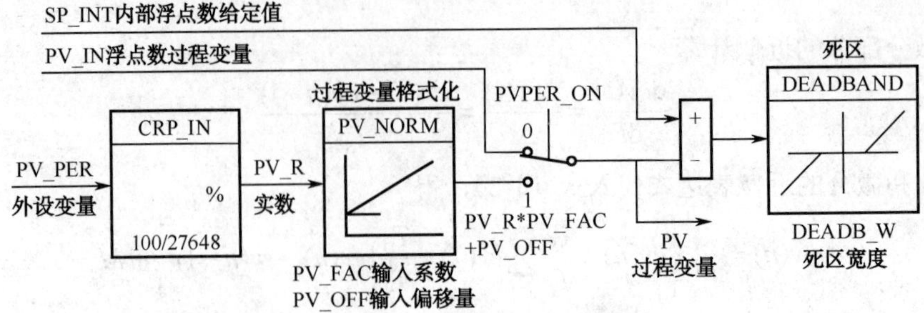


图 1-84　设定值与过程变量的处理框图

## 2. PID 控制算法

图 1-85 为 PID 算法的控制框图。

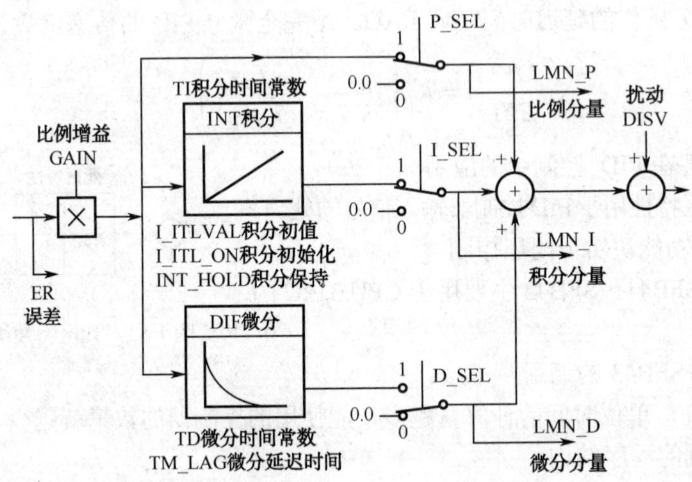


图 1-85　PID 算法的控制框图

## 3. 控制器输出值的处理

图 1-86 为控制器输出框图。控制器输出值 LMN 的计算见公式（1-9），外设输出值 LMN_PER 的计算见公式（1-10）。

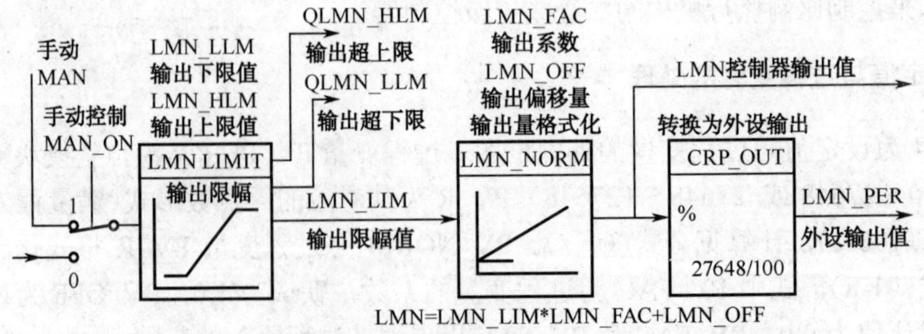


图 1-86　控制器输出框图

在手动模式时如果令微分项为 0，将积分部分（INT）设置为 LMN-LMN_P-DISV，可以保证手动到自动的无扰切换，即切换时控制器的输出值不会突变，DISV 为扰动输入变量。

$$LMN = LMN\_LIM \times LMN\_FAC + LMN\_OFF \tag{1-9}$$

$$LMN\_PER = LMN \times 27648/100 \tag{1-10}$$

### 1.5.3　步进 PI 控制器 SFB42

（1）步进控制器的结构

SFB42“CONT_S”（步进控制器）用开关量输出信号控制积分型执行机构，基于 PI 控制算法。SFB42 的初始化程序在输入参数 COM_RST 为 1 时执行，图 1-87 中步进 PI 控制器 SFB42 控制的三级元件具有带滞环的双向继电器非线性特性，电动调节阀用伺服电机的正转和反转来控制阀门的打开和关闭。

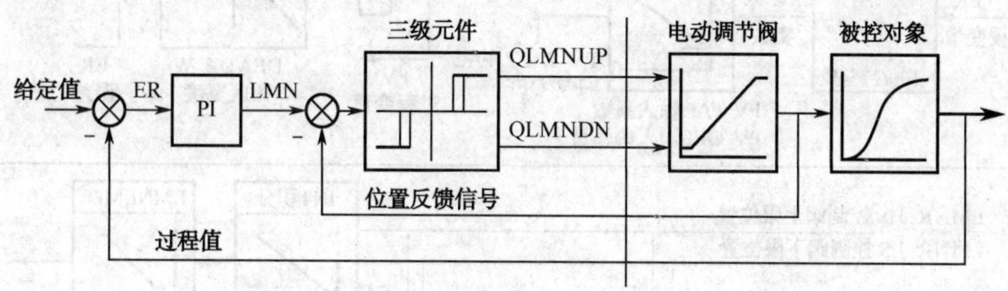


图 1-87　有位置反馈信号的步进控制系统

图 1-88 中用模拟的阀门位置信号来代替实际的阀门位置反馈信号，参数 MTR_TM 是执行机构从一个限位位置移动到另一个限位位置所需的时间，三级元件电动调节阀被控对象为电动调节阀。

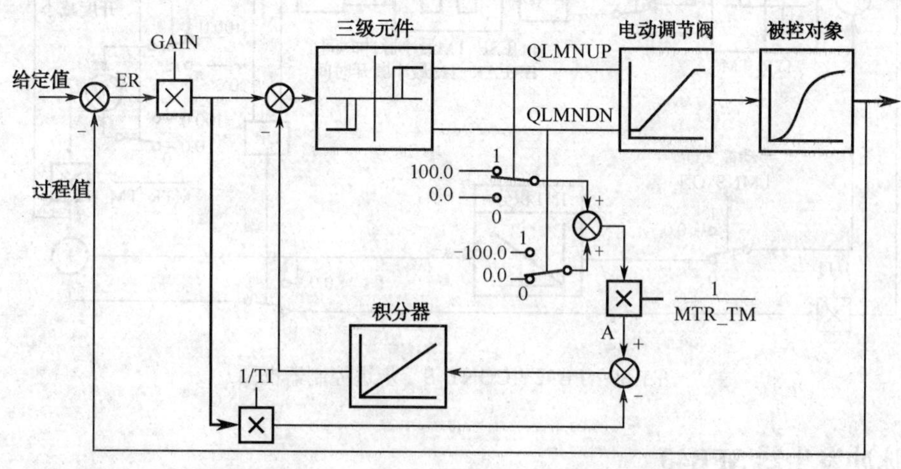


图 1-88　使用模拟的位置反馈信号的步进控制系统

积分器对图 1-88 中 A 点处的信号±100.0/MTR_TM 积分的分量可以用来模拟阀门开度（位置）的变化情况。三级元件的输入信号中有 3 个分量：

① ER×GAIN，为 PI 控制器中的比例分量。

② ER×GAIN/TI 经积分器积分后的信号，为 PI 控制器中的积分分量。

③ A 点的信号积分后，得到的模拟的阀门开度（位置）信号。

（2）步进控制器的功能分析

图 1-89 是 FB42“CONT_S”步进控制器的框图，主要有以下几点需要注意：

① 对设定值、过程变量和误差的处理与 SFB41 的完全相同。

② PI 步进算法与脉冲的生成。脉冲输出 PULSEOUT 保证最小脉冲时间 PULSE_TM 和最小断开时间 BREAK_TM，以减小执行机构的磨损。

③ 手动模式。手动与自动的切换过程是平滑的。

④ 对控制阀极限位置的保护。

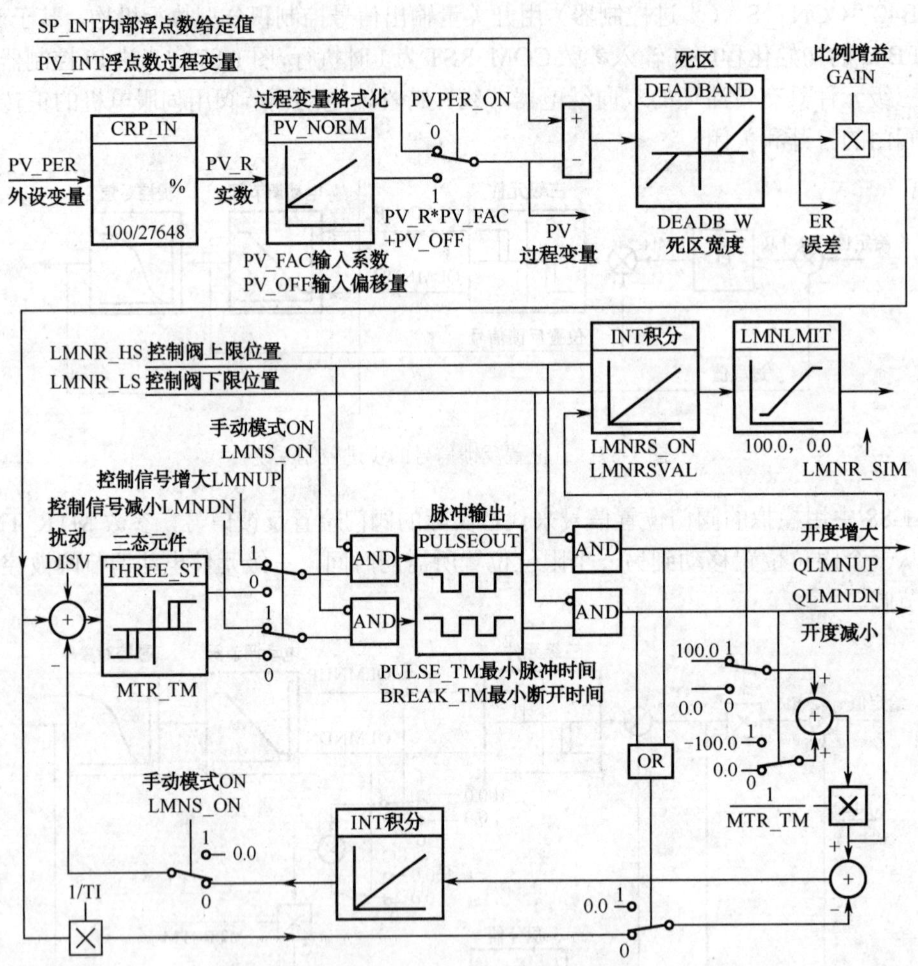


图 1-89　FB42“CONT_S”步进控制器框图

## 1.5.4　脉冲发生器 SFB43

（1）脉冲发生器的功能与结构

① 脉冲发生器的基础知识。

SFB43“PULSEGEN”（脉冲发生器，见图 1-90）与连续控制器“CONT_C”一起使用（见图 1-91），构建脉冲宽度调制的二级或三级 PID 控制器。

可使脉冲列的恒定周期（PER_TM）等于 PID 控制器的采样周期 CYCLE。脉冲周期 PER_TM 是 SFB43 处理周期 CYCLE 的 $N$ 倍（见图 1-92），建议 $N \geqslant 20$，则控制值的精度为

（100/*N*）%。

每个周期输出的脉冲宽度与输入变量 INV 成正比，设 *N*=20，如果输入变量为最大值的 30%，则前 6 次调用（20 次调用的 30%）SFB43 时正脉冲输出 QPOS 为 1 状态，其余 14 次调用（20 次调用的 70%）时输出 QPOS 为 0 状态。

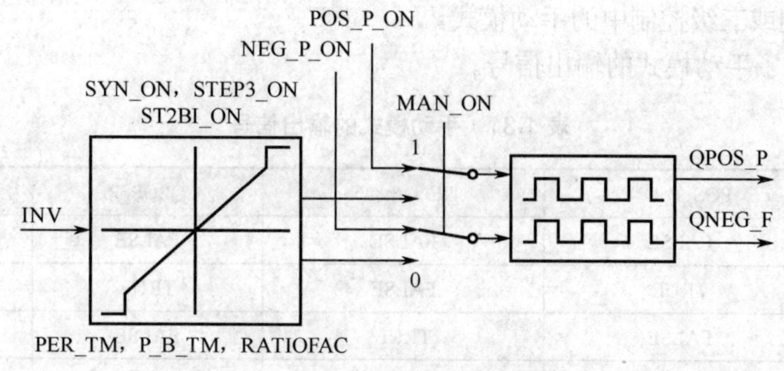


图 1-90 PULSEGEN 框图

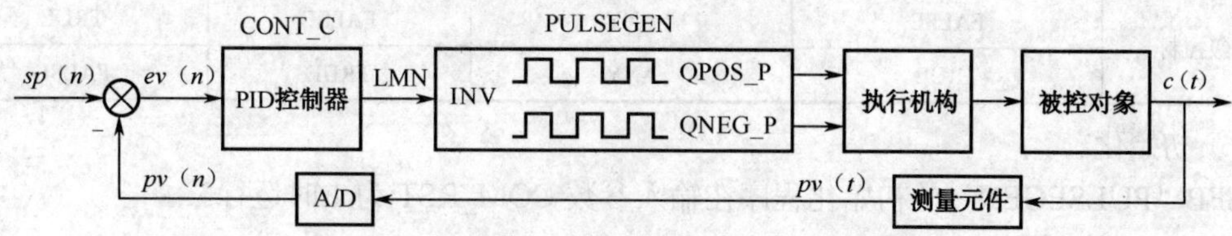


图 1-91 脉冲宽度调制 PID 控制系统方框图

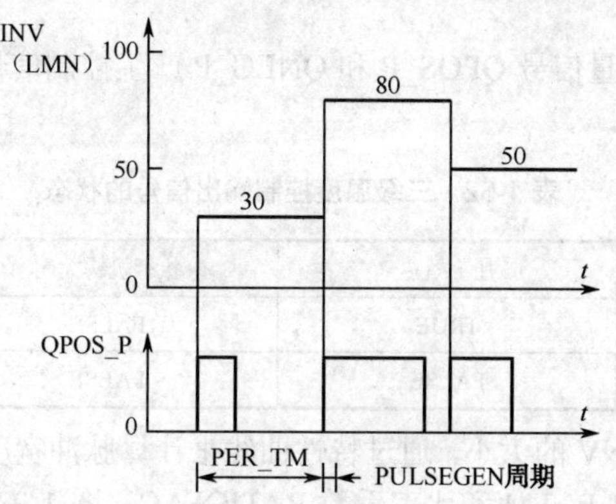


图 1-92 脉宽调制波形图

② 自动同步。

如果输入 INV 发生了变化，并且对 SFB43 的调用不在输出脉冲的第 1 个或最后两个调用周期中，将进行同步，脉冲宽度被重新计算，并在下一个周期开始输出一个新的脉冲。

③ 运行模式的参数设置。

运行模式可以组态为三级输出、双极性二级输出、单极性二级输出或手动模式，参数设置如表 1-30 所示。

表 1-30 运行模式的参数设置

| 运行模式 | MAN_ON | STEP3_ON | ST2BI_ON |
|---|---|---|---|
| 三级控制 | FALSE | TRUE | ANY |

续表

| 双极性二级控制，控制范围-100%～100% | FALSE | FALSE | TRUE |
|---|---|---|---|
| 单极性二级控制，控制范围 0～100% | FALSE | FALSE | FALSE |
| 手动模式 | TRUE | ANY | ANY |

④ 二级控制或三级控制中的手动模式。

表 1-31 给出了手动模式的输出信号。

**表 1-31　手动模式的输出信号**

| | POS_P_ON | NEG_P_ON | QPOS_P | QNEG_P |
|---|---|---|---|---|
| 三级控制 | FALSE | FALSE | FALSE | FALSE |
| | TRUE | FALSE | TRUE | FALSE |
| | FALSE | TRUE | FALSE | TRUE |
| | TRUE | TRUE | FALSE | FALSE |
| 二级控制 | FALSE | ANY | FALSE | TRUE |
| | TRUE | ANY | TRUE | FALSE |

⑤ 初始化。

SFB“PULSEGEN”的初始化程序在输入参数 COM_RST 为 1 时运行。

（2）三级控制器

① 三级控制。

三级控制用两个开关量信号 QPOS_P 和 QNEG_P 产生控制信号的三种状态（见表 1-32），用来控制执行机构的状态。

**表 1-32　三级温度控制输出信号的状态**

| 输 出 信 号 | 加　　热 | 执行机构关闭 | 冷　　却 |
|---|---|---|---|
| QPOS_P | TRUE | FALSE | FALSE |
| QNEG_P | FALSE | FALSE | TRUE |

CPU 根据输入变量 INV 的大小，通过特性曲线来计算脉冲宽度。特性曲线的开关取决于最小脉冲/最小中断时间 P_B_TM 和比率系数 RATIOFAC，图 1-93 中曲线的拐点是 P_B_TM 引起的。比率系数为 1 的三级控制器的对称曲线，比率系数通常为 1。将单位为%的输入变量 INV 与周期时间 PER_TM 相乘，可以计算出正、负脉冲宽度：

$$脉冲宽度 = INV \times PER\_TM/100 \qquad (1\text{-}11)$$

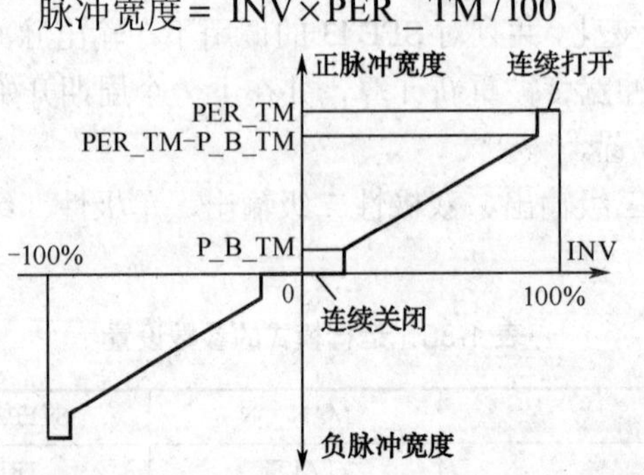


图 1-93　三级控制器的对称曲线

② 最小脉冲/最小中断时间。

防止因短促的接通/断开时间降低开关元件和执行机构的使用寿命。

（3）二级控制器

二级控制只用 PULSEGEN 的正脉冲输出 QPOS_P 控制 I/O 执行机构。如果在控制闭环中二级控制器的执行脉冲需要逻辑状态相反的开关量信号，可以用 QNEG_P 输出负的输出信号。

图 1-94 为双极性二级控制，图 1-95 为单极性二级控制。两个输出量的二级控制如表 1-33 所示。

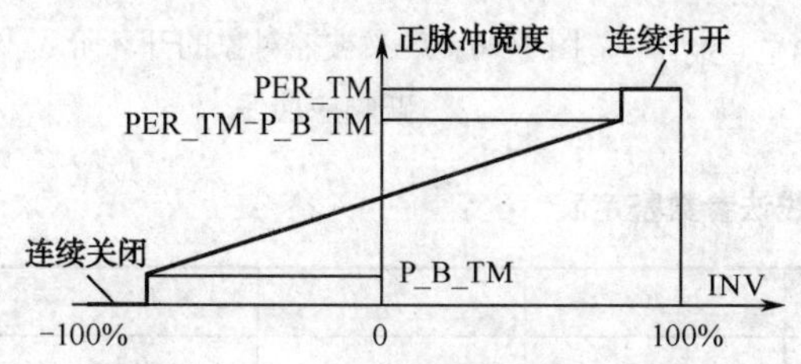


图 1-94　−100%～100%的双极性二级控制

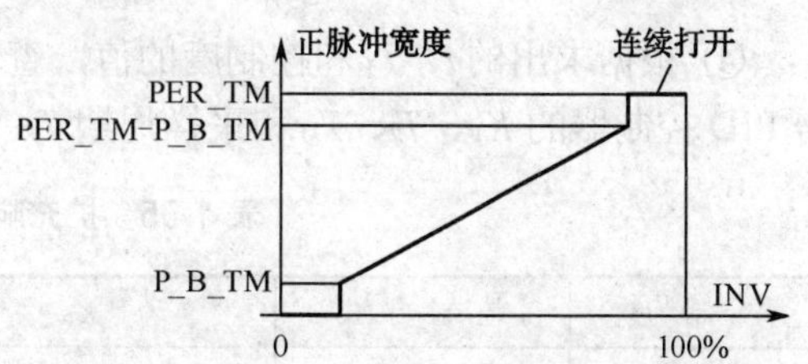


图 1-95　0%～100%的单极性二级控制

表 1-33　两个输出量的二级控制

| 脉　冲 | 执行机构打开 | 执行机构关闭 |
|---|---|---|
| QPOS_P | TRUE | FALSE |
| QNEG_P | FALSE | TRUE |

## 1.5.5　PID 控制器的参数整定方法

（1）PID 控制器的参数与系统动、静态性能的关系

① 比例作用：与 $e(k)$在时间上一致，调节及时。$K_P$↑→$ess$↓，精度↑；$\sigma\%$↑，稳定性↓；$tr$↓，上升加快。Ⅰ型系统对阶跃输入无差，恒值控制时 $K_P$ 可调小些。

② 积分作用：只要误差不为零，$u(k)$就会变化，直到误差为 0，可以消除阶跃响应的稳态误差。90° 滞后相角，不利于稳定性，很少单独使用。$T_I$↑→积分作用↓，$\sigma\%$↓，消除误差的速度减慢。

③ 微分作用：$e$ 不大，但 d$e$/d$t$ 可能较大，微分作用反映变化的趋势，提前给出较大的调节作用，较比例调节更为及时，提前预报。$T_D$↑→$\sigma\%$↓，抑制高频干扰的能力↓。$T_D$ 过大，在输出接近稳态值时上升缓慢。

选取采样周期 $T_S$ 时，应使它远远小于系统阶跃响应的纯滞后时间或上升时间，经验数据如表 1-34 所示。

表 1-34　采样周期的经验数据

| 被控制量 | 流量 | 压力 | 温度 | 液位 | 成分 |
|---|---|---|---|---|---|
| 采样周期（s） | 1～5 | 3～10 | 15～20 | 6～8 | 15～20 |

（2）确定 PID 控制器参数初值的工程方法

一般使用扩充响应曲线法：

① 断开系统的反馈，令 PID 控制器为 $K_P$=1 的比例控制器，在系统输入端加一个阶跃给定信号，测量并画出广义被控对象（包括执行机构）的开环阶跃响应曲线（见图 1-96）。

② 在曲线上最大斜率处做切线，求得被控对象的纯滞后时间$\tau$和上升时间常数 $T_1$。

③ 求出系统的控制度。

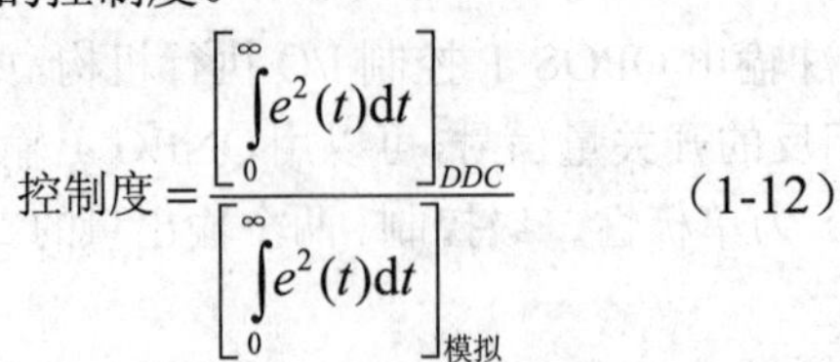

$$控制度=\frac{\left[\int_0^{\infty} e^2(t)\mathrm{d}t\right]_{DDC}}{\left[\int_0^{\infty} e^2(t)\mathrm{d}t\right]_{模拟}} \quad (1\text{-}12)$$

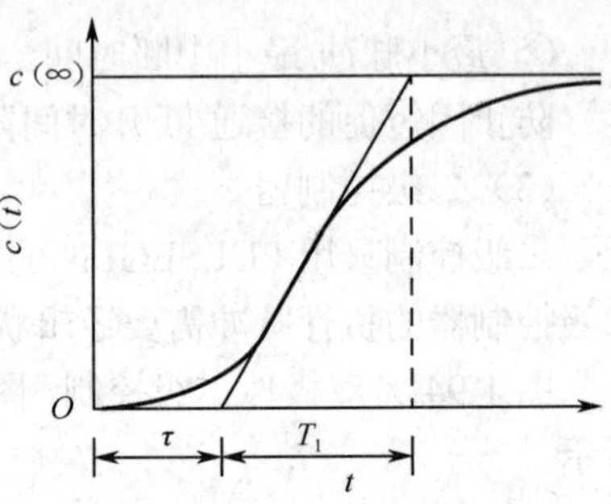


图 1-96 广义被控对象的开环阶跃响应曲线

④ 根据求出的$\tau$、$T_1$和控制度的值，查表 1-35，求得 PID 控制器的 $K_P$、$T_I$、$T_D$ 和采样周期 $T_S$。

**表 1-35 扩充响应曲线法参数整定表**

| 控制度 | 控制方式 | $K_P$ | $T_I$ | $T_D$ | $T_S$ |
|---|---|---|---|---|---|
| 1.05 | PI | $0.84T_1/\tau$ | $3.4\tau$ | — | $0.1\tau$ |
| | PID | $1.15T_1/\tau$ | $2.0\tau$ | $0.45\tau$ | $0.05\tau$ |
| 1.2 | PI | $0.78T_1/\tau$ | $3.6\tau$ | — | $0.2\tau$ |
| | PID | $1.0\ T_1/\tau$ | $1.9\tau$ | $0.55\tau$ | $0.16\tau$ |
| 1.5 | PI | $0.68\ T_1/\tau$ | $3.9\tau$ | — | $0.5\tau$ |
| | PID | $0.85\ T_1/\tau$ | $1.52\tau$ | $0.65\tau$ | $0.34\tau$ |
| 2.0 | PI | $0.57\ T_1/\tau$ | $4.2\tau$ | — | $0.8\tau$ |
| | PID | $0.6\ T_1/\tau$ | $1.5\tau$ | $0.82\tau$ | $0.6\tau$ |

## 延伸活动

| 序号 | 安排 | 活动内容 | 加分 | 资源 |
|---|---|---|---|---|
| 1 | 活动一：用 S7-300 实现封口机的逻辑控制 | ① 实现封口机系统启停控制、故障停机、故障报警、计数等逻辑功能<br>② 实现封口机传送带电机转速与温度相对应，即温度越高，封口机转速越快 | 10 分 | 现场 |
| 2 | 活动二：用 S7-300 实现封口机的过程量控制 | ① 实现封口机系统启停控制、故障停机、故障报警、计数等逻辑功能<br>② 实现封口机传送带电机转速与温度相对应，即温度越高，封口机转速越快<br>③ 实现封口机加热器温度在一定范围内连续可控 | 10 分 | 现场 |
| 3 | 活动三：S7-300 PLC 程序结构设计 | 通过完成程序结构设计，使学生理解 S7-300 PLC 用户程序中的块组成，掌握结构化编程方法并能在线调试 | 10 分 | 现场 |

## 测试题

### 一、选择题

1. 每个 S7-300 机架最多能使用（　　）个扩展机架。

A. 1　　B. 2　　C. 3　　D. 4

2．L#10 表示（　　）。

A．32 位双整数常数 10　　B．16 位整数常数 10　　C．地址指针常数 10　　D．二进制常数 10

3．S7-300 接口模块应放在（　　）号槽。

A．1　　B．2　　C．3　　D．4

4．MW40 的高位字节是（　　）。

A．MB40　　B．MB41　　C．MB42　　D．MB43

5．状态字的第 1 位（　　）为逻辑运算结果。

A．RLO　　B．STA　　C．OR　　D．OS

6．S7-300 用于系统初始化的是（　　）。

A．OB40　　B．OB80　　C．OB100　　D．OB120

7．S7-300 用于程序错误处理的组织块是（　　）。

A．OB35　　B．OB40　　C．OB100　　D．OB121

8．C#用来表示（　　）。

A．16 位计数器常数　　B．32 位双整数常数　　C．16 位时间常数　　D．16 进制常数

9．PID 控制中，能够抑制稳态误差的是（　　）部分。

A．比例　　B．积分　　C．微分　　D．开方

10．PID 控制器 FB41 中，负反馈的误差是浮点数格式的是（　　）。

A．SP-PV　　B．PV-SP　　C．PV-DEADB_W　　D．SP-DEADB_W

## 二、简答题

1．什么是 PLC，PLC 一般应用在哪些地方？

2．PLC 控制器的优势有哪些？

3．介绍一种常见的 S7-300 输入模块及其使用方式。

4．给出一种复位 S7-300 存储器的方法。

5．S7-300 仿真软件如何使用？

6．编写以下运算程序：85×12.6−158+25。

7．编程将 453 英寸转换为厘米，将结果送到 MW100 中（1 英寸=2.54 厘米）。

8．故障 OB 有哪些？

# 项目二　封口机上位机监控系统设计

## 教学方案设计

| 教学程序 | 课堂活动 | 资　　源 |
|---|---|---|
| 课题引入 | 目的：了解本项目任务，分析封口机的功能及控制要求，提出需要掌握的新知识、新设备<br>1. 分析任务书，了解本项目任务<br>2. 教师引导学生分析封口机的功能及控制要求<br>3. 教师引导学生提出完成本项目需要学习的新知识和新设备，包括 SCADC 概念和封口机 | ● 项目任务书<br>● 多媒体设备<br>● 上位机<br>● 通信设备<br>● S7-300 PLC<br>● 封口机 |
| 活动一 | 目的：了解组态软件的构成、作用及性能<br>1. 教师讲解组态软件的构成、作用及性能<br>2. 学生查阅资料，了解组态软件的构成、作用、性能及发展方向 | ● 教材<br>● 多媒体设备 |
| 活动二 | 目的：熟悉 WinCC 的性能特点、系统结构及基本功能<br>1. 教师讲解 WinCC 的性能特点、系统结构及选项、基本功能<br>2. 学生自己安装软件，熟悉 WinCC 的性能特点、系统结构及基本功能 | ● 教材<br>● 上位机（WinCC）<br>● 多媒体设备 |
| 活动三 | 目的：掌握 WinCC 项目管理器的使用，掌握数据管理器、图形编辑器的使用，熟练掌握图形动态化的方法<br>1. 教师演示 WinCC 项目管理器的使用方法、数据管理器的使用方法、图形编辑器的使用方法、图形动态化的方法<br>2. 学生通过实例练习，掌握 WinCC 项目管理器的使用，掌握数据管理器、图形编辑器的使用，熟练掌握图形动态化的方法 | ● 教材<br>● 上位机（WinCC）<br>● 多媒体设备<br>● S7-300 PLC<br>● 封口机 |
| 活动四 | 目的：学生设计控制方案，进一步掌握控制方案的制订方法和注意事项<br>1. 学生编制项目进程表，拟定改造方案<br>2. 教师和学生一起讨论、审查、确定控制方案<br>3. 学生绘制控制系统结构框图、电气原理图，元件选型<br>4. 学生确定主要配置与初步预算<br>5. 学生查看场地等辅助设施是否符合要求<br>6. 教师在整个过程中给予一定的引导和指导 | ● 各种技术文件范本<br>● 计算机<br>● 网络<br>● 封口机<br>● S7-300 PLC<br>● 现场设备<br>● 多媒体设备 |

续表

| 教学程序 | 课堂活动 | 资　源 |
|---|---|---|
| 活动五 | 目的：实施方案，完成本项目任务，熟练掌握上位机监控系统的设计、安装、调试方法与步骤<br>1. 学生编写施工工艺文件，按工艺标准图安装、连接控制线路并进行线路检查<br>2. 学生编写 PLC 控制程序并仿真调试<br>3. 学生组态上位机监控画面，与 PLC 通信并离线调试<br>4. 学生进行整机调试<br>5. 教师在整个过程中给予一定的引导和指导 | ● 计算机<br>● 现场设备<br>● 各种技术文件范本<br>● 常用电工工具和测量仪器<br>● S7-300 PLC<br>● 封口机 |
| 活动六 | 目的：检查与验收，查看学生在项目实施过程中存在的优、缺点<br>1. 教师检查并考核项目的完成情况，包括功能的实现、工期、同组成员合作情况及存在的问题等<br>2. 教师检查图纸是否符合标准、是否整洁，技术文件是否完整、规范 | ● 计算机<br>● 现场设备<br>● 完成的各种技术文件<br>● 常用电工工具和测量仪器<br>● S7-300 PLC<br>● 封口机 |
| 活动七 | 目的：总结提高，帮助学生尽快提高综合能力和素质<br>1. 学生总结在工作过程中的经验教训和心得体会，对任务完成情况做出全面评价<br>2. 教师总结全班情况并提出改进意见 | ● 多媒体设备<br>● 各种技术文件 |

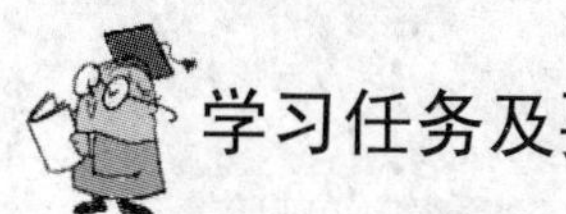

## 学习任务及要求

### 1. 控制对象说明

控制对象为封口机，技术参数同项目一。

### 2. 学习目的

（1）通过该项目的学习，培养学生工程实践、自我学习的能力，以及团队协作精神。

（2）熟悉以下国家/行业相关规范与标准：

① 盘、柜及二次回路结线施工及验收规范 GB 50171—2012。

② 电气设备安全设计导则 GB 4064—83。

③ 国家电气设备安全技术规范 GB 19517—2009。

④ 机械安全机械电气设备：通用技术条件 GB 5226.1—2008。

⑤ 电热设备的安全：第一部分 通用要求 GB 5959.1—2005。

⑥ 电气安全管理规程 JBJ 6—80。

⑦ 电控设备 第二部分 装有电子器件的电控设备 GB 3797—2005。

⑧ 用电安全导则 GB/T 13869—2008。

（3）熟悉完整的小型自动化监控系统的设计、安装、调试方法：正确分析设计任务、小型控制系统设计的工作流程及方法、总体设计思路、硬件设计、软件设计。

（4）熟悉系统调试方法与步骤。

（5）熟悉 WinCC 组态软件的通信设置：设置 WinCC 与 S7-300 PLC 的通信参数。

（6）熟练掌握组态软件 WinCC 的应用：WinCC 项目管理器的使用、WinCC 图形编辑器的使用、WinCC 数据管理器的使用、WinCC 图形动态化的方法。

（7）能编写技术文件（参照规范与标准）：原理图、位置图、布线图、程序框图及程序清单、调试记录等。

（8）练习工程项目实施的方法和步骤。

### 3. 改造要求

封口机改造的控制要求如下：

（1）由上位机设置和显示封口机温度，并显示传送带速度及产品数量。

（2）封口机温度采用闭环控制，利用热电偶检测温度。

（3）封口机传送带速度根据温度的高低设置无级（或多级）运行速度，温度越高，传送带速度越快。

封口机改造的相关技术指标如下：

（1）温度范围：100℃～150℃任意设置。

（2）误差范围：±1℃。

（3）温度上升时间：≤1min。

（4）封口速度：根据温度高低实现速度无级（或多级）切换。

### 4. 工作条件

（1）电源：220V，20kW。

（2）S7-300 PLC，CPU 313C-2 DP。

（3）封口机。

（4）上位机。

### 5. 需准备的资料

S7-300 PLC 手册、热电偶说明书、WinCC 使用手册、教材、封口机资料。

### 6. 预习要求

（1）读懂 S7-300 PLC 手册中有关通信部分内容。

（2）阅读 WinCC 使用手册，了解 WinCC 组态软件的使用。

（3）了解相关的国家/行业标准。

（4）复习闭环控制的概念和 PID 知识。

### 7. 重点或难点

（1）重点：WinCC 组态软件的应用、闭环 PID 控制概念、控制方案确定、项目的组织实施、PID 控制程序的编写、上位机组态、技术文件的编写。

（2）难点：方案确定、元件选择与安装、配线工艺是否符合规范、闭环 PID 控制程序的编写、技术文件的编写。

8. 学习方法建议

（1）项目开始前，必须做好充分预习。

（2）遇到问题要主动与同学、老师讨论。

（3）要主动查阅相关资料。

（4）项目实施中要主动、积极地自我完成。

（5）在项目实施中遇到问题一定要做好详细记录。

9. 学生需完成的资料

设计方案，原理图、位置图、布线图，调试记录，元件清单，项目进程表，程序框图及程序清单，项目及程序电子文档，个人总结。

10. 总结与思考

（1）总结自己在项目中的得与失，以后要注意和改进的地方。

（2）每做一步的时候要多思考，多问几个为什么。

（3）电机转速检测可以选用哪些方法？

（4）要提高温度检测的精度，要注意些什么？

（5）常用的组态软件都有哪些？

11. 附件

（1）环境要求：该设备安装于室内，环境温度为25℃。

（2）该控制系统使用S7-300 PLC作为下位机，WinCC作为上位机。

组态软件是数据采集与监控SCADA（Supervisory Control and Data Acquisition）系统的软件平台工具，是工业应用软件的一个组成部分。它具有丰富的项目设置，使用方式灵活，功能强大。组态软件由单一的人机界面向数据处理机方向发展，管理的数据量越来越大。随着组态软件自身及控制系统的发展，监控组态软件部分与硬件发生分离，为自动化软件的发展提供了充分发挥作用的舞台。OPC（OLE for Process Control）的出现，以及现场总线尤其是工业以太网的快速发展，大大简化了异种设备间互联，降低了开发I/O设备驱动软件的工作量。I/O驱动软件也逐渐向标准化的方向发展。

实时数据库是SCADA系统的核心技术，其作用进一步加强。从软件技术上讲，SCADA系统的实时数据库，实质上就是一个可统一管理的、支持变结构的、支持实时计算的数据结构模型。在实时数据库技术中，还有对工业标准的支持（如OPC规范等），对分布式计算的支持和对实时数据库系统冗余的支持等。

社会信息化的加速是组态软件市场增长的强大推动力。在最终用户的眼里，组态软件在自动化系统中发挥的作用逐渐增大，甚至有的系统根本不能缺少组态软件。其中的主要原因是软件的功能强大，用户也存在普遍的需求，广大用户逐渐认识了软件的价值所在。

西门子视窗控制中心SIMATIC WinCC（Windows Control Center）是HMI/SCADA软件中的后起之秀，1996年进入世界工控组态软件市场，当年就被美国Control Engineering杂志评为最佳HMI软件，以最短的时间发展成为第三个在世界范围内成功的SCADA系统。

在设计思想上，SIMATIC WinCC 秉承西门子公司的企业文化理念，性能最全面、技术最先进、系统最开放的 HMI/SCADA 软件是 WinCC 开发者的追求。WinCC 是按世界范围内使用的系统进行设计的，因此从一开始就适合于世界上各主要制造商生产的控制系统，如 A-B、Modicon、GE 等，并且通信驱动程序的种类还在不断地增加。通过 OPC 的方式，WinCC 还可以与更多的第三方控制器进行通信。

作为 SIMATIC 全集成自动化系统的重要组成部分，WinCC 确保与 SIMATIC S5、S7 和 505 系统的 PLC 连接的方便和通信的高效；WinCC 与 STEP 7 编程软件的紧密结合缩短了项目开发的周期。此外，WinCC 还有对 SIMATIC PLC 进行系统诊断的选项，给硬件维护提供了方便。

# 2.1 监控组态软件概述

## 2.1.1 组态软件的系统构成

在组态软件中，通过组态生成的一个目标应用项目在计算机硬盘中占据唯一的物理空间（逻辑空间），可以用唯一的名称来标识，称为应用程序。在同一计算机中可以存储多个应用程序，组态软件通过应用程序的名称来访问其组态内容，打开组态内容进行修改或将应用程序装入计算机内存并投入实时运行。

组态软件的结构划分有多种标准，下面按照软件的系统环境和体系组成两种标准讨论其体系结构。

### 1. 按照使用软件的系统环境划分

按照使用软件的系统环境划分，组态软件包括系统开发环境和系统运行环境两大部分。

（1）系统开发环境

设计人员为实施其控制方案，在组态软件的支持下，进行应用程序的系统生成工作所必须依赖的工作环境。通过建立一系列用户数据文件，生成最终的图形目标应用系统，供系统运行环境运行时使用。

系统开发环境由若干个组态程序组成，如图形界面组态程序、实时数据库组态程序等。

（2）系统运行环境

在系统运行环境下，目标应用程序装入计算机内存并投入实时运行。系统运行环境由若干个运行程序组成，如图形界面运行程序、实时数据库运行程序等。

设计人员最先接触的是系统开发环境，通过系统组态和调试，最终将目标应用程序在系统运行环境下投入实时运行，完成工程项目。

### 2. 按照软件组成划分

组态软件因为其功能强大，而每个功能相对来说又具有一定的独立性，因此其组成形式是一个集成软件平台，由若干程序组件构成。其中必备的典型组件有以下几种：

（1）应用程序管理器

应用程序管理器是提供应用程序的搜索、备份、解压缩、建立新应用等功能的专用管理工具。设计人员应用组态软件进行工程设计时，经常需要进行组态数据的备份；需要引用以

往成功应用项目中的部分组态成果（如画面）；需要迅速了解计算机中保存了哪些应用项目。虽然这些要求可以用手工方式实现，但效率较低，极易出错。有了应用程序管理器，这些操作就变得非常简单。

（2）图形界面开发程序

这是设计人员为实施其控制方案，在图形编辑工具的支持下进行图形系统生成工作所依赖的开发环境。通过建立一系列用户数据文件，生成最终的图形目标应用系统，供图形运行环境运行时使用。

（3）图形界面运行程序

在系统运行环境下，图形界面运行程序将图形目标应用系统装入计算机内存并投入实时运行。

（4）实时数据库系统组态程序

目前比较先进的组态软件都有独立的实时数据库组件，以提高系统的实时性，增强处理能力。实时数据库系统组态程序是建立实时数据库的组态工具，可以定义实时数据库的结构、数据来源、数据连接、数据类型及相关的各种参数。

（5）实时数据库系统运行程序

在系统运行环境下，实时数据库系统运行程序将目标实时数据库及其应用系统装入计算机内存并执行预定的各种数据计算、数据处理任务。历史数据的查询、检索、报警的管理都是在实时数据库系统运行程序中完成的。

（6）I/O 驱动程序

I/O 驱动程序是组态软件中必不可少的组成部分，用于系统与 I/O 设备通信、互相交换数据。DDE 和 OPC Client 是两个通用的标准 I/O 驱动程序，用来支持 DDE 标准、OPC 标准的 I/O 设备通信。多数组态软件的 DDE 驱动程序整合在实时数据库系统或图形系统中，而 OPC Client 则单独存在。

## 2.1.2　组态软件的主要作用及性能

### 1. 主要作用

组态软件一般都由若干个组件构成，操作系统直接支持多任务，而且组态软件普遍使用“面向对象”（Object Oriented）的编程和设计方法，使软件更加易于学习和掌握，功能也更强大。

在图形画面生成方面，构成现场过程的图形画面被划分成三类简单的对象：线、填充图形和文本。每个简单对象都有影响其外观的属性，对象的基本属性包括：线的颜色、填充颜色、高度、宽度、取向、位置移动等。这些属性可以是静态的，也可以是动态的。静态属性在系统投入运行后保持不变，与原来组态时一致。而动态属性则与表达式的值有关，表达式可以是来自 I/O 设备的变量，也可以是由变量和运算符组成的数学表达式。这种对象的动态属性随表达式的值的变化而实时改变，这种组态过程通常称做动画链接。

在图形界面上还具备报警通知和确认、报表组态及打印、历史数据查询与显示等功能。各种报警、报表、趋势都是动画链接的对象，其数据源都可以通过组态来指定。这样每个画面的内容就可以根据实际情况由设计人员灵活设计，每幅画面中的对象数量均不受限制。

控制功能组件以基于 PC 的策略编辑/生成组件（也称为软逻辑或软 PLC）为代表，是组态软件的重要组成部分。目前多数组态软件都提供了基于 IEC 1131-3 标准的策略编辑/生成控制组件，它也是面向对象的，但并不唯一由事件触发，它像 PLC 中的梯形图一样按照顺序周期地执行。策略编辑/生成组件可以大幅度地降低成本。

实时数据库是更为重要的一个组件，随着 PC 处理能力的增强，实时数据库更加充分地体现了组态软件的长处。实时数据库可以存储每个工艺点的多年数据，用户既可以浏览工厂当前的生产情况，又可以了解过去的生产情况。

通信及第三方程序接口组件是系统开放的标志，是组态软件与第三方程序交互及实现远程数据访问的重要手段之一。它主要有三个作用：

（1）用于双机冗余系统中主机与从机之间的通信。

（2）用于构建分布式 HMI/SCADA 应用时多机间的通信。

（3）在基于 Internet 或 Browser/Server（B/S）应用中实现通信功能。

### 2. 性能要求

（1）实时性

实时性是指控制器在限定的时间内对外来事件做出反应的特性。在具体确定“限定时间”时，主要考虑两个因素：一，根据工业生产过程中出现的事件能够保持多长的时间；二，该事件要求计算机在多长时间以内必须做出反应，否则就将对生产过程造成影响甚至造成损害，可见，实时性是相对的。工业控制计算机及监控组态软件具有时间驱动能力和事件驱动能力，即在按一定的周期时间对所有事件进行巡检扫描的同时，可以随时响应事件的中断请求。

实时性一般都要求计算机具有多任务处理能力，以便将监控任务分解成若干并行的任务，加速程序执行速度。可以把那些变化并不显著、即使不能立即做出反应也不至于造成影响或损害的事件，作为顺序执行的任务，按照一定的巡检周期有规律地执行；而把那些保持时间很短且需要计算机立即做出反应的事件，作为中断请求源或事件触发信号，为其专门编写程序，以便在该类事件一旦出现时计算机能够立即响应。如果监控范围庞大、变量繁多，这样分配仍然不能保证所要求的实时性时，则表明计算机的资源已经不够使用，只得对结构进行重新设计，或者提高计算机的档次。

（2）可靠性

在计算机、数据采集控制设备正常工作的情况下，如果供电系统正常，当监控组态软件的目标应用系统所占的系统资源不超过负荷时，则要求软件系统稳定可靠地运行。

如果对系统的可靠性要求更高，就要应用冗余技术构成双机备用系统。冗余资源是指在系统完成正常工作所需资源以外的附加资源。例如，一个软件运行系统采用双机热备用，可以指定一台机器为主机，另一台作为从机，从机内容与主机内容实时同步，主机、从机可同时操作，从机实时监视主机状态，一旦发现主机停止响应，便接管控制，从而提高系统的可靠性。

（3）标准化

IEC1131-3 提供了用于规范 DCS 和 PLC 中的控制用编程语言，它规定了四种编程语言标准（梯形图、机构化高级语言、方框图、指令助记符）。

此外，OLE（目标的连接与嵌入）、OPC（过程控制用 OLE）是微软公司的编程技术标准，目前也被广泛应用。TCP/IP 是网络通信的标准协议，广泛地应用于现场测控设备之间及测控设备与操作站之间的通信。

3. 组态软件的数据流

组态软件通过I/O驱动程序从现场I/O设备获得实时数据，对数据进行必要的加工后，一方面以图形方式直观地显示在计算机屏幕上，另一方面按照组态要求和操作人员的指令将控制数据送给I/O设备，对执行机构实施控制或调整控制参数。

对已经组态的历史趋势的变量存储历史数据，对历史数据检索请求给予响应。当发生报警时及时将报警以声音、图像的方式通知给操作人员并记录报警的历史信息，以备检索。实时数据库是组态软件的核心和引擎，历史数据的存储与检索、报警处理与存储、数据的运算处理、数据库冗余控制、I/O数据连接都是由实时数据库系统完成的。图形界面系统、I/O驱动程序等组件以实时数据库为核心，通过高效的内部协议互相通信、共享数据。

# 2.2　WinCC软件简介

## 2.2.1　WinCC软件的性能特点

WinCC作为一个功能强大的操作监控组态软件，其主要性能特点如下：

（1）应用最新的软件技术

WinCC是由SIEMENS公司与Microsoft公司合作开发的用于控制工程的人机界面组态软件，基于Microsoft公司技术的先进性与创新性，用户能够获得不断创新的技术。

（2）包括所有SCADA功能在内的客户—服务器系统

WinCC是世界上3个（WinCC，iFix，inTatch）最成功的SCADA系统之一，由WinCC系统组件建立的各种编辑器可以生成画面、脚本、报警、趋势和报告，即使是最基本的WinCC系统，也能提供生成复杂可视化任务的组件和函数。

（3）可灵活裁剪，由简单任务扩展到复杂任务

WinCC是一个模块化的自动化软件，可以灵活地进行扩展，可应用在办公室和机械制造系统中。从简单的工程应用到复杂的多用户应用，从直接表示机械到高度复杂的工业过程图像的可视化监控和操作。

（4）可由专用工业和专用工艺的选件和附件进行扩展

WinCC在开放式编程接口的基础上开发了范围广泛的选件和附件，使之能够适应各个工业领域不同工业分支的不同需求。

（5）集成ODBC/SQL数据库

WinCC集成了Sybase SQL Anywhere标准数据库，使所有面向列表的组态数据和过程数据均存储在WinCC数据库中，可以容易地使用标准查询语言（SQL）或使用ODBC（Open Data Base Connectivity）驱动访问WinCC数据库。这些访问选项允许WinCC对其他的Windows程序和数据库开放其数据，如将其自身集成到工厂级或公司级的应用系统中。

（6）具有强大的标准接口

WinCC建立了DDE（Dynamic Data Exchange）、OLE（Object Link and Embed）、OPC（OLE for Process Control）等在Windows程序间交换数据的标准接口，因此，能够毫无困难地集成ActiveX控件和OPC服务器、客户端功能。

（7）统一脚本语言

WinCC 的脚本语言由 ANSI-C 标准编程语言生成。

（8）开放 API 编程接口可以访问 WinCC 的模块

所有的 WinCC 模块都有一个开放的 C 编程接口(C-API)，可以在用户程序中集成 WinCC 组态和运行时的功能。

（9）通过向导进行简易的（在线）组态

组态工程师除了可利用综合库在一个 WYSIWYG 环境中进行简单的对话和向导外，在调试阶段，同样可进行在线修改。

（10）选择组态软件的语言

WinCC 软件是基于多种语言开发的，可以在德文、法文、意大利文、西班牙文、中文及其他多种亚洲语言之间进行选择。可以存储用户喜爱的任何一种语言文本，可以在线进行语言转换。

（11）提供所有主要 PLC 系统的通信通道

作为标准，WinCC 支持所有连接到 SIMATIC S5/S7/505 控制器的通信通道，还包括 PROFIBUS-DP、DDE、OPC 等非特定控制器的通信通道。此外，还可以通过选件或附件提供广泛的非特定控制器的通信通道。

（12）具有与基于 PC 的控制器的 SIMATIC WinAC 的紧密接口

将软/插槽 PLC 集成在 PC 上，在 PC 上实现 PLC 的操作和监控，WinCC 提供了与 WinAC 连接的接口。

（13）全集成自动化 TIA 的部件

TIA（Total Integrated Automation）集成了包括 WinCC 在内的所有 SIEMENS 产品，WinCC 是所有过程控制的窗口，是 TIA 的中心部件。TIA 意味着在组态、编程、数据存储和通信等方面的一致性。

（14）作为 SIMATIC PCS7 过程控制系统中的操作员站

SIMATIC PCS7 是 TIA 中的过程控制系统。PCS7 是结合了基于控制器的制造业自动化的优点和基于 PC 的过程工业自动化的优点的过程处理系统，它对过程可视化使用包括 WinCC 的标准 SIMATIC 部件。

（15）可集成到 MES 和 ERP 中

WinCC 的标准接口使 WinCC 成为全公司范围 IT 环境下的一个完整部件。这超越了自动控制过程，将范围扩展到工厂监控级，以及为公司管理系统提供管理数据。

### 2.2.2 WinCC 的系统结构及选项

WinCC 具有模块化的结构，其基本组件是组态软件（CS）和运行软件（RT），并有许多 WinCC 选项和 WinCC 附加软件。

（1）组态软件

启动 WinCC 后，WinCC 资源管理器随即打开。WinCC 资源管理器是组态软件的核心，整个项目结构都显示在 WinCC 资源管理器中。从 WinCC 资源管理器中调用特定的编辑器，既可用于组态，也可对项目进行管理，每个编辑器分别形成特定的 WinCC 子系统。

主要的 WinCC 子系统包括：

① 图形系统：用于创建画面的编辑器，也称为图形编辑器。

② 报警系统：对报警信号进行组态的过程，也称报警记录。

③ 归档系统：变量记录编辑器，用于确定对何种数据进行归档。

④ 报表系统：用于创建报表布局的编辑器，也称为报表编辑器。

⑤ 用户管理器：用于对用户进行管理的编辑器。

⑥ 通信：提供 WinCC 与 SIMATIC 各系列可编程控制器的连接。

（2）运行软件

用户通过运行软件对过程进行操作和监控，主要执行下列任务：

① 读出已经保存在 CS 数据库中的数据。

② 显示屏幕中的画面。

③ 与自动化系统通信。

④ 对当前的运行系统数据进行归档。

⑤ 对过程进行控制。

（3）WinCC 选项

用户通过 WinCC 选项扩展基本的 WinCC 系统功能，每个选项均需要一个专门的许可证。

### 2.2.3　SCADA 系统的基本功能

WinCC 可以通过专用组态选件构成不同的 SCADA 系统。

（1）单用户系统：基于单机系统的控制系统，自动化层采用点对点连接，通过过程总线和 LAN 连接，能通过基于 Windows 的网络连接办公系统。

（2）多用户系统：允许多个用户控制相同的控制系统，每个用户都可以看到其他用户的动作。采用客户—服务器结构，最多允许 16 个客户机连接到 1 个服务器。服务器承担主要任务，为客户机进行程序连接和日志记录。客户机通过独立的终端总线与服务器通信来利用服务器提供的服务。各个操作站之间采用标准的 TCP/IP 协议，进行相互协调。

（3）有冗余功能的服务器：具备自动存档匹配和客户机切换功能，允许用户系统运行两台并行的 WinCC 站，如果有一个站发生故障，则 WinCC 的客户机自动切换到无故障、激活的 WinCC 伙伴服务器。

（4）有多个服务器的分布式系统：全部自动化任务都可按照任务的不同，分散到若干个服务器中，为每个服务器赋予不同的授权，构成分布式系统。多客户机可访问来自所有服务器的数据，以提供整个工程项目的全局数据，也能以组合方式显示数据。多客户机可使不同的服务器的存档共用一个报警和趋势图，使来自不同服务器的数据显示在一个公共的画面上。

（5）Web 客户机：WinCC/Web 浏览器是选用件，它使 WinCC 应用程序能访问 Web，允许用户通过 Internet 或其本身的 Intranet 对远程设备进行监控甚至操作。WinCC/Web 浏览服务器具有 WinCC 站和 Web 服务器双重功能，它可以使任何客户机访问 WinCC 系统。

SCADA 系统的基本功能如下：

#### 1. 用户接口和操作

（1）用户接口的组态

WinCC 使用键盘、鼠标、触摸屏作为用户接口，用户接口的布局（屏幕画面）使面向任务的过程对话更加灵活。WinCC 的分屏向导支持面向过程的过程画面分割，将屏幕分割为总览区、工作区、按键区，以提供更加清晰的画面。

WinCC 可以记录变量的输入，以日期、时间、用户名、新旧值等方式记录变量值，这样就可以对关键过程的操作进行追溯并跟踪。

（2）访问授权和用户管理

WinCC 的用户管理器可以建立分级的访问保护，为每个用户设定密码和访问权限。如果没有授权，则禁止访问每一个生产过程、记录和 WinCC 的操作。

（3）语言的切换

对每一个项目，WinCC 在组态时可以指定多达 10 种运行时（Runtime）语言。在运行时，用户只需单击按键便可以在这些语言之间进行切换，进而完成在图形、信息和报告中的语言切换。

#### 2. 图形系统

在 WinCC 的图形系统处理过程操作中，屏幕上所有的输入和输出信号，通过 WinCC 的图形设计器完成系统设备的可视化图形的设计和操作。

在图形设计器中，WinCC 提供了丰富的图形对象，包括：

① 标准化和图形化的对象。

② 按钮、检查框、框和滑块。

③ 应用窗口和显示窗口。

④ OLE 对象、ActiveX 控件。

⑤ I/O 域、文本列表。

⑥ 棒状图、状态显示和组显示。

⑦ 客户化的用户对象。

图形组件的外观由组态工程师动态控制，图形的动态控制参数，如几何形状、颜色和样式，可通过 WinCC 变量的改变或程序直接控制。

#### 3. 消息系统

WinCC 的消息系统为过程故障和操作状态提供综合的信息，并将当前或历史过程显示在目标库中，这样可以及早识别临界状态，减少和避免停机时间。

WinCC 中的消息结构可以自由定义，每条消息位于按一定顺序排列的文件中，该文件包括 16 个消息类型并有 16 个消息等级。这样，WinCC 就能从一定数量的系统区域中分别辨识警告、错误、故障及其他消息类型。

（1）在 WinCC 中生成消息

① 位消息过程。

WinCC 监视所选择的二值变量的上升沿或下降沿的变化，由此获取报警信息，因此，WinCC 能从任何自动化系统生成报警消息。

② 报警消息帧。

结合 SIMATIC S5/S7 自动化系统，可以实施集中报警管理制度，包括集中确认控制器的消息。WinCC 可以根据控制器中发生的事件标记，在准确的时间内报警。因为 WinCC 不需循环地轮流查询二进制位，因此当事件发生时，控制器会发送一个报警消息帧。

③ 模拟变量的极限值。

WinCC 允许用户控制模拟量的极限值（上极限值/下极限值），当超过极限值时，系统会

发出一条预定义的报警消息。用户还可以设定滞后时间，这样只有当变量超过极限值且达到滞后时间时，才触发报警消息。

④ 消息组。

WinCC 可以自由定义消息组，消息组可以由自动化系统进行确认，将指定的单个消息排成队列，可显示组合消息。如果没有更多的单个消息，则发出消息组。消息组可以减少对消息特征浏览的次数，当有请求时，可以调出所有消息。

（2）确认消息

WinCC 自动考虑对可视化消息的确认，除了可以对消息画面中的单个消息的确认外，也可以通过控制器对消息组进行确认。

（3）消息存档

WinCC 可以对消息进行短期存档和长期存档。短期档案库可以存储 10000 条消息，以环型存档的方式存储在主存或硬盘中。长期档案库可以记录长达 65536 天的消息，可以设计成环型档案库或连续型档案库。

（4）消息报表

WinCC 的消息报表可以连续地记录消息序列（消息序列报表）或浏览指定的存档内容（消息存档报表）。消息序列报表可以整页打印，也可以使用专用的行式打印机，当接收到消息序列时一行一行地打印。

如果需要，在获取消息时可将单个消息取消或重新加上（屏蔽或释放消息）。用户可以为每条消息或每次出现的消息加上自己的文字注释（消息注释）。报警跟踪功能可以根据所选的消息显示相关的画面。

#### 4. 过程值的存档

过程值的存档（Tag Logging，过程变量登录）是从正在进行的控制过程中采集数据并将调理后的数据用于显示和存档。用户能自由设置存档的数据格式及采集和存档时间。通过 WinCC Online Trend（WinCC 在线趋势）和以表格或曲线形式表达数据的 Table Control（表控制）显示过程变量数值。使用 Tag Logging Editor（变量登录编辑器），可使用户自由地采集和显示过程数据。

测量值的采集和存档可分为：

（1）连续地进行周期性登录

连续地进行周期性登录的方法是在系统启动时开始，然后按照时间顺序以一致的、可组态的周期存储测量值（如每秒钟记录一次测量值，每 60 秒存储一次平均的测量值）。

（2）可选择的周期性登录

可选择的周期性登录的方法是从指定的启动事件开始，然后按照时间顺序以一致的、可组态的周期存储测量值，一直到发生停止事件为止，停止事件可触发结束程序，用于存储测量值。可由位变量（Bit Tag）状态的改变来确定起始或停止事件，例如，更改过程位状态的信号、超出模拟量的极限值、日期或时间、键盘或鼠标操作、来自上位机的命令、一个动作的结果位等。

（3）非周期登录

非周期登录的方法是启动事件取决于一个或多个位，一个事件（上升沿或下降沿）触发一个测量值的登录。

（4）仅在改变时存档

仅在改变时存档是系统只在被监控的测量值超出了预定的允许误差时，才存储新的存档值。

### 5. 报警记录

（1）报警记录的任务

在 WinCC 中，报警记录编辑器负责消息的采集和归档，包括过程、预加工、表达式、确认及归档等消息的采集功能。报警系统给操作员提供关于操作状态和过程故障状态的信息，使操作员能了解早期阶段的临界状态。

在组态期间，报警记录编辑器对过程中应触发消息的事件进行定义，这个事件可以是设置自动化系统中的某个特定位，也可以是过程值超出预定义的限制值。

（2）报警记录的组件构成

报警记录组件由组态系统组件和运行系统组件组成。

① 报警记录组态系统组件为报警记录编辑器，用来定义显示何种报警、报警的内容、报警的时间。使用报警记录组态组件可对报警消息进行组态，以便将其以期望的形式显示在运行系统组件中。

② 报警记录运行系统组件主要负责过程值的监控、控制报警输出、管理报警确认。报警以列表形式显示在 WinCC 报警控件中。

（3）报警的消息块

在运行系统中以表格的形式显示消息的各种信息内容，这些内容称为消息块，预先在报警组态系统中进行组态。消息块分为以下三组：

① 系统块。它包括由报警记录提供的系统数据，默认情况下的系统消息块包含消息记录的日期、时间和本消息的 ID 号。系统还提供了其他一些系统消息块，可以根据需要进行添加。

② 过程值块。当某个报警到来时，记录当前时刻的过程值，最多可记录 10 个过程值。

③ 用户文本块。提供常规消息和综合消息的文本，如与故障位置、原因相关的信息的报警文本等。

（4）报警的基本状态

报警事件有三种基本状态：已激活、已清除和已确认，这三种报警状态之间存在以下差别：

① 报警保留其“激活”状态直至启动事件消失，如导致报警的原因不再存在。

② 一旦报警原因不再存在，报警将处于“已清除”状态。

③ 操作员对报警进行确认后，报警将处于“已确认”状态。

每个报警的当前状态，“已激活”、“已清除”或“已确认”均表示在报警显示中，每个状态均有不同的颜色。

（5）组消息

在组态期间，一定数目的报警均可概括在一组报警中。只要至少有一个所指定的单个报警出现在队列中（逻辑“或”），组报警就将出现。当队列中没有任何单个报警时，组报警将消失。

可以使用组报警来为操作员提供系统更清晰的概括，并对某些情况进行简化处理。

（6）消息类型和等级

在 WinCC 中，将消息划分为 16 个类别，每个消息类别下还可以定义 16 种消息类型。消息类别和消息类型用于划分消息的等级，一般按照消息的严重程度进行划分。

（7）报警的归档

在报警记录编辑器中，用户可以对消息进行短期归档和长期归档。

短期归档用于出现电源故障之后，将所组态的消息数重新装载到消息窗口。短期归档只需设置一个参数，即消息的条目数。一旦发生断电需要重新加载时，从长期归档中加载最近产生的消息数，最多可设置 10000 条。

消息的归档也可利用长期归档来完成。长期归档需要设置归档尺寸及归档时间，既可组态为周期性归档，也可组态为连续性归档。如果是周期性归档，则当所定义的存储空间在进行归档期间不足以容纳所有报警时，将自动删除最旧的报警事件；如果是连续性归档，则当所定义的存储空间在进行归档期间不足以容纳所有报警时，将不再归档更多的报警事件。

### 6. 报表系统

（1）报表系统的任务

报表包括项目文档报表和运行系统数据报表，项目文档报表输出 WinCC 项目的组态数据，运行系统数据报表在运行期间输出过程数据。报表有下列基本类型：

① 报警消息顺序报表。按时间顺序列出所有报警，既可以逐页打印，也可以在报警事件发生之后立即逐行打印。

② 报警归档报表。列出已经保存在某个特定报警归档中的所有报警，既包括短期归档报表也包括长期归档报表。

③ 变量记录运行报表。在运行状态下，在表格窗口中打印输出变量记录数据。

（2）报表系统的组件

报表系统由组态组件和运行系统组件组成。

① 报表编辑器是报表系统的组态组件，包括页面布局编辑器和行布局编辑器。报表编辑器按照用户要求选定预编译的默认布局或创建新的报表布局，还可创建打印作业以便启动输出。

② 报表运行系统是报表系统的运行系统组件。处于运行状态时，报表运行系统负责从归档中提取要打印的数据，也可以控制打印机的输出。

（3）打印作业

WinCC 中的打印作业用于项目文档和运行系统文档的输出。在布局中对输出外观和数据源进行组态；在打印作业中对输出介质、打印数量、打印开始时间及其他输出参数进行组态。

每个布局必须与打印作业相关联，以便进行输出。WinCC 提供了各种不同的打印作业方式用于项目文档。这些方式均已与相应的 WinCC 应用程序相关联，既不能将其删除，也不能对其进行重新命名。

可以在 WinCC 项目管理器中创建新的打印作业，以便输出新的页面布局。

WinCC 为输出行布局提供了特殊的打印作业方式，行布局只能使用这种方式进行打印作业的输出，而不能为行布局创建新的打印作业。

**7. 通信**

（1）WinCC 的通信结构及原理

WinCC 使用变量管理器来处理项目产生的数据及存储在项目数据库中的数据。WinCC 的所有应用程序必须以 WinCC 变量的形式从变量管理器中请求数据，这些应用程序包括图形运行系统、报警记录运行系统和变量记录运行系统等。

变量管理器管理运行时的 WinCC 变量，通过集成在 WinCC 项目中的通信驱动程序从过程中取出请求的变量值。通信驱动程序利用其通道项目构成 WinCC 与过程处理之间的接口，在大多数情况下其硬件连接是利用通信处理器来完成的。WinCC 通信驱动程序使用通信处理器向 PLC 发送请求消息，然后通信处理器将相应请求的回答发回 WinCC。

（2）通道项目、逻辑连接、过程变量

WinCC 与自动化系统之间的通信通过逻辑连接来实现，这些逻辑连接以分层方式排列成多个等级，每个等级都反映在 WinCC 资源管理器的分层结构上。

通信驱动程序位于最高等级，也称为通道，通道的通信拥有一个或多个协议，协议用于确定所用的通道项目（如 MPI），该通道项目和协议一起用来访问某个特定类型的自动化系统。

通道项目用于建立到多个自动化系统的逻辑连接，通信通过通道项目进行。因此，逻辑连接作为已定义的自动化系统的接口。

（3）运行系统中的通信过程

在运行系统中需要最新的过程值，正是由于有了逻辑连接，WinCC 才能知道过程变量位于哪个自动化系统上，以及将要使用哪个通道来处理数据通信。过程值由通道传送，读入的数据存储在 WinCC 服务器的工作存储区中。

（4）采用 OPC 技术

OPC 是由 OPC 基金会定义的开放的接口标准。开放 OPC 的目的是建立基于 Windows 的 OLE、COM、DCOM 技术，并创建一种开放式接口，以标准化的接口在办公室和生产部门之间传送数据，成为从工业和办公室部门来的应用程序与自动化世界（自动化系统、现场设备等）之间的纽带。

通过集成的 OPC 服务器，WinCC 将所有的过程数据应用于其他应用程序（OPC 客户机）。反之，WinCC 可经过 OPC 通道 DLL，接收来自其他 OPC 服务器的数据。

## 2.3 WinCC 的组态

### 2.3.1 创建 WinCC 项目

创建 WinCC 项目的过程主要包括：启动 WinCC、创建新项目、选择并安装 PLC 驱动程序、新建变量、创建并编辑过程画面、设置 WinCC 运行系统属性、激活 WinCC 运行系统中的画面、使用模拟器测试过程画面等。

（1）启动 WinCC

单击 Windows 任务栏中的“开始”按钮，通过“SIMATIC”启动 WinCC，操作顺序为“SIMATIC”→“WinCC”→“Windows Control Center 5.0”，如图 2-1 所示。

图 2-1　启动 WinCC

（2）创建新项目

单击“新建”按钮，打开“WinCC 项目管理器”对话框，如图 2-2 所示。此对话框提供三个创建选项：① 创建“单用户项目”（默认设置）；② 创建“多用户项目”；③ 创建“客户机项目”。

如要创建一个名为“start”的项目，选择“单用户项目”，单击“确定”按钮，输入项目名称“start”。如果项目已经存在，选择“打开已存在的项目”选项，单击“确定”按钮，搜索扩展名为“.mcp”的文件。下次启动 WinCC 时，系统自动打开上次建立的项目，如图 2-3 所示为 WinCC 资源管理器窗口显示的内容。

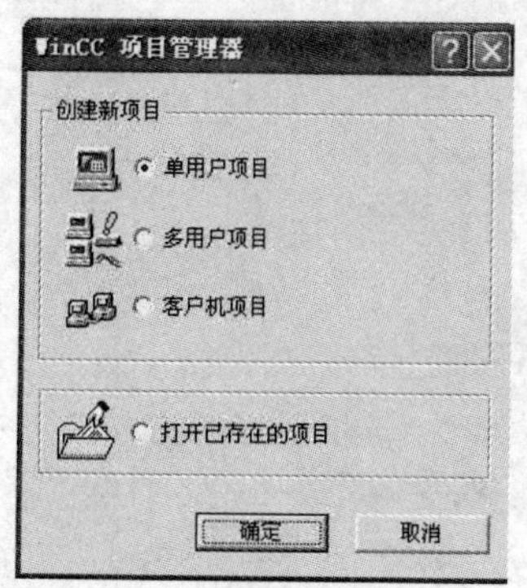


图 2-2　新建项目

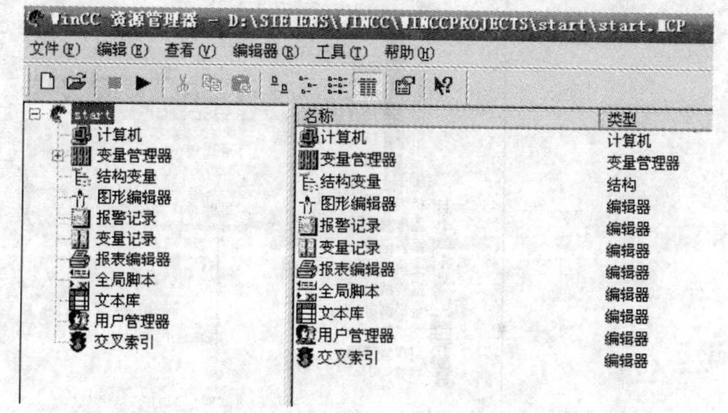


图 2-3　WinCC 资源管理器

图中左边浏览器窗口显示了 WinCC 资源管理器的体系结构，从根目录一直到单个项目。右边数据窗口显示所选对象的内容，在 WinCC 资源管理器浏览器窗口中，单击“计算机”图标，在数据窗口中即可看到一个带有计算机名称（NetBIOS）的服务器，用鼠标右键单击此计算机，弹出“属性”菜单，在随后出现的对话框中，设置 WinCC 运行系统的属性，如启动程序、使用语言及取消激活等。

（3）选择并安装 PLC 驱动程序

为了使 WinCC 能够与 PLC 通信，需要选择 PLC 驱动程序，所选的驱动程序取决于使用的 PLC 的类型，在此选择 SIMATIC S7 PLC。用鼠标右键单击 WinCC 资源管理器浏览器窗口中的“变量管理器”，在弹出的菜单中选择“添加新的驱动程序”，如图 2-4 所示。

在“添加新的驱动程序”对话框中，选择所需要的驱动程序（如 SIMATIC S7 PROTOCOL SUITE），单击“打开”按钮并进行确定，所选的驱动程序就出现在变量管理器下，如图 2-5 所示。

单击显示程序前方的“+”图标，将显示所有可用的通道项目。

用鼠标右键单击通道项目“MPI”，在弹出的菜单中选择“新建驱动程序连接”，在随后

显示的“连接属性”对话框中，输入名称（如 SPS），单击“确定”按钮即可。

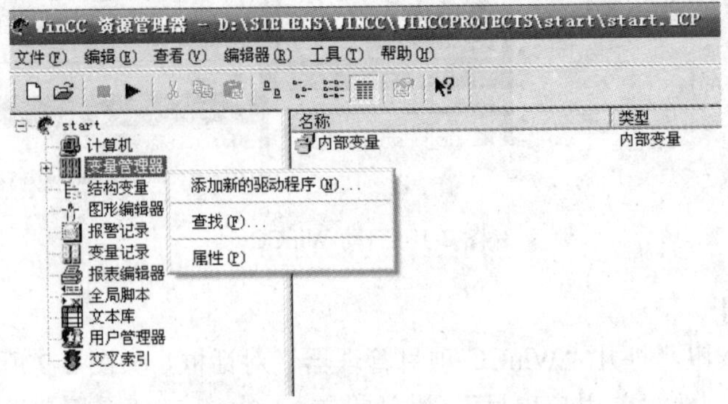


图 2-4　添加新的驱动程序

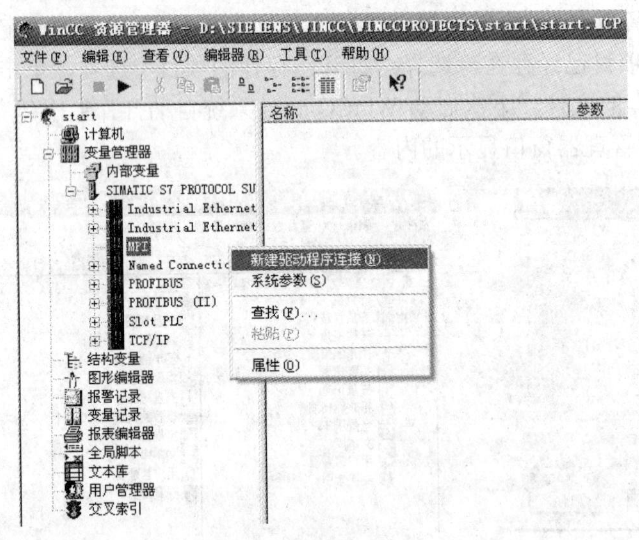


图 2-5　新建驱动程序连接

（4）新建变量

如果 WinCC 资源管理器中的“变量管理器”处于关闭状态，则必须先双击，将其激活，然后用鼠标右键单击“内部变量”，在弹出的菜单中选择“新建变量”。如创建一个新的变量，在“变量属性”对话框中，将变量命名为“TankLevel”，从“数据类型”列表中选择“无符号 16 位数”。单击“选择”按钮，打开“地址属性”对话框，从变量的数据区域列表框中选择数据区域“位存储器”，检查地址类型是否为“字”，设置 MW 为“0”，如图 2-6 所示。

线性标度只能用于过程变量，在“变量属性”对话框中勾选“线性标度”复选框，激活输入域“过程值范围”和“变量值范围”；设置过程值范围（如 0～20）、变量值范围（如 0～100），单击“确定”按钮，结束新建变量过程，如图 2-7 所示。

如果需要继续进行新建变量的过程，在 WinCC 资源管理器的右边子窗口中，可显示出所有已经创建的变量，通过复制、粘贴等操作，可继续新建变量。

（5）创建并编辑过程画面

在 WinCC 资源管理器中右击“图形编辑器”，在弹出的菜单中单击“新建画面”选项，选择新建画面，系统默认画面名为“NewPdl0.Pdl”（Pdl 为画面描述文件扩展名），右击

“NewPdl0.Pdl”，在弹出的菜单中选择“重命名画面”选项，如图 2-8 所示。

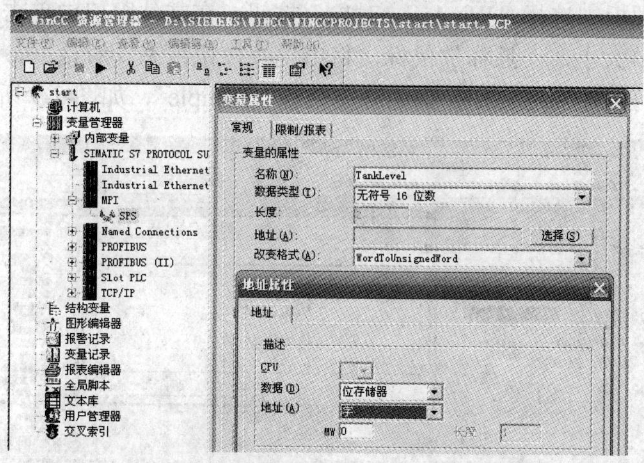

图 2-6　新建变量

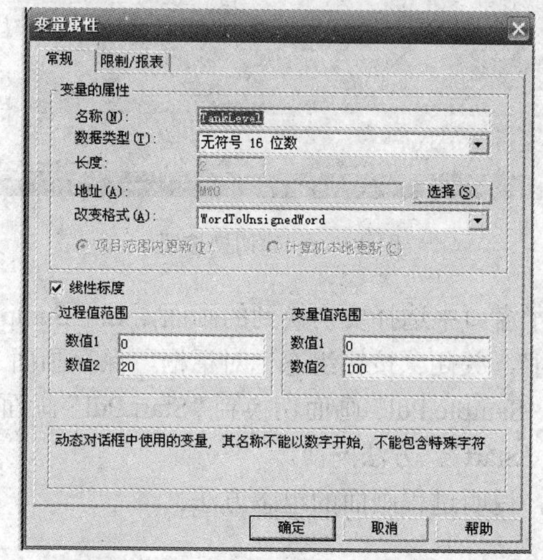

图 2-7　设置线性标度

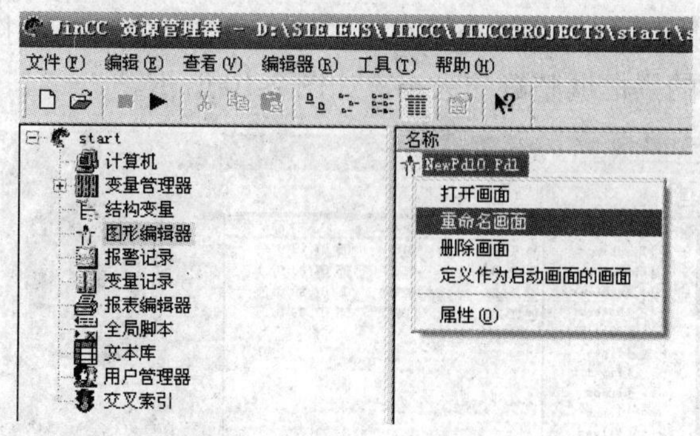

图 2-8　创建并重命名画面

在“重命名画面”对话框中，输入名称“Start.Pdl”，再创建一个画面，输入名称“Sample.Pdl”。

为了实现两个画面“Start.Pdl”和“Sample.Pdl”的切换，先创建画面切换按钮。在“Start.Pdl”画面中，在对象选项板中选择“Windows 对象”按钮，在文件窗口中单击放置按钮，用鼠标左键拖动对象来调节大小，一旦释放鼠标，将出现“按钮组态”对话框，在文本域中输入所选按钮的名称，如可以输入准备切换到的画面名称“Sample”，如图 2-9 所示。

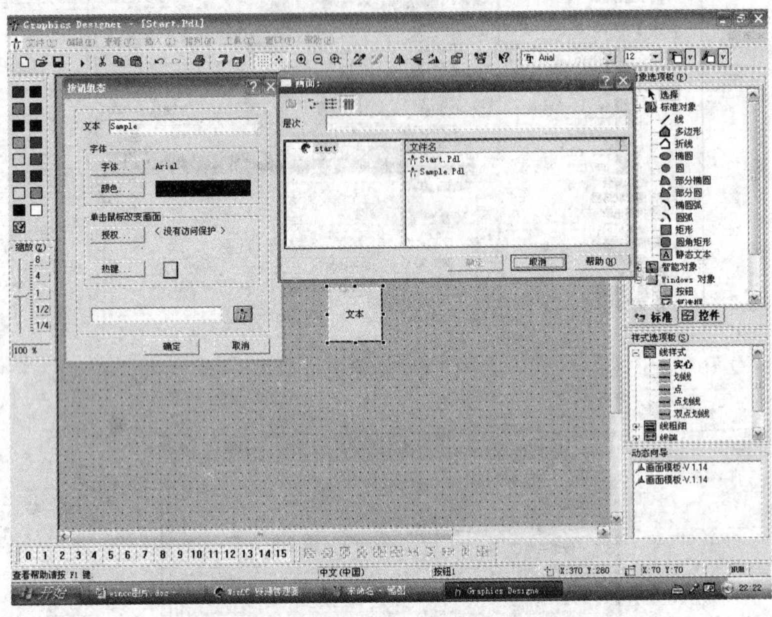


图 2-9　创建切换按钮

单击图标，在右边子窗口中选择要切换到的画面，如“Sample.Pdl”。在下一个对话框中，双击画面“Sample.Pdl”，关闭“按钮组态”对话框，保存画面“Start.Pdl”。

为了能够在运行时从“Sample.Pdl”画面切换到“Start.Pdl”画面，还需要在“Sample.Pdl”画面中组态一个切换按钮“Start”，方法同前。

下面以监控水位为例，说明过程画面的组态方法。

① 创建水罐。

在图形编辑器的菜单栏中选择“查看”→“库”命令，对象库将以它自己的工具栏和对象文件夹的形式出现。双击“全局库”，再打开子窗口的“PlantElement”→“Tanks”文件夹，单击图形编辑器库中的图标，预览查看可用的罐，单击“Tank1”，按住鼠标左键将罐拖到文件窗口中，用罐周围的黑框调整罐的大小，如图 2-10 所示。

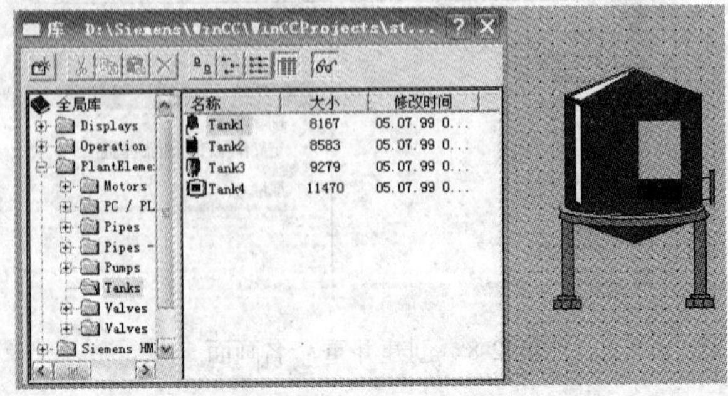


图 2-10　创建水罐

② 创建水管。

选择“全局库”→“PlantElement”→“Pipes-Smart Object”命令，插入所需的管道到画面中。

③ 创建阀门。

选择“全局库”→“PlantElement”→“Valves-Smart Object”命令，插入所需的管道到画面中。也可使用“复制”、“粘贴”命令来复制一个对象，不必每次从库中获得对象。

④ 创建静态文本。

在对象选项板中选择“标准对象”→“静态文本”命令，对象定位在文本窗口的左上角，按住鼠标左键拖动，以达到期望的大小。

输入标题“水位监控”，在工具栏中单击字号大小列表框，选择所需要的字号大小，这里选择“20”。单击文本并拖动，直至达到期望大小。

⑤ 显示动态水位。

右击水罐，在弹出的菜单中单击“属性”选项，弹出“对象属性”界面，在该界面中，单击左边子窗口上“自定义 1”选项，在右边子窗口中右击“Process”旁边的灯泡，在弹出的菜单中选择“变量”，在弹出的“变量项目”界面中，选择“TankLevel”并单击“确定”按钮，使变量 TankLevel 为动态，灯泡变为绿色，右击“当前”选项，选择 500 毫秒，如图 2-11 所示。

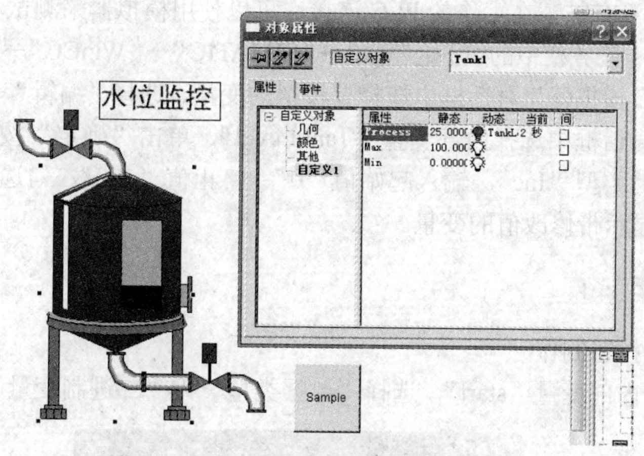


图 2-11　对象属性及变量动态界面

（6）设置 WinCC 运行系统属性

在 WinCC 资源管理器的左边子窗口中单击“计算机”选项，在数据窗口中单击计算机的名称，在快捷菜单中选择“属性”命令，设置“计算机属性”的界面如图 2-12 所示。单击“图形运行系统”标签，可以确定运行画面的外观、设置起始画面，单击“浏览”按钮，在“启动画面”对话框中选择“Start.Pdl”画面，单击“确定”按钮，在“窗口属性”下勾选“标题”、“最大化”、“最小化”及“适应画面大小”的复选框，单击“确定”按钮，结束计算机属性设置。

（7）激活 WinCC 运行系统中的画面

选择 WinCC 资源管理器菜单栏中的“文件”→“激活”命令，复选标记随即出现，以显示所激活的运行系统，也可在 WinCC 资源管理器的工具栏中单击▶按钮。

经过一段时间的装载后，将出现“WinCC 运行系统”画面，如图 2-13 所示。

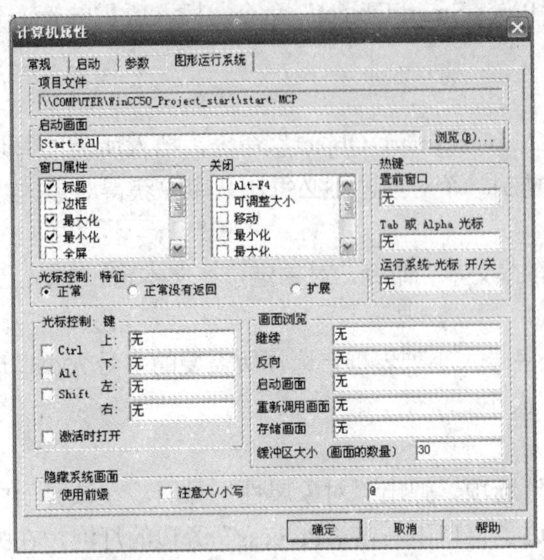


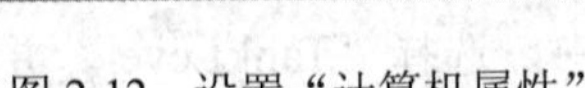

图 2-12　设置“计算机属性”

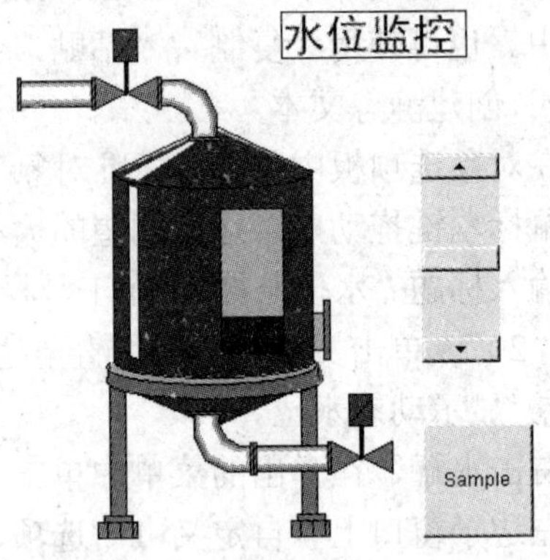


图 2-13　“WinCC 运行系统”画面

（8）使用模拟器测试过程画面

如果 WinCC 没有与正在工作的 PLC 连接，可以使用模拟器来测试相关项目。

选择 Windows 任务栏中的“开始”菜单→“SIMATIC”→“WinCC”→“Tool”→“Simulator”命令，在“WinCC 模拟器”对话框中选择要模拟的变量，选择“编辑”→“新建变量”命令，在“项目变量”对话框中选择内部变量“TankLevel”，单击“确定”按钮，在“属性”面板中，单击模拟器的类型“Inc”，输入起始值“0”、终止值“100”，勾选“激活”复选框，在变量面板中，将显示带修改值的变量。

## 2.3.2　按钮制作

（1）“启动”按钮制作

① 创建一个内部变量“start”，选择“数据类型”为“二进制变量”，如图 2-14 所示。

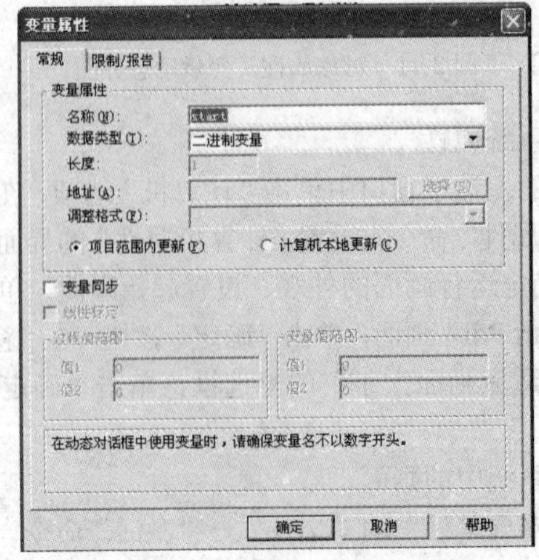


图 2-14　创建二进制变量

② 在图形编辑界面创建一个“启动”按钮。

在对象选项板中选择“Windows 对象”按钮，在文件窗口中单击放置按钮，用鼠标左键拖动对象来调节大小，一旦释放鼠标，将出现“按钮组态”对话框，在文本域中输入所选按钮的名称“启动”。

打开该按钮的“对象属性”对话框，选择“事件”标签，如图 2-15 所示。

选择“鼠标”，组态一个“按左键”事件，如图 2-16 所示。

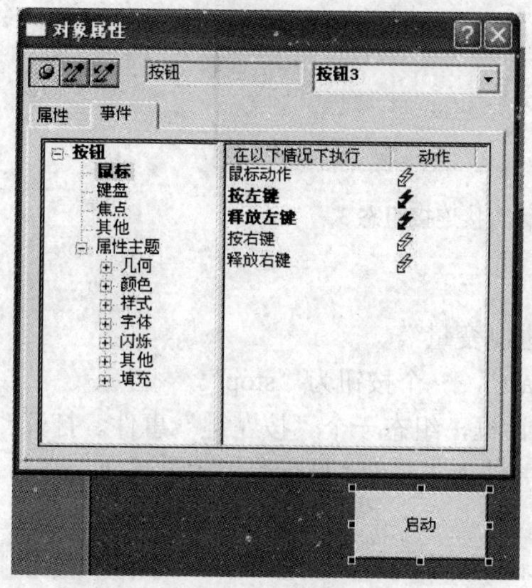


图 2-15 “对象属性”对话框

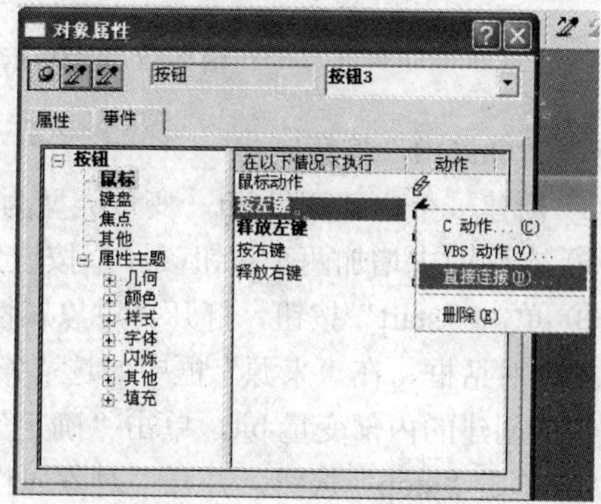


图 2-16 对按钮事件进行组态 1

右击“按左键”选择“直接连接”命令，打开“直接连接”对话框，如图 2-17 所示。在“来源”框中勾选“常数”并输入 1，在“目标”框中勾选“变量”，并选择先前创建的内部变量 start，单击“确定”按钮。

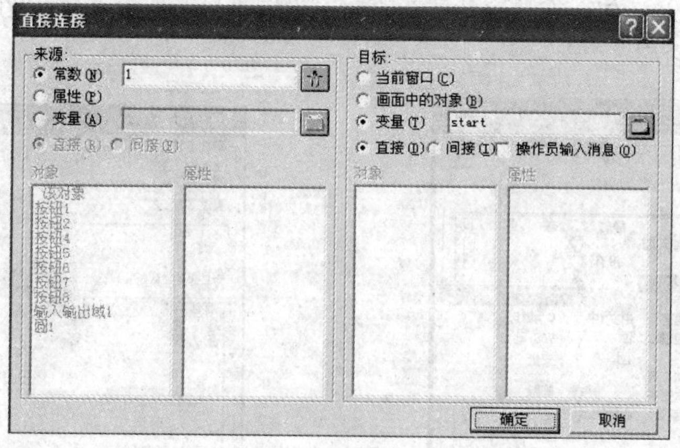


图 2-17 对按钮事件进行直接连接组态 2

再对“启动”按钮组态一个“释放左键”事件，打开“直接连接”对话框，如图 2-18 所示。在“来源”框中勾选“常数”并输入 0，在“目标”框中勾选“变量”，并选择先前创建的内部变量 start，单击“确定”按钮。

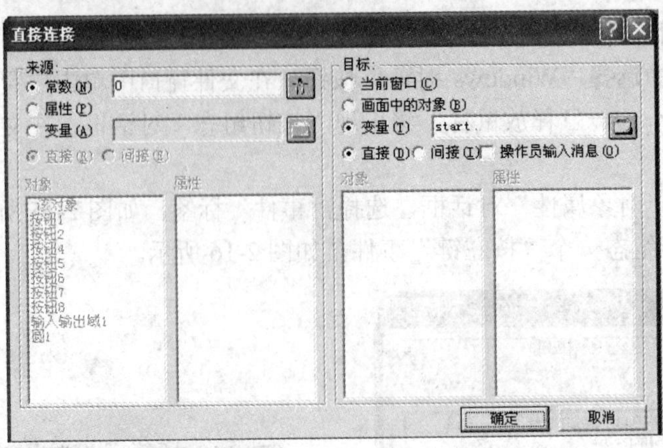


图 2-18　对按钮事件进行直接连接组态 3

（2）“On/Off” 按钮制作

① 新建一个内部变量 bit，变量类型为“二进制变量”。

② 在画面中增加两个按钮，一个按钮为“start”，一个按钮为“stop”。

③ 单击“start”按钮，打开“对象属性”对话框，组态一个“按左键”事件。打开“直接连接”对话框，在“来源”框中勾选“常数”并输入 1，在“目标”框中勾选“变量”，并选择先前创建的内部变量 bit，单击“确定”按钮。

④ 单击“stop”按钮，打开“对象属性”对话框，组态一个“按左键”事件，打开“直接连接”对话框，在“来源”框中勾选“常数”并输入 0，在“目标”框中勾选“变量”，并选择先前创建的内部变量 bit，单击“确定”按钮。

⑤ 单击“start”按钮，打开“对象属性”对话框，选择“属性”标签，对按钮的“显示”属性进行组态，组态一个“动态对话框”的连接，如图 2-19 所示。

打开“动态值范围”对话框，如图 2-20 所示。“数据类型”选择“布尔型”，在“表达式/公式”框中输入“'bit'==0”，在该表达式为真时，设置“显示”为“是”；在该表达式为假时，设置“显示”为“否”。

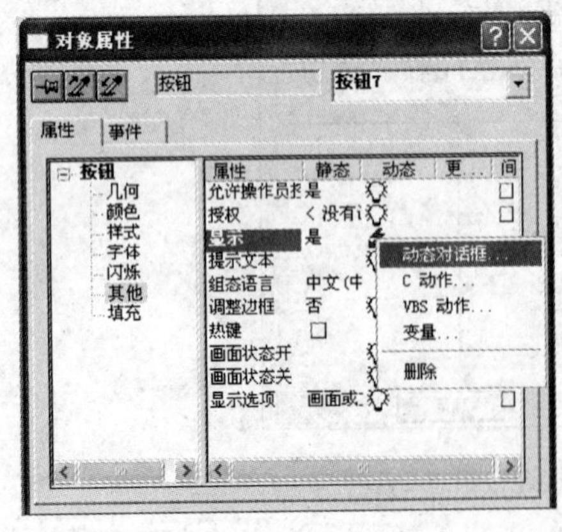


图 2-19　对按钮显示属性进行组态 1

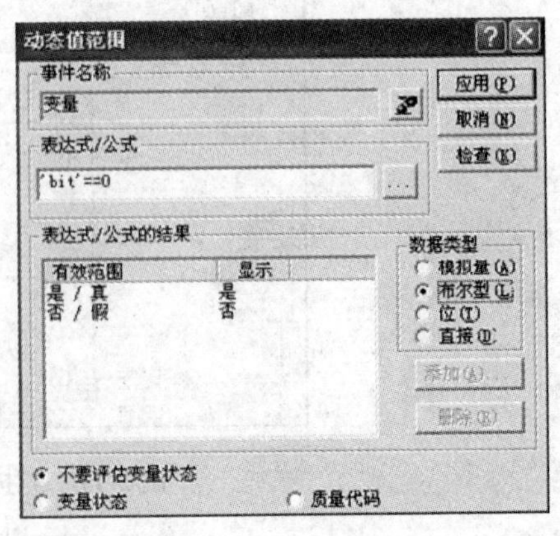


图 2-20　对按钮显示属性进行动态对话框组态 2

⑥ 单击“stop”按钮，打开“对象属性”对话框，选择“属性”标签，对按钮的“显示”属性进行组态，组态一个“动态对话框”的连接。打开“动态值范围”对话框，如图 2-21 所

示。“数据类型”选择“布尔型”，“表达式/公式”框中输入“'bit'==1”，在该表达式为真时，设置“显示”为“是”；在该表达式为假时，设置“显示”为“否”。

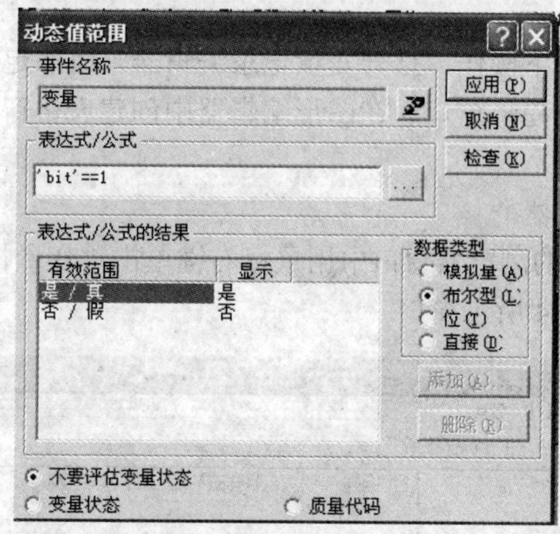


图 2-21 对按钮显示属性进行动态对话框组态 3

⑦ 将“start”按钮与“stop”按钮放到画面相近的位置。

⑧ 保存画面，激活工程项目并进行测试。

### 2.3.3 指示灯的制作

（1）先创建一个内部变量，以先前创建的“start”变量为例。

（2）在对象选项板上选择“标准对象”，创建一个圆形指示灯。选择“圆”，在画面中将圆拖放到大小合适的位置。

（3）打开“对象属性”对话框，如图 2-22 所示。选择“属性”标签，单击“闪烁”，将“闪烁背景激活”设置为“是”，对“闪烁背景颜色关”和“闪烁背景颜色开”创建一个“动态对话框”连接。

（4）打开“动态值范围”对话框，如图 2-23 所示。“数据类型”选择“布尔型”，在“表达式/公式”文本框中输入“'start'==1”，当该表达式为真时，将其颜色编辑为绿色；当该表达式为假时，将其颜色编辑为红色。设置完成单击“应用”按钮。

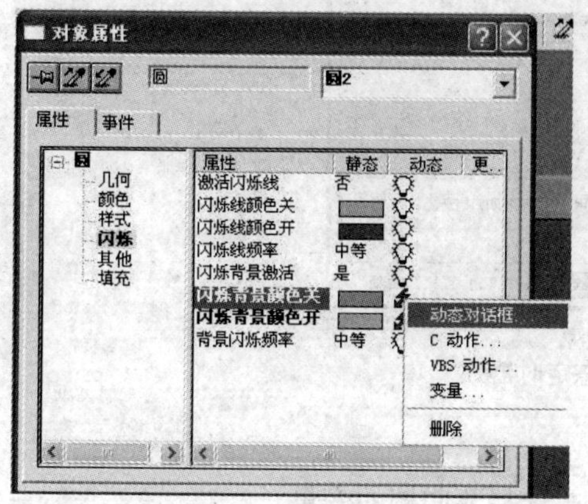


图 2-22 对指示灯进行组态 1

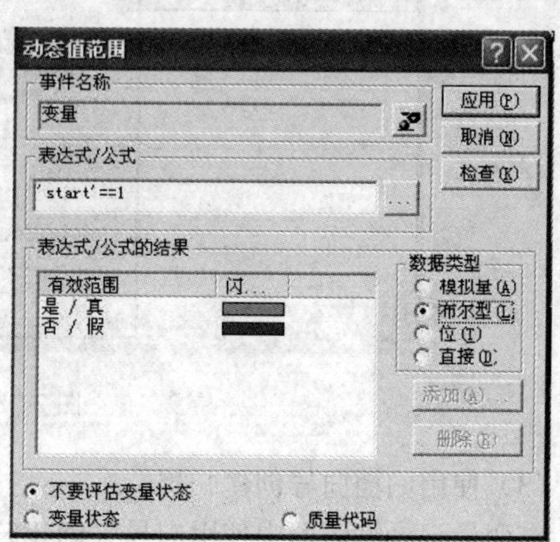


图 2-23 对指示灯进行组态 2

（5）保存画面，激活工程项目，单击先前制作的“启动”按钮进行测试。

## 2.3.4 过程值归档

过程值归档主要包括以下操作：打开变量记录编辑器、组态定时器、使用归档向导创建归档、在图形编辑器中创建趋势窗口、在图形编辑器中创建表格窗口、设置运行系统属性、激活项目等。

（1）打开变量记录编辑器

在 WinCC 资源管理器的浏览器窗口中用鼠标右键单击“变量记录”，从快捷菜单中选择“打开”命令，出现如图 2-24 所示窗口。

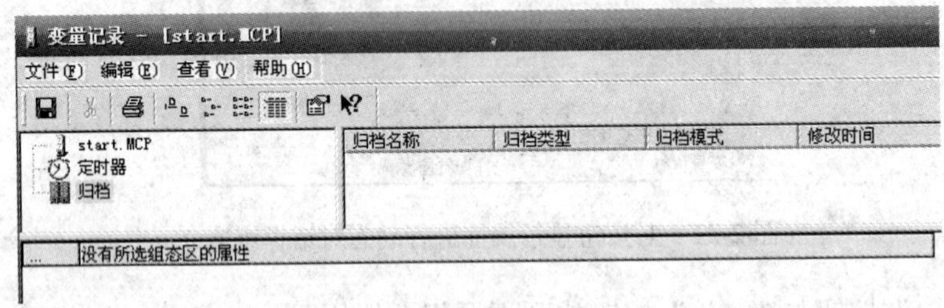


图 2-24 “变量记录”窗口

（2）组态定时器

右击定时器，创建新的时间间隔，在弹出的菜单中选择“新建”命令，在出现的“定时器属性”对话框中，输入“weekly”作为名称，在基准列表中选择“1 天”，输入“7”作为系数，单击“确定”按钮，如图 2-25 所示。

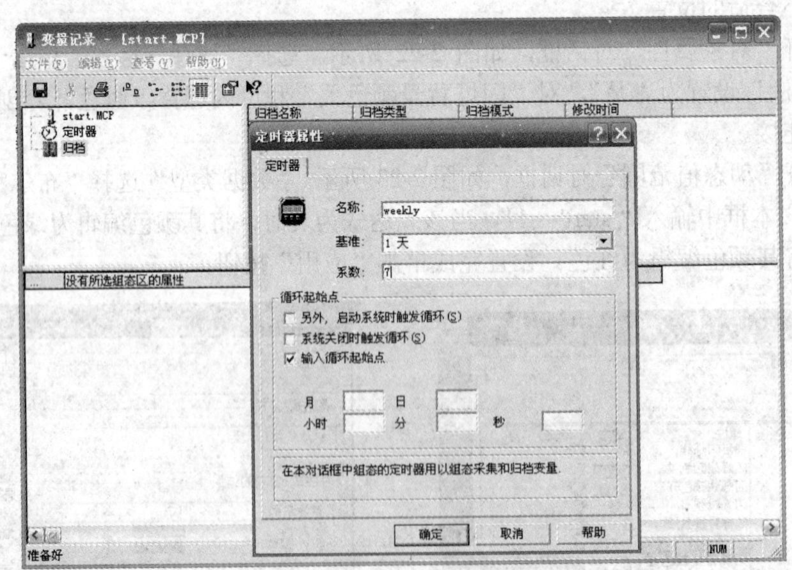


图 2-25 组态定时器

（3）使用归档向导创建归档

在变量记录编辑器中使用向导来创建归档，并选择要归档的变量。

在变量记录编辑器浏览窗口中用鼠标右键单击“归档”，在快捷菜单中选择“归档向导”

选项；在随后打开的第一个对话框中，单击“下一步”按钮，图 2-26 为“创建归档：步骤 1”的对话框，输入归档名称“TankLevel_Archive”，选择“归档类型”为“过程值归档”。

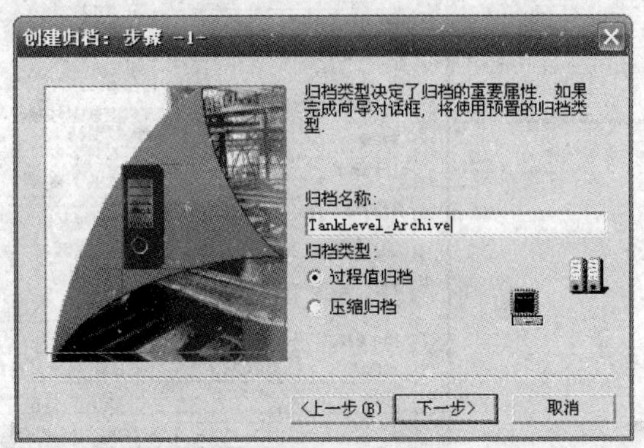


图 2-26　创建归档

单击“下一步”按钮，进入“创建归档：步骤 2”的对话框，单击“选择”按钮，并在“变量选择”对话框中选择“TankLevel”变量，单击“确定”按钮对输入进行确认，单击“应用”按钮退出归档向导。

在变量记录界面的表格窗口中单击鼠标右键，在弹出的菜单中单击“属性”选项，改变归档变量的名称为“TankLevel_Arch”，选择“参数”标签，在“周期”范围栏内输入下列数值：采集=1 秒，归档=1×1 秒，单击“确定”按钮完成过程值的组态。“TankLevel”变量将每秒采集 1 次，并作为“TankLevel_Arch”归档，单击保存图标关闭变量记录编辑器。

调用归档变量属性的界面如图 2-27 所示。

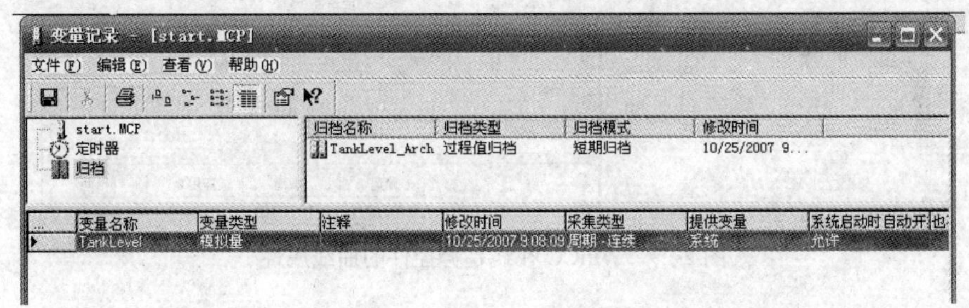


图 2-27　调用归档变量属性

（4）在图形编辑器中创建趋势窗口

趋势窗口是以图形的形式显示过程变量，在 WinCC 资源管理器的图形编辑器中创建并打开一个新的画面“TagLogging.Pdl”。在对象选项板中选择“控件”标签，再选择“WinCC Online Trend Control”控件，用鼠标将其拖到文件窗口，调到期望的大小，右击并打开文件窗口中的“WinCC Online Trend Control”控件，弹出如图 2-28 所示界面。

在组态对话框的“常规”标签中，输入“TankLevel_Curves”作为趋势窗口的标题，单击“曲线”标签，出现的曲线属性如图 2-29 所示，输入“TankLevel”作为曲线的名称。单击“选择”按钮，在弹出的“选择归档/变量”窗口中选择“TankLevel”变量，单击“确定”按钮。

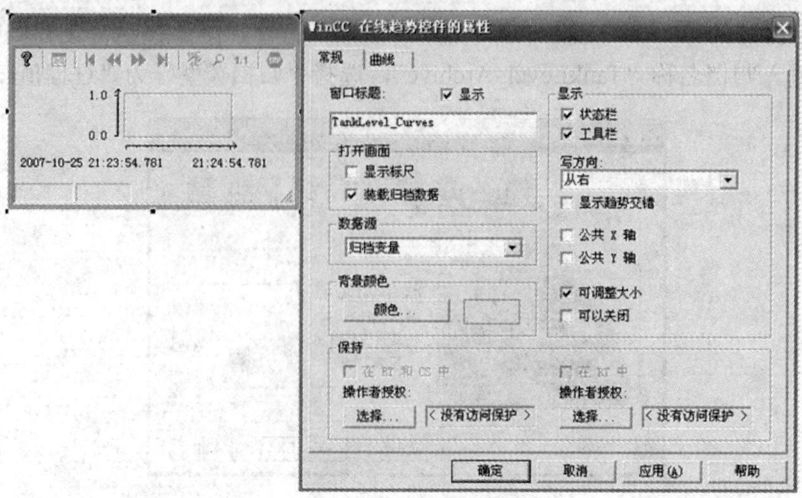

图 2-28 “WinCC 在线趋势控件的属性”对话框

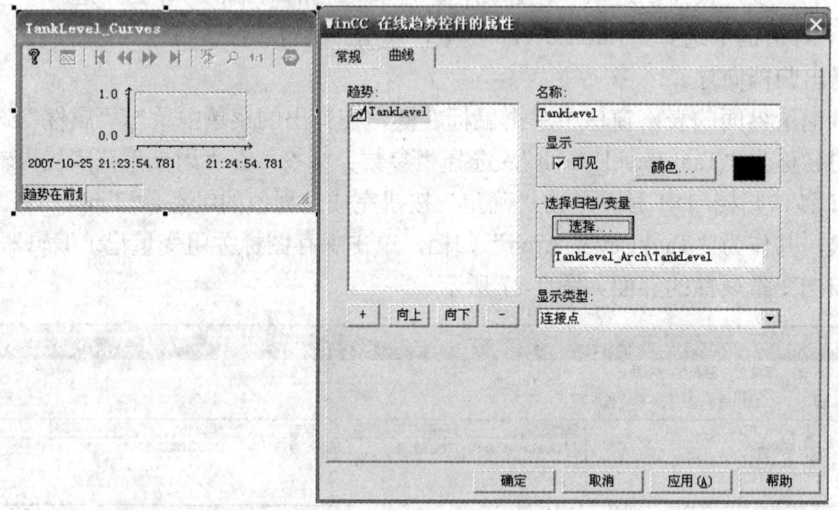

图 2-29 WinCC 在线趋势控件的曲线属性

（5）在图形编辑器中创建表格窗口

WinCC 也可以用表格的形式显示已归档的过程变量的历史值与当前值。在对象选项板中选择“控件”标签，再选择“WinCC Online Table Control”控件，用鼠标将其拖到文件窗口，调到期望的大小，右击并打开文件窗口中的“WinCC Online Table Control”控件，弹出快速组态对话框，如图 2-30 所示。

在组态对话框的“常规”标签中，输入“TankLevel_Table”作为表格窗口的标题，选择“列”标签，输入“TankLevel”作为“列”的名称，在弹出的“选择归档/变量”窗口中选择“TankLevel”变量，单击“确定”按钮，单击保存图标保存“Taglogging.Pdl”画面，使其最小化。

（6）设置运行系统属性

在 WinCC 资源管理器浏览器窗口中单击“计算机”按钮，在数据窗口中选择计算机名称，从快捷菜单中选择“属性”命令，单击“启动”标签，勾选“变量记录运行系统”复选框。

选择“图形运行系统”标签，单击“浏览”按钮，在“启动画面”对话框中选择“Taglogging.Pdl”选项，单击“确定”按钮结束“计算机属性”设置。

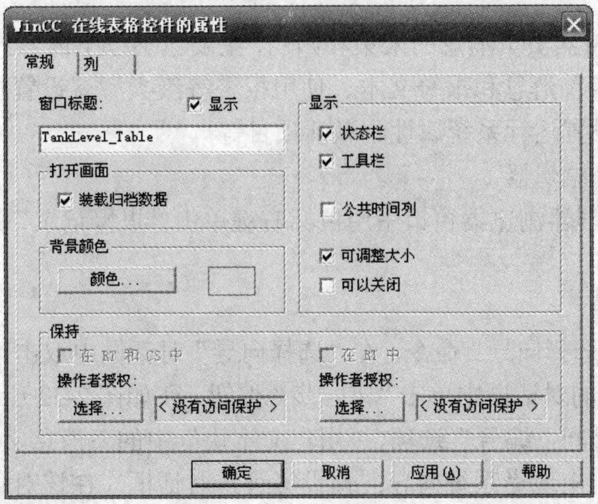

图 2-30　“WinCC 在线表格控件的属性”对话框

“计算机属性”设置界面如图 2-31 所示。

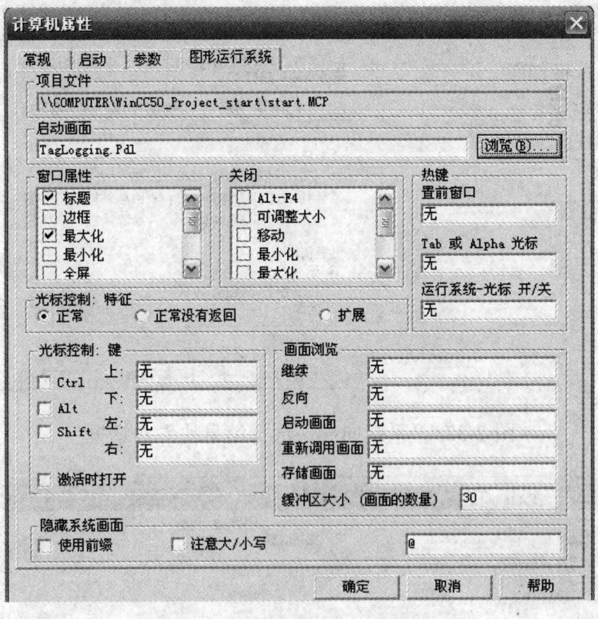

图 2-31　“计算机属性”设置

（7）激活项目

单击 WinCC 资源管理器工具栏中的“激活”按钮，可以显示趋势窗口在运行时间内的工作情况，也可选择“启动”上的 Windows 任务栏→“SIMATIC”→“WinCC”→“WinCC 模拟器”命令，激活模拟器，选择内部变量“TankLevel”，然后单击“确定”按钮。

在“属性”面板中，单击模拟器的“Inc”类型，输入“0”作为起始值，“10”作为结束值，勾选“激活”复选框，随后在“变量”面板中将显示带有各自新数值的变量。

单击 WinCC 资源管理器工具栏中的“取消激活”按钮，可取消激活 WinCC 项目。

### 2.3.5 组态报警记录

WinCC 的报警编辑器负责消息的采集和归档，主要包括以下内容：打开报警记录编辑器、启动系统向导、组态报警消息和报警文本、使用报警等级类型、设置报警颜色、组态模拟报警、创建报警画面、设置运行系统属性、激活项目等。

（1）打开报警记录编辑器

在 WinCC 资源管理器浏览器窗口中用鼠标右键单击“报警记录”组件，从快捷菜单中选择“打开”命令。

（2）启动系统向导

选择“文件”→“选择向导”命令，在“选择向导”对话框中双击“系统向导”，单击“确定”按钮，在随后出现的对话框中单击“下一步”按钮，在如图 2-32 所示对话框中，选择“系统块”中的“日期，时间，编号”选项、“用户文本块”中的“消息文本和错误位置”选项；单击“下一步”按钮，出现“系统向导：预设等级”对话框，在该对话框中选择“等级错误带有报警，故障和报警（到来确认）”，单击“下一步”按钮，出现如图 2-33 所示对话框，在该对话框中，选择“250 个消息的短期归档”，单击“下一步”按钮，在系统向导的最后一个对话框中显示由向导创建的元素概要，单击“完成”按钮。

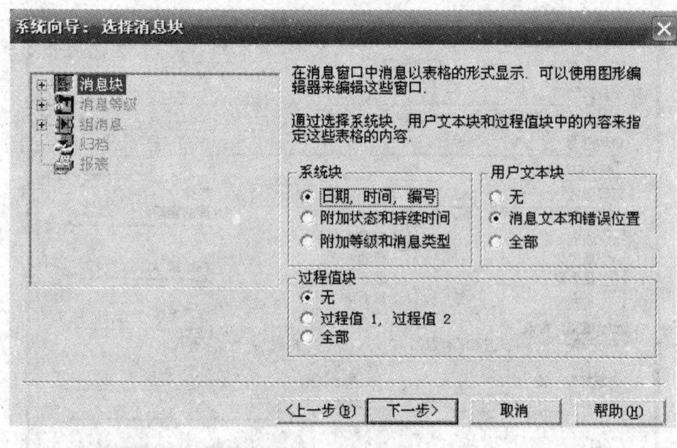


图 2-32 “系统向导：选择消息块”对话框

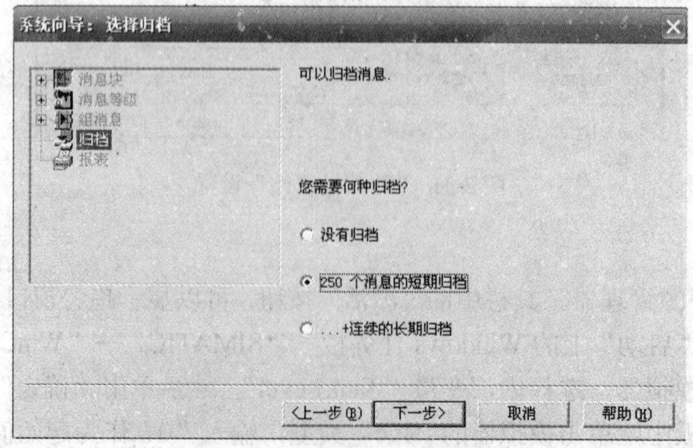


图 2-33 “系统向导：选择归档”对话框

(3) 组态报警消息和报警消息文本

① 改变用户文本块“消息文本”的长度。

在浏览器窗口中单击消息块前面的“+”图标，单击“用户文本块”选项，在数据窗口中右击“消息文本”，在弹出的菜单中选择“属性”选项，在随后出现的如图 2-34 所示对话框中输入数值“30”，单击“确定”按钮。

② 改变用户文本块“错误点”的长度。

在浏览器窗口中单击“用户文本块”选项，在数据窗口中右击“错误点”，在弹出的菜单中选择“属性”选项，在随后出现的如图 2-35 所示的对话框中输入数值“25”，单击“确定”按钮。

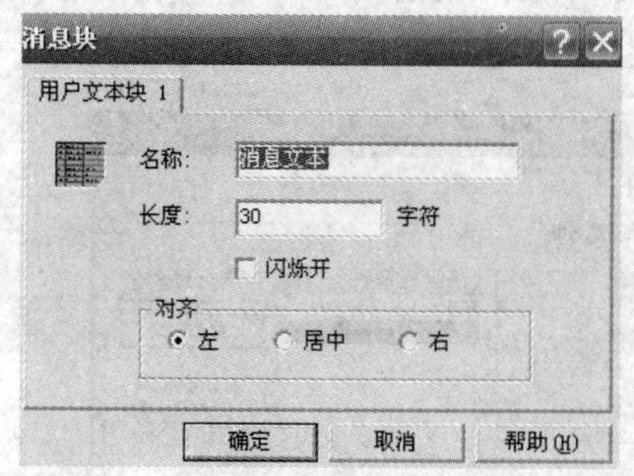


图 2-34　改变“消息文本”长度

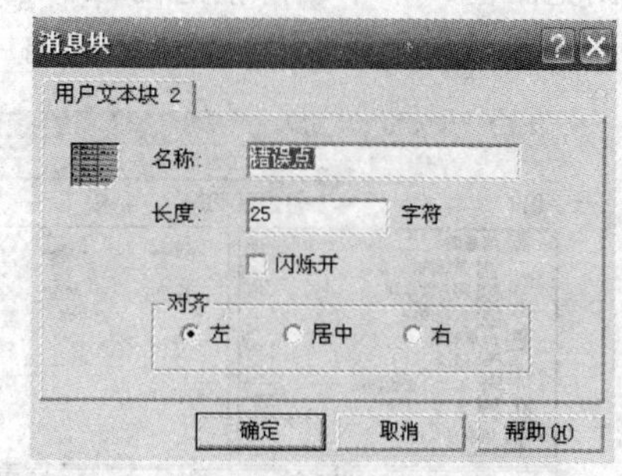


图 2-35　改变“错误点”长度

③ 组态第一条报警消息。

在表格窗口的第 1 行上双击“消息变量”列，在打开的对话框中选择“TankLevel”变量，单击“确定”按钮。双击表格窗口的第 1 行的“消息位”列，输入数值“2”并回车，该数字表示第 1 行的报警将在 16 位“TankLevel”变量右边第 3 位被置位时触发；双击第 1 行的“消息文本”列，输入文本“填充量输出”；双击第 1 行的“错误点”列，输入文本“罐”。

④ 组态第二条报警消息。

用鼠标右键单击表格窗口第一列中的数字“1”，从快捷菜单中选择“添加新行”命令，双击第 2 行的“消息变量”列，在弹出的对话框中选择“TankLevel”变量，然后单击“确定”按钮；双击第 2 行的“消息位”列，输入数字“3”，该数字表示第 1 行的报警将在 16 位“TankLevel”变量右边第 4 位被置位时触发；双击第 2 行的“消息文本”列，输入文本“罐已空”；双击第 2 行的“错误点”列，输入文本“罐”。

⑤ 组态第三条报警消息。

用鼠标右键单击表格窗口第一列的数字“2”，从快捷菜单中选择“添加新行”命令，双击第 3 行的“消息变量”列，在弹出的对话框中选择“TankLevel”变量，然后单击“确定”按钮；双击第 3 行的“消息位”列，输入数字“4”，该数字表示第 1 行的报警将在 16 位“TankLevel”变量右边第 5 位被置位时触发；双击第 3 行的“消息文本”列，输入文本“泵故障”；双击第 3 行的“错误点”列，输入文本“泵”。

组态消息文本的结果如图 2-36 所示。

(4) 组态消息颜色

在运行系统中，不同类型信息的不同状态可以用不同的颜色表示，以便快速识别出报警的类型和状态。

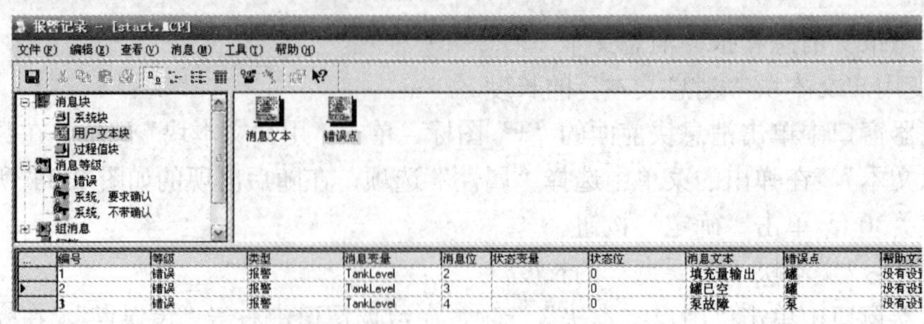

图 2-36　组态消息文本

在浏览器窗口中单击“消息等级”前的“+”图标，选择消息等级“错误”，在数据窗口中用鼠标右键单击“报警”，在快捷菜单中选择“属性”命令，如图 2-37 所示。

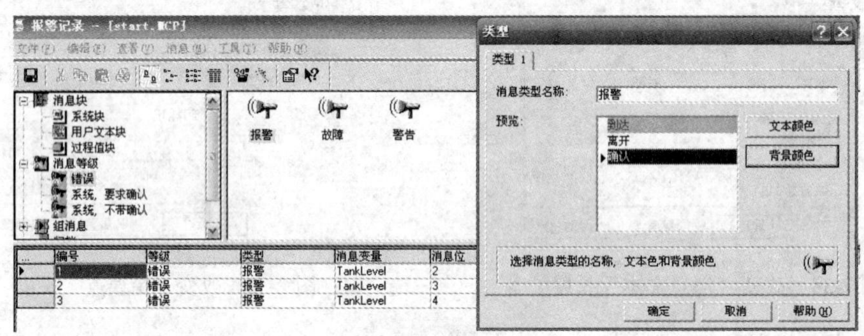

图 2-37　组态报警消息的颜色

在打开的“类型”对话框中，可以根据报警的状态设置报警文本的颜色和背景颜色，在“类型”对话框的预览区选择“到达”（表示报警已激活），单击“文本颜色”按钮，在“颜色选择”对话框中选择自己希望的颜色，如“白色”；单击“背景颜色”按钮，在“颜色选择”对话框中选择“红色”，单击“确定”按钮。

在“类型”对话框的预览区选择“离开”（表示报警已消失），用同样的方法选择报警消失时文本颜色和背景颜色分别为“黑色”和“黄色”。

在“类型”对话框的预览区选择“确认”（表示报警已激活且已确认），用同样的方法选择报警确认时文本颜色和背景颜色分别为“白色”和“蓝色”。

（5）组态极限值的监控并设置极限值

① 组态极限值的监控。

通过对极限值的组态，可以保证监控变量处于设定的限制内。在报警记录的菜单栏中选择“工具”→“加载项”命令，在“加载项”对话框中激活“模拟量报警”组件，如图 2-38 所示。单击“确定”按钮，此时，模拟量报警出现在浏览窗口消息等级的下面，在数据窗口中右击“模拟量报警”，在弹出的菜单中选择“新建”命令。在出现的如图 2-39 所示“属性”对话框中，设置要监控的变量和类型。

单击对话框中的 按钮，选择一个已建立的变量，在随后出现的选择变量对话框中，选择一个可用的变量或者建立一个新的变量，下面介绍建立新变量的方法。

在“变量－项目”窗口单击 按钮创建变量，在变量“属性”对话框中，输入“AnalogAlarm”作为新变量的名称，选择数据类型为“无符号 16 位数”，单击“确定”按钮。在变量“属性”对话框的左边选择“内部变量”，在变量选择对话框的右边选择“AnalogAlarm”，单击“确定”

按钮，组态监控变量的结果如图 2-40 所示。

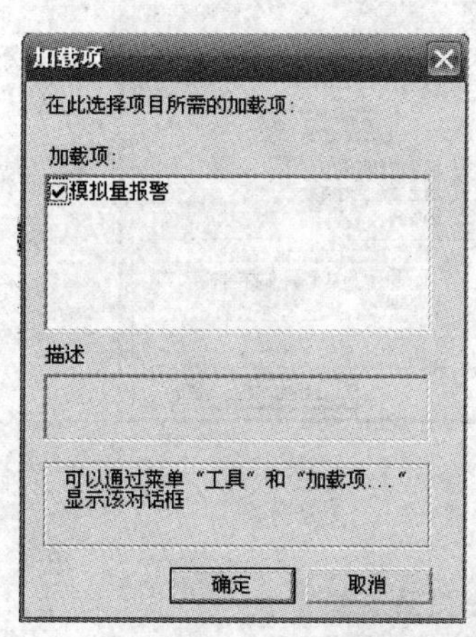


图 2-38　选择加载项

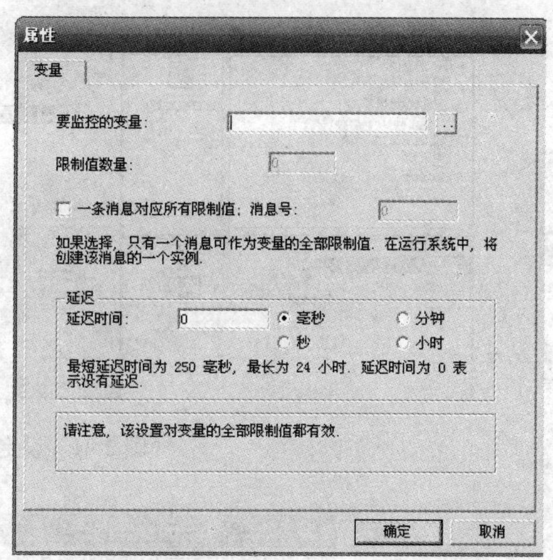


图 2-39　监控变量的属性

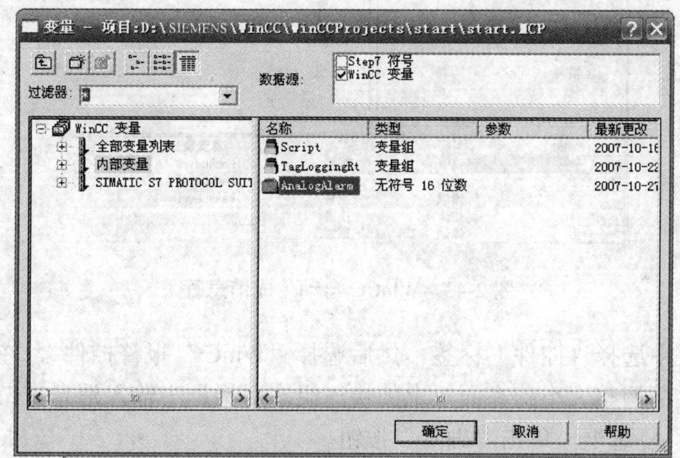


图 2-40　组态监控变量的结果

② 设置极限值。

右击所建的变量“AnalogAlarm”，在弹出的菜单中选择“新建”命令，在随后出现的“属性”对话框中激活“上限”点，输入上限值“90”，在滞后项目下，激活“均有效”，输入“4”作为消息编号，如图 2-41 所示。

采取同样的方法，可设定下限值“10”。设定完成后，WinCC 自动生成消息行，如图 2-42 所示。

（6）创建报警画面

① 报警组态窗口。

插入报警窗口，操作方法与前面趋势图或表格显示的方法相同，打开图形编辑器，创建一个名为“AlarmLogging.Pdl”的画面，然后按下述步骤操作。

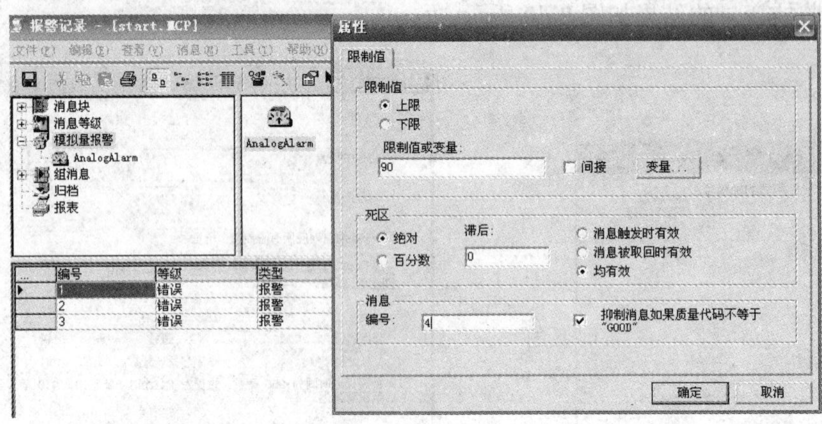

图 2-41　设定上限值

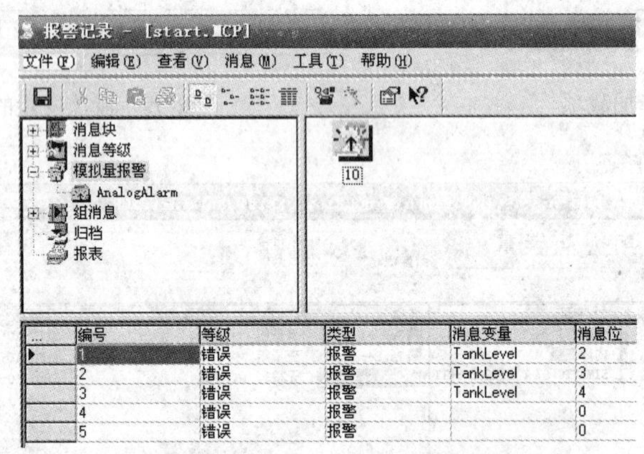

图 2-42　WinCC 自动生成消息行

在对象选项板中选择“控件”标签，然后选择“WinCC 报警控件”，在文件窗口中单击放置控件，拖动鼠标调整大小；在面板上的快速组态对话框中输入消息窗口的标题“供水系统”，勾选“显示”复选框，单击“确定”按钮。

双击“WinCC 报警控件”，选择“属性”对话框中的“报警行”标签，使用“移动”项目，把全部报警块传送给报警行中的枚举项目，单击“确定”按钮。

② I/O 域组态。

在对象选项板上选择“标准”→“智能对象”→“I/O 域”命令，在文件窗口中单击放置按钮，拖动鼠标调整大小。在“I/O 域组态”对话框中，单击按钮，选择与 I/O 域相连的变量，选择更新周期为 500 毫秒，单击“确定”按钮，如图 2-43 所示。

③ 建立滚动条。

在对象选项板中选择“标准”→“Windows 对象”→“滚动条对象”命令，在文件窗口中单击放置按钮，拖动滚动条调整大小。右击文件窗口中“滚动条对象”，弹出快速组态对话框，在随后出现的“滚动条组态”对话框中，单击按钮，选择要连接到 I/O 域的变量，选择更新周期为 500 毫秒，在“方向”中选择“水平”，单击“确定”按钮，如图 2-44 所示。

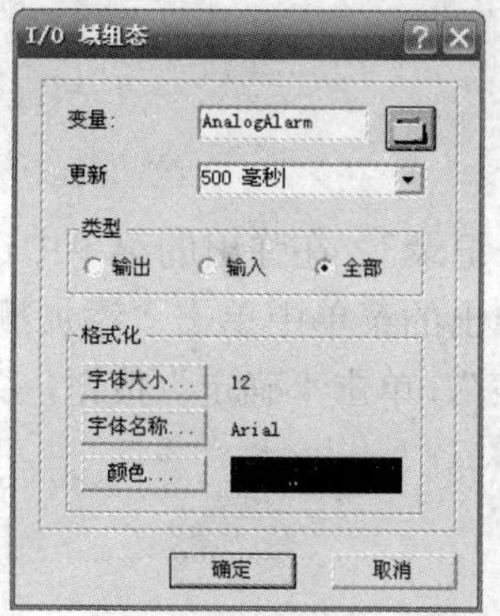

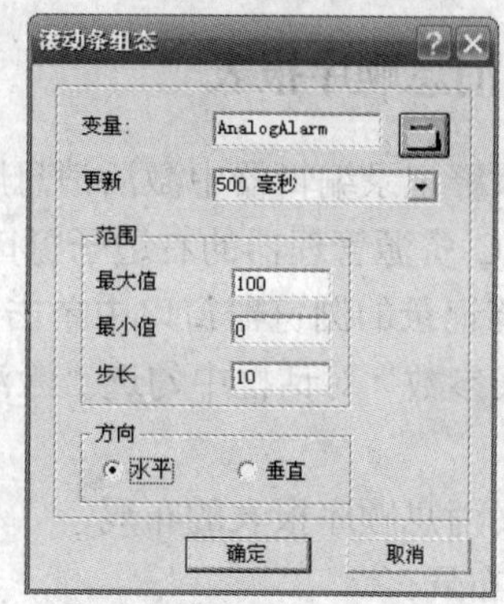


图 2-43　“I/O 域组态”对话框　　　　图 2-44　建立滚动条

（7）设置运行系统属性

在 WinCC 资源管理器的浏览器窗口中单击“计算机”，在右边数据窗口中单击计算机名称，从快捷菜单中选择“属性”命令，然后打开如图 2-45 所示的对话框，选择“启动”标签，勾选“报警记录运行系统”复选框，此时系统自动激活“文本库运行系统”；选择“图形运行系统”标签，单击“编辑”按钮，选择一个起始画面，然后在起始画面对话框中选择画面“AlarmLogging.Pdl”，单击“确定”按钮，即完成了运行系统属性设置。

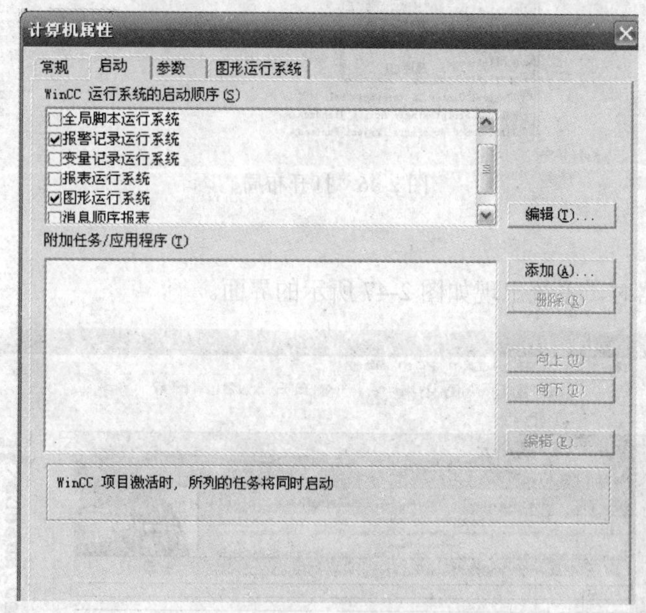


图 2-45　“计算机属性”对话框

（8）激活项目

单击 WinCC 资源管理器工具栏中的“激活”按钮，即可显示报警窗口在运行系统中的工作情况。在运行系统中，单击报警窗口工具栏中的“报警列表”按钮，可浏览当前的报警列表。

单击工具栏中的“单个确认”按钮，用来确认单个消息，用“组确认”按钮确认组报警，单击“短期归档”按钮，浏览前 250 个已归档的报警列表。

### 2.3.6 打印消息顺序报表

（1）在报警记录编辑器中激活消息顺序报表

在 WinCC 资源管理器的右边子窗口中右击“报警记录”，在弹出的菜单中选择“打开”命令，在报警记录的浏览器窗口中单击“报表”，在弹出的菜单中单击“添加/删除”按钮；在“分配报表参数”对话框中勾选“激活消息顺序报表”，单击“确定”按钮，关闭报警记录编辑器。

（2）定义消息顺序报表的布局

① 报表布局。

在 WinCC 资源管理器的左边子窗口中选择“报表编辑器”前面的“+”图标，单击“布局”，在 WinCC 资源管理器的右边子窗口中右击“@alrtmef.rpl”，在弹出的菜单中选择“打开布局”命令，如图 2-46 所示。

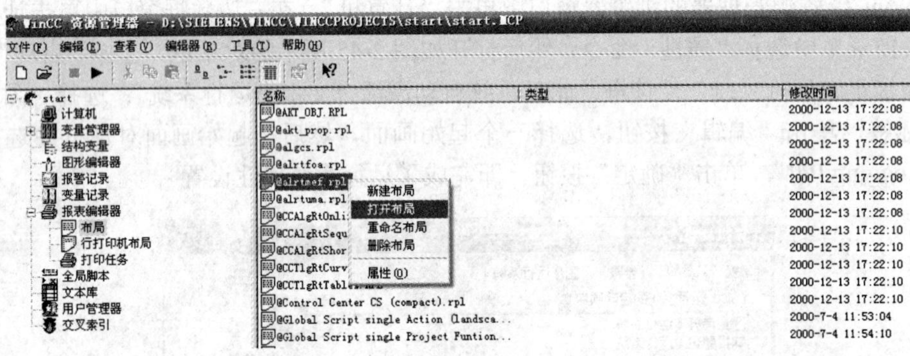


图 2-46　打开布局

② 报表编辑器。

打开报表编辑器时，系统出现如图 2-47 所示的界面。

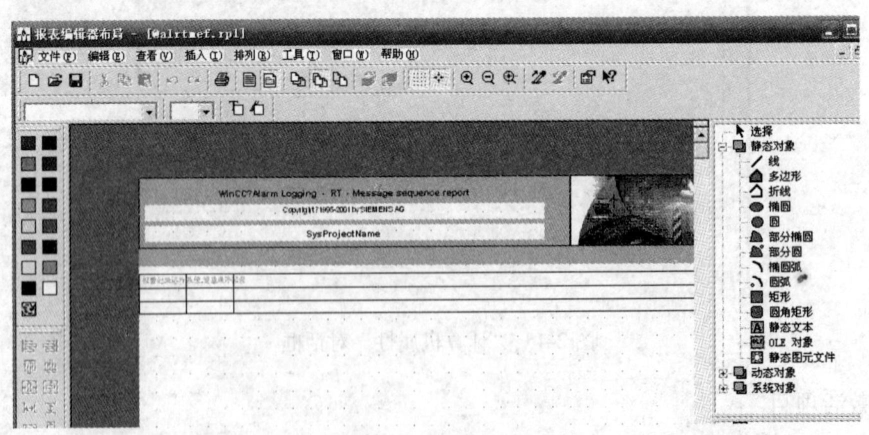


图 2-47　报表编辑器

如果要调整对象选项板和样式选项板的大小，首先将鼠标指针移到选项板的框架上，按住鼠标左键，将其拖到文件窗口；将鼠标指针移到选项板的框架上，确定指针变成黑色的双箭头时，按下鼠标，拖动选项板的框架，调整到期望的大小。

③ 编辑布局。

在消息顺序报表的布局中，右击表格，在弹出的菜单中选择“属性”命令，在对象属性中单击“连接”标签，单击“连接新的”按钮，在出现的“连接”对话框中，选择“消息顺序报表”，单击“确定”按钮，如图 2-48 所示。

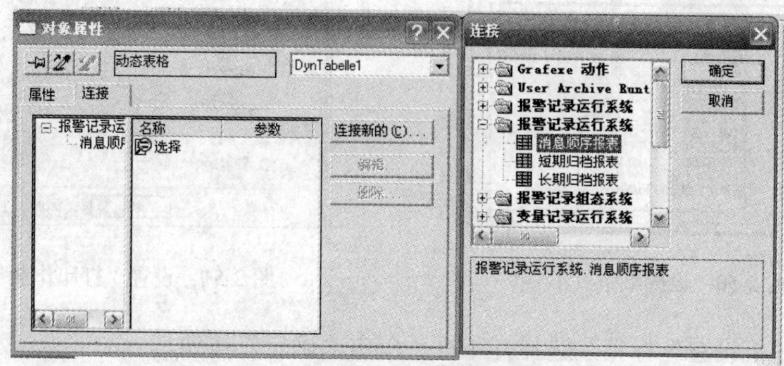


图 2-48 连接动态表格

在图 2-48“对象属性”对话框中，选择“连接”标签，再单击“编辑”按钮，确认在“报表的列顺序”域能够找到将在消息顺序报表中打印的所有消息块，单击“确定”按钮，如图 2-49 所示。

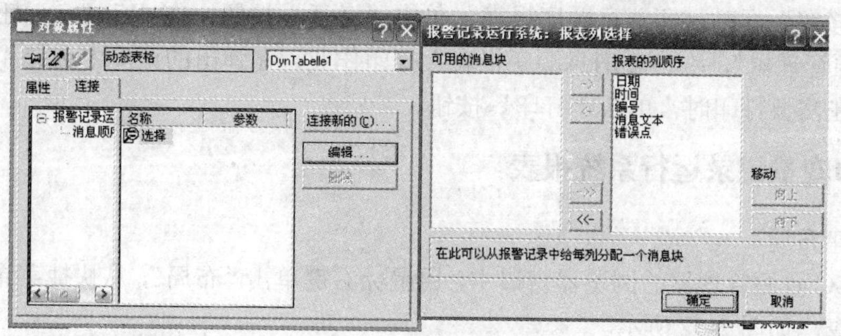


图 2-49 选择消息块

移动消息块的按钮可以改变将要打印的消息块的顺序，在“对象属性”对话框中，选择“属性”标签，再单击 图标，以固定对话框。单击布局中表格外的区域，编辑布局属性，在左边窗口中选择“几何”，检查右边子窗口中“纸张大小”。双击“纸张大小”，在出现的对话框中选择自己需要的纸张型号，单击“确定”按钮，再单击 按钮保存上述布局设置，设置过程如图 2-50 所示。

（3）设置打印作业参数

创建一个打印作业的过程如下：

在 WinCC 资源管理器的左边子窗口中右击“打印任务”，在弹出的菜单中选择“新建打印作业”命令，命名打印任务为“打印作业 001”。右击“打印作业 001”，在弹出的菜单中选择“属性”命令，将打印作业命名为“消息顺序报表”，在列表中选择“@alrtmef.rpl”作为要使用的布局，勾选“开始时间”复选框，如图 2-51 所示。

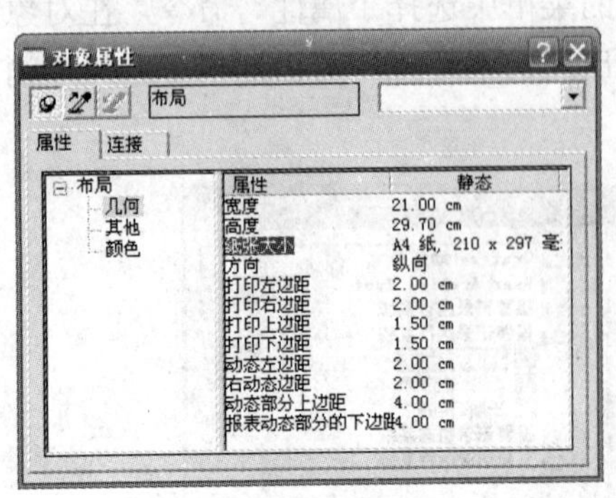


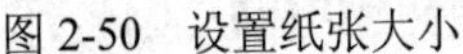
图 2-50　设置纸张大小

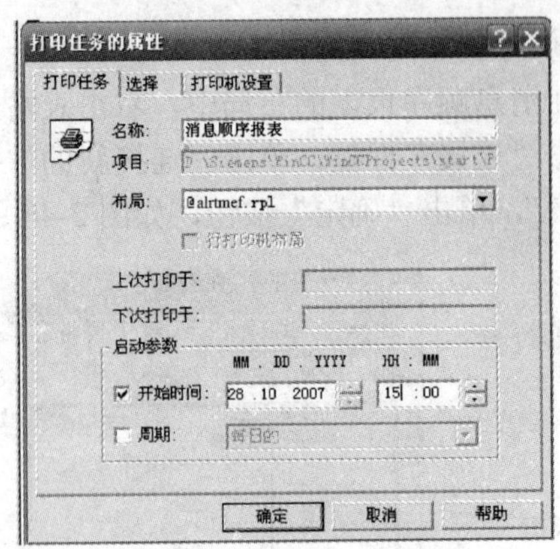


图 2-51　设置“打印作业”属性

选择“打印机设置”标签，选择打印机，单击“确定”按钮。

（4）设置启动参数

在 WinCC 资源管理器的左边子窗口中右击“计算机”，在弹出的菜单中选择“属性”命令，再单击“启动”按钮，勾选“报表运行系统”复选框，单击“确定”按钮，计算机属性设置完毕。

（5）激活项目

为了能够在运行时打印消息顺序报表，单击“激活”按钮，在 Windows 任务栏中单击“WinCC 资源管理器”，右击“消息顺序报表”打印作业，在弹出的菜单中选择“预览打印作业”命令。在需要打印时，单击“打印”按钮。

## 2.3.7　打印变量记录运行系统报表

（1）创建布局

在 WinCC 资源管理器的浏览器窗口中，用鼠标右键单击“布局”，从快捷菜单中选择“新建布局”命令，如图 2-52 所示。

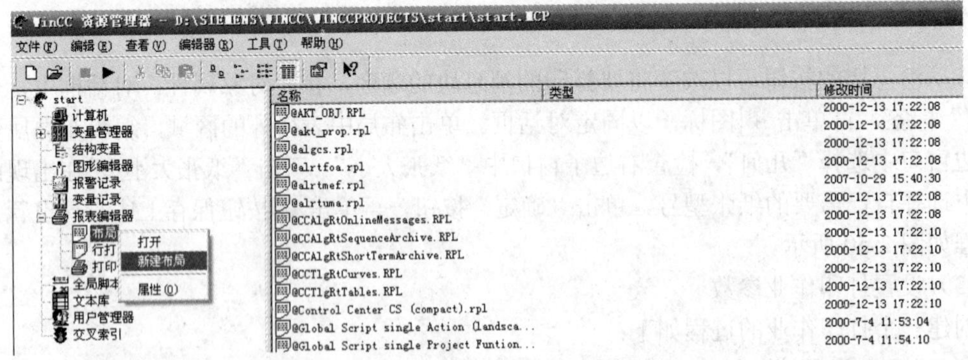


图 2-52　创建新的布局

名为“NewRPL00.RPL”的新布局将添加到 WinCC 资源管理器数据窗口中列表的末尾，用鼠标右键单击“NewRPL00.RPL”，从快捷菜单中选择“重新命名布局”命令，更名为“TagLogging.Rpl”。

（2）编辑静态部分

在 WinCC 资源管理器的数据窗口中双击新建的布局“TagLogging.Rpl”，打开报表编辑器，显示一个空白页，首先在静态部分添加日期/时间、页码、布局名称和项目名称，选择菜单中“视图”→“静态部分”命令，编辑页面的静态部分。单击“系统对象”选项板上的“日期/时间”，页面布局中显示事件和日期。

把对象放在左下角，按住鼠标拖动调整对象大小，用鼠标右键单击“日期/时间”对象，从快捷菜单中选择“属性”命令，在浏览器窗口中，单击“字体”；在数据窗口中，双击“X 对齐”，选择“左”；在数据窗口中，双击“Y 对齐”，选择“居中”。

根据同样的方法，在静态部分添加“项目名称”、“页码”及“布局名称”，然后调整对齐方式，还可以调整更多的属性，使外观更好看。

（3）编辑动态部分

选择菜单中“视图”→“动态部分”命令，编辑布局的动态部分。选择对象管理器的“运行系统”选项，从“变量记录运行系统”文件夹中选择“变量表格”；在页面布局的动态部分，按下鼠标拖动调整大小。

双击对象，打开“对象属性”对话框，选择“连接”，在出现的“连接”对话框中单击“变量记录运行系统”前面的“+”图标，选择“变量表格”，单击“确定”按钮，如图 2-53 所示。

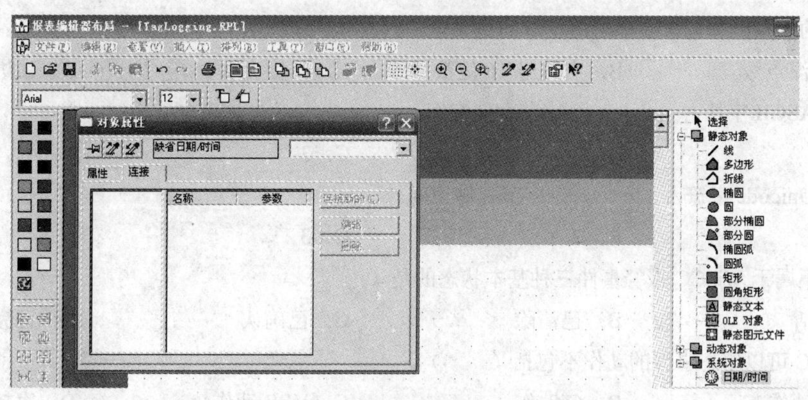


图 2-53　对象属性的设置

用鼠标右键单击表格，从快捷菜单中选择“属性”命令，单击“连接”按钮，在“连接”对话框的数据窗口中选择“变量选择”，单击“编辑”按钮。在“变量记录运行系统”对话框中单击“用于记录的变量选择”中的“添加”按钮，在“选择归档”对话框的浏览器窗口中单击“start”前面的“+”图标，在浏览器窗口中，选择“TankLevel_Archive”归档；在数据窗口中，选择“TankLevel_Arch”变量，单击“确定”按钮。

设置打印作业参数与激活项目与 2.3.6 小节介绍的方法类似。

## 延伸活动

| 序　号 | 安　排 | 活动内容 | 加　分 | 资　源 |
|---|---|---|---|---|
| 1 | 活动一：用 WinCC 实现一台电机正反转监控 | 组态 WinCC 监控画面，实现电机正反转启停，并且有电机状态显示 | 5 分 | 现场 |

续表

| 序号 | 安排 | 活动内容 | 加分 | 资源 |
|---|---|---|---|---|
| 2 | 活动二：用 WinCC 按钮实现多画面的切换 | 主画面和分画面的设计要求：<br>（1）主画面（画面 1）封口机控制按钮<br>（2）分画面（画面 2，画面 3）封口机状态显示<br>（3）实现主画面和分画面的切换 | 10 分 | 现场 |
| 3 | 活动三：十字路口交通灯的 WinCC 实现 | WinCC 项目要求：<br>（1）南北红灯亮 10s，东西绿灯亮 8s，黄灯亮 2s；东西红灯亮 10s，南北绿灯亮 8s，黄灯亮 2s<br>（2）绿灯亮相应方向小车运行，黄灯、红灯亮相应方向小车停止 | 10 分 | 现场 |

# 测 试 题

## 一、选择题

1．下面的变量能够包含多个简单变量的是（　　）。

A．32 位浮点数　　B．有符号 16 位数　　C．结构类型　　D．二进制数

2．每个 ASCII 字符占（　　）个字节存储空间。

A．1　　B．2　　C．3　　D．4

3．每个 Unicode 字符占（　　）个字节存储空间。

A．1　　B．2　　C．3　　D．4

4．下面不属于 WinCC 报警事件三种基本状态的是（　　）。

A．已激活　　B．已清除　　C．已确认　　D．已完成

5．WinCC 可以组态事件的动作不包括（　　）。

A．Java 动作　　B．C 动作　　C．VBS 动作　　D．直接连接

6．分布任务在多个服务器，减轻单个服务器的负荷的 WinCC 服务器类型是（　　）。

A．文件服务器　　B．长期归档服务器　　C．分布式服务器　　D．多用户服务器

7．下面不属于 WinCC 客户机类型的是（　　）。

A．归档客户机　　B．瘦客户机　　C．Web 客户机　　D．WinCC 客户机

8．语句“#include"apdefap.h"”属于（　　）脚本的预处理语句。

A．Java　　B．C　　C．VBS　　D．VC

9．C/S 结构是指（　　）结构。

A．客户机/服务器　　B．客户机/浏览器　　C．浏览器/服务器　　D．客户机/客户机

10．（　　）是指与 PLC 进行通信的变量。

A．内部变量　　B．直接变量　　C．外部变量　　D．间接变量

11．WinCC 与 CPU 314-2 DP 的 MPI 口相连，连接属性的插槽号设置为（　　）。

A．0　　B．1　　C．2　　D．3

## 二、简答题

1. WinCC 项目要全屏运行，应怎样设置？
2. WinCC 项目如果是从其他计算机复制过来的，应如何在本机运行？
3. WinCC 中如何创建及使用结构类型变量？
4. WinCC 常见通信方式驱动程序应如何建立？
5. 外部变量和内部变量如何建立及使用？
6. WinCC 变量如何归档？
7. WinCC 全局动作的触发器如何使用？
8. WinCC 和自动化系统的通信连接状态如何查看？
9. 在 WinCC 中如何使用 C 脚本组态事件动作完成两台电机的启动和停止控制，并显示电机状态？

# 项目三　多台设备之间的MPI通信

## 教学方案设计

| 教学程序 | 课堂活动 | 资　源 |
|---|---|---|
| 课题引入 | 目的：了解本单元任务，分析项目功能及控制要求，提出需要掌握的新知识、新设备<br>1. 分析任务书，了解本单元任务<br>2. 教师讲授MPI通信协议的基本概念、MPI网络的连接硬件、组建规则 | ● 项目任务书<br>● 多媒体设备<br>● 通信设备<br>● S7-300 PLC<br>● S7-200 PLC |
| 活动一 | 目的：掌握S7-300 PLC与S7-300 PLC的MPI通信设计<br>1. 教师讲授、演示全局数据库的MPI通信方法<br>2. 学生练习全局数据库的MPI通信方法<br>3. 学生完成两台S7-300 PLC之间的MPI通信编程及调试<br>4. 教师指导项目实施 | ● 教材<br>● 多媒体设备<br>● 编程器<br>● S7-300 PLC |
| 活动二 | 目的：掌握S7-300 PLC与S7-200 PLC的MPI通信设计<br>1. 教师讲授、演示单边编程的MPI通信方法<br>2. 学生练习单边编程的MPI通信方法<br>3. 学生完成S7-300 PLC与S7-200 PLC之间的MPI通信编程及调试<br>4. 教师指导项目实施 | ● 教材<br>● 多媒体设备<br>● 编程器<br>● S7-300 PLC<br>● S7-200 PLC |
| 活动三 | 目的：掌握S7-300 PLC与WinCC之间的MPI通信设计<br>1. 教师讲授、演示PLC与HMI之间的MPI通信方法<br>2. 学生练习PLC与HMI之间的MPI通信方法<br>3. 学生完成S7-300 PLC与WinCC之间的MPI通信编程及调试<br>4. 教师辅导、检查 | ● 教材<br>● 多媒体设备<br>● 编程器<br>● S7-300 PLC<br>● 上位机 |
| 活动四 | 目的：掌握S7-300 PLC与多台S7-300 PLC的MPI通信设计<br>1. 教师讲授、演示双边编程的MPI通信方法<br>2. 学生练习双边编程的MPI通信方法<br>3. 学生完成S7-300 PLC与多台S7-300 PLC之间的MPI通信编程及调试<br>4. 教师指导项目实施 | ● 教材<br>● 多媒体设备<br>● 编程器<br>● S7-300 PLC |
| 活动五 | 目的：检查与验收，查看学生在项目实施过程中对知识点的应用情况<br>1. 教师检查并考核项目的完成情况，包括功能的实现、工期、同组成员合作情况及存在的问题等<br>2. 教师检查是否简洁合理<br>3. 教师检查技术文件是否完整、规范 | ● 现场设备<br>● 完成的各种技术文件<br>● S7-300 PLC<br>● S7-200 PLC<br>● 上位机 |

续表

| 教学程序 | 课堂活动 | 资　源 |
|---|---|---|
| 活动六 | 目的：总结提高，帮助学生尽快提高综合能力和素质<br>1. 学生总结在工作过程中的经验教训和心得体会，总结对本单元知识点的掌握情况<br>2. 教师总结全班情况并提出改进意见 | ● 多媒体设备<br>● 各种技术文件 |

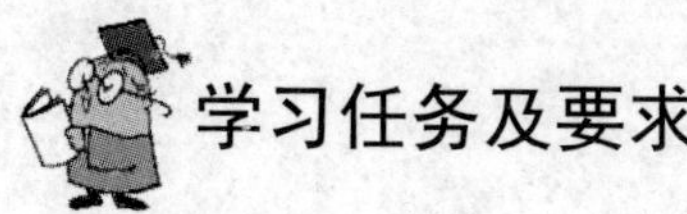

## 学习任务及要求

### 1. 学习任务说明

本单元要求了解MPI通信的基本概念，熟悉组建MPI网络的基本方法和连接规则，重点掌握几种常见的MPI通信方法。具体完成项目如下：

（1）两台S7-300 PLC之间的MPI通信设计。

（2）S7-300 PLC与S7-200 PLC的MPI通信设计。

（3）S7-300 PLC与WinCC的MPI通信设计。

（4）S7-300 PLC与多台S7-300 PLC的MPI通信设计。

### 2. 学习目的

（1）通过该单元的学习，进一步培养学生工程实践、自我学习的能力及团队协作精神。

（2）熟悉以下国家/行业相关规范与标准：

① 盘、柜及二次回路结线施工及验收规范GB 50171—2012。

② 电气设备安全设计导则GB 4064—83。

③ 国家电气设备安全技术规范GB 19517—2009。

④ 机械电气安全 机械电气设备：第一部分 通用技术条件GB 5226.1—2008。

⑤ 电热设备的安全：第一部分 通用要求GB 5959.1—2005。

⑥ 电气安全管理规程JBJ 6—80。

⑦ 电控设备：第二部分 装有电子器件的电控设备GB 3797—2005。

⑧ 用电安全导则GB/T 13869—2008。

（3）熟悉小型自动化MPI通信系统的设计、安装、调试方法：正确分析设计任务、掌握小型控制系统设计的工作流程及方法、总体设计思路、硬件设计、软件设计。

（4）熟悉系统调试方法与步骤。

（5）熟练掌握MPI通信协议的应用：MPI通信协议的基本概念、MPI网络的连接硬件、MPI网络的组建规则、常用MPI通信方法。

（6）能编写技术文件（参照规范与标准）：原理图、位置图、布线图、程序框图及程序清单、调试记录等。

（7）练习工程项目实施的方法和步骤。

### 3. 项目要求

（1）通过MPI通信，实现由一台S7-300 PLC侧的元器件控制另一台S7-300 PLC侧的设备（封口机）。

(2) 通过 MPI 通信，实现由一台 S7-300 PLC 侧的元器件控制另外几台 S7-300 PLC 侧的设备（封口机）。

(3) 通过 MPI 通信，实现由一台 S7-300 PLC 侧的元器件控制 S7-200 PLC 侧的设备（封口机）。

(4) 通过 MPI 通信，实现由上位机（WinCC）控制封口机的启停及传送带速度。

**4. 工作条件**

(1) 电源：220V，20kW。

(2) S7-300 PLC，CPU 313C-2 DP。

(3) S7-200 PLC，CPU 224。

(4) 封口机。

(5) 上位机。

**5. 需准备的资料**

S7-300 PLC 手册、MPI 资料、WinCC 使用手册、教材、封口机资料。

**6. 预习要求**

(1) 读懂 MPI 通信协议的基本概念。

(2) 预习 MPI 网络的连接硬件。

(3) 阅读 MPI 网络的组建规则。

(4) 阅读常用 MPI 通信方法。

(5) 了解相关的国家/行业标准。

(6) 复习 WinCC 知识。

**7. 重点或难点**

(1) 重点：MPI 通信方法的应用、控制方案的确定、项目的组织实施、技术文件的编写。

(2) 难点：方案确定、MPI 通信程序调试、编写技术文件。

**8. 学习方法建议**

(1) 认真观察教师的演示。

(2) 遇到问题要主动与同学、教师讨论。

(3) 要主动查阅相关资料。

(4) 项目实施中要主动、积极地自我完成。

(5) 在项目实施中遇到的问题一定要做好详细记录。

**9. 学生需完成的资料**

设计方案，原理图、位置图、布线图，调试记录，元件清单，项目进程表，程序框图及程序清单，项目及程序电子文档，个人总结。

**10. 总结与思考**

(1) 总结自己在项目中的得与失，以后要注意和改进的地方。

(2) 每做一步的时候要多思考，多问几个为什么。

（3）常见的 MPI 通信方法有哪些？

（4）查找通信出现应从哪些方面入手？

**11. 附件**

（1）环境要求：该设备安装于室内，环境温度为 25℃。

（2）该项目所需设备：每组多台 S7-300 PLC，一台 S7-200 PLC，WinCC 作为上位机。

通信是 PLC 应用过程中非常重要的部分，本项目重点介绍 MPI 通信的基本概念、组建 MPI 网络的基本方法，分别介绍无组态的单边通信和双边通信的方法、组态的连接通信方式，通过实例详细介绍全局数据通信的实现过程及 S7-300 PLC 与 HMI（人机界面）产品之间的 MPI 通信。

# 3.1 MPI 通信概述

MPI（Multi Point Interface）是多点接口的简称，是当通信速率要求不高、通信数据量不大时可以采用的一种简单经济的通信方式。通过 MPI 通信可组成小型 PLC 的网络连接，实现 PLC 之间的少量数据交换。通过 MPI 通信，PLC 可以同时与多种设备建立通信联系，如 PG/PC、S7-200/300/400 PLC、HMI（人机界面）等，连接的通信对象的个数与 CPU 的型号有关。

## 3.1.1 MPI 网络的组建

MPI 的物理层是 RS-485，仅用 MPI 接口构成的网络称为 MPI 分支网络（简称 MPI 网络）。两个或多个 MPI 分支网络由路由器或网间连接器连接起来，就能构成较复杂的网络结构，实现更大范围的设备互连，如图 3-1 所示。

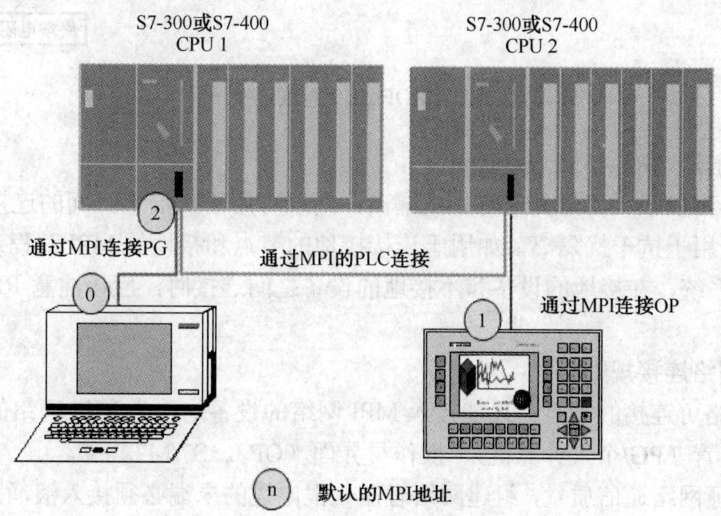


图 3-1　MPI 网络结构示意图

（1）MPI 网络连接部件

连接 MPI 网络常用到两种部件：网络插头和网络中继器。这两种部件也可用在 PROFIBUS 现场总线中（后面介绍）。

① 网络插头（LAN 插头）。

网络插头是节点的 MPI 口与网络电缆之间的连接器。网络插头有两种类型：一种带 PG 插座，另一种不带 PG 插座，如图 3-2 所示。

编程装置 PG 对 MPI 网络节点有两种工作方式：一种是 PG 固定地连接在 MPI 网上，则使用网络插头将其直接归并到 MPI 网络里；另一种是在对网络进行启动和维护时接入 PG，使用时才用一根分支线接到一个节点上。PG 固定连接时，可以用带有出入双电缆的双口网络插头（不带 PG 接口），上位计算机主板上则应插上 MPI/PROFIBUS 通信卡（如 CP 5512/CP 5611/ CP 5613）。如果 PG 是使用时才连接的，可以用带 PG 插座的网络接头，上位计算机则需使用 PC/MPI 适配器。

对于临时接入的 PG 节点，其 MPI 地址可设为 0，或设为最高 MPI 地址，如 126。然后用 S7 组态软件确定此 MPI 网所预设的最高地址，如果预设的小，则把网络里的最高 MPI 地址改为与这台 PG 一样的最高 MPI 地址。

为了保证网络通信质量，总线连接器或中继器上都设计了终端匹配电阻。组建通信网络时，在网络拓扑分支的末端节点需要接入浪涌匹配电阻。

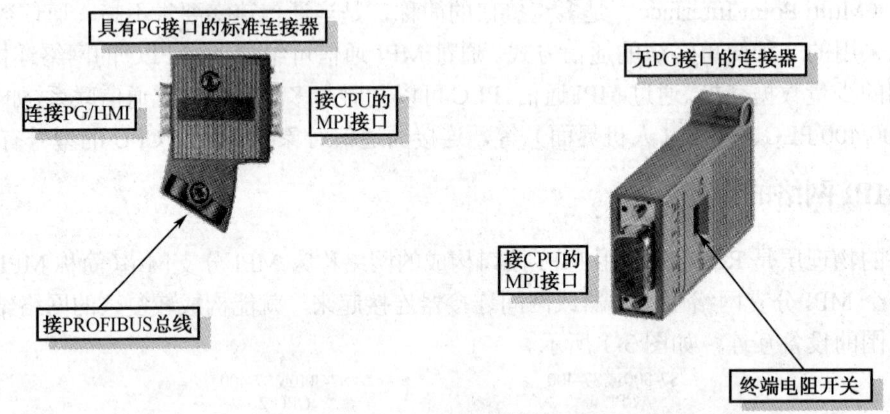


图 3-2　PROFIBUS 总线连接器

② 网络中继器（RS-485）。

网络中继器可以放大信号并带有光电隔离，所以可用于扩展节点间的连接距离（最多增大 20 倍）；也可用于抗干扰隔离，如用于连接接地的节点和接地的 MPI 编程装置的隔离器。对于 MPI 网络系统，在接地的设备和不接地的设备之间连接时，应该注意 RS-485 中继器的连接与使用。

（2）MPI 网络连接规则

① MPI 网络可连接的节点：凡能接入 MPI 网络的设备均称为 MPI 网络的节点。可接入的设备有编程装置（PG/个人计算机）、操作员界面（OP）、S7/M7 PLC。

② 为了保证网络通信质量，组建网络时在一根电缆的末端必须接入浪涌匹配电阻，也就是一个网络的第一个和最后一个节点处应接通终端电阻（一般西门子专用连接器中都自带终端匹配电阻）。

③ 两个终端电阻之间的总线电缆称为段（segments）。每个段最多可有 32 个节点（默认值为 16），每段最长为 50m（从第一个节点到最后一个节点的最长距离）。

④ 如果站点之间没有其他站，且距离大于 50m，可采用 RS-485 中继器来扩展节点间的

连接距离，两个站点之间最大距离为 1000m。如果两个中继器之间也有 MPI 站，那么每个中继器只能扩展 50m，如图 3-3 所示，连接电缆为 PROFIBUS 电缆（屏蔽双绞线），网络插头（PROFIBUS 接头）带有终端电阻，如图 3-4 所示，如果用其他电缆和接头不能保证标称的通信距离和通信速率。

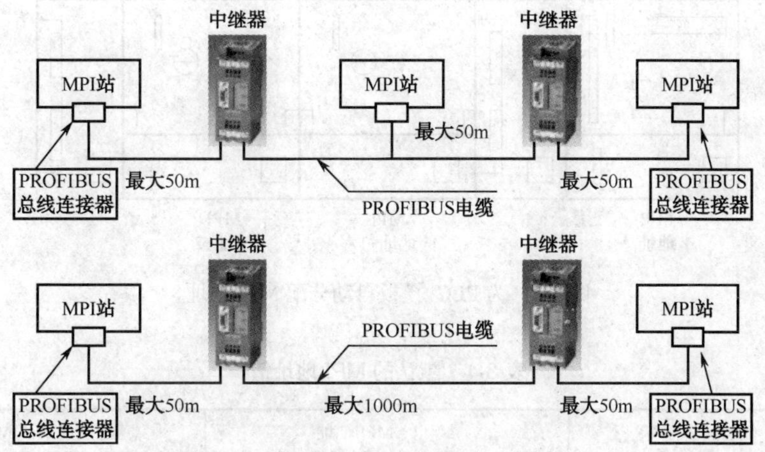


图 3-3　采用中继器延长网络连接距离

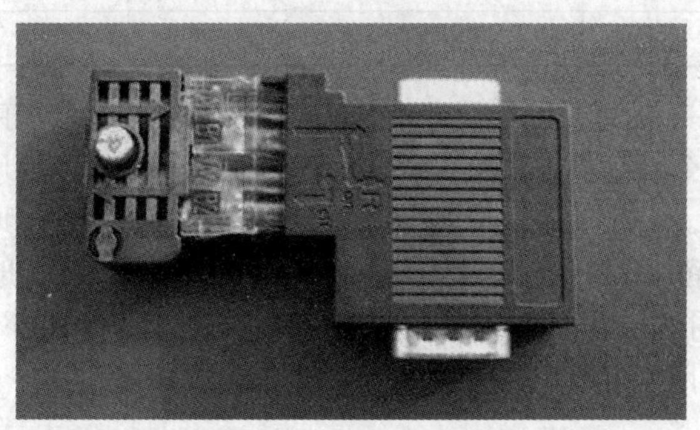

图 3-4　PROFIBUS 总线连接器

⑤ 如果总线电缆不直接连接到总线连接器（网络插头）而必须采用分支线电缆时，分支线的长度是与分支线的数量有关的，一根分支线时最大长度可以是 10m，分支线最多为 6 根，其每根长度限定在 5m。

⑥ 只有在启动或维护时需要用的那些编程装置才用分支线把它们接到 MPI 网络上，且在将一个新的节点接入 MPI 网络之前，必须关掉电源。

（3）MPI 网络参数及编址

MPI 网络符合 RS-485 标准，最大的波特率为 12Mbps，默认的传输速率为 187.5Kbps（连接 S7-200 时为 19.2Kbps）。在 MPI 网上的每一个节点都有一个网络地址，称为 MPI 地址。MPI 地址的编址规则：

① MPI 网络有一个网号，在组建 MPI 网络之前，要为每一个节点分配一个 MPI 地址，使所有通过 MPI 连接的节点能够相互通信。分配 MPI 地址要注意：一个网络中，各节点要设置相同网络号；各节点 MPI 地址不能重复。

② 节点 MPI 地址号不能大于给出的最高 MPI 地址号，最高地址号可以是 126。为提高

MPI 网络节点通信速度，最高 MPI 地址应设置得较小。

③ 如果机架上安装有功能模块（FM）和通信模板，则它们的 MPI 地址是由 CPU 的 MPI 地址顺序加 1 构成的，如图 3-5 所示。表 3-1 给出了出厂时一些装置默认的 MPI 地址值。

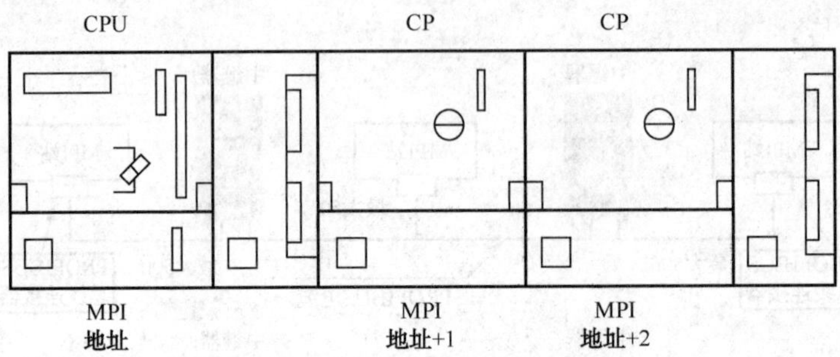


图 3-5　为 PLC 模板自动分配 MPI 地址

表 3-1　默认的 MPI 地址值

| 节点（装置） | 默认的 MPI 地址 | 默认的最高 MPI 地址 |
|---|---|---|
| PG | 0 | 15 |
| OP | 1 | 15 |
| CPU | 2 | 15 |

按上述规则组建的一个 MPI 网络及地址分配示例如图 3-6 所示。可用 STEP 7 软件包中的 Configuration 功能为每个网络节点分配一个 MPI 地址和最高地址，地址一般标在该节点外壳上，用户看起来很方便。分配地址时可对 PG、OP、CP、FM 等进行地址排序。网络中可以为一台维护用的 PG 预留 MPI 地址 0，为一台维护用的 OP 预留 MPI 地址 1，PG 和 OP 地址应该是不同的；图 3-6 中分支虚线表示只在启动或维护时才接到 MPI 网的 PG 或 OP，需要它们时可以很方便地接入网内。

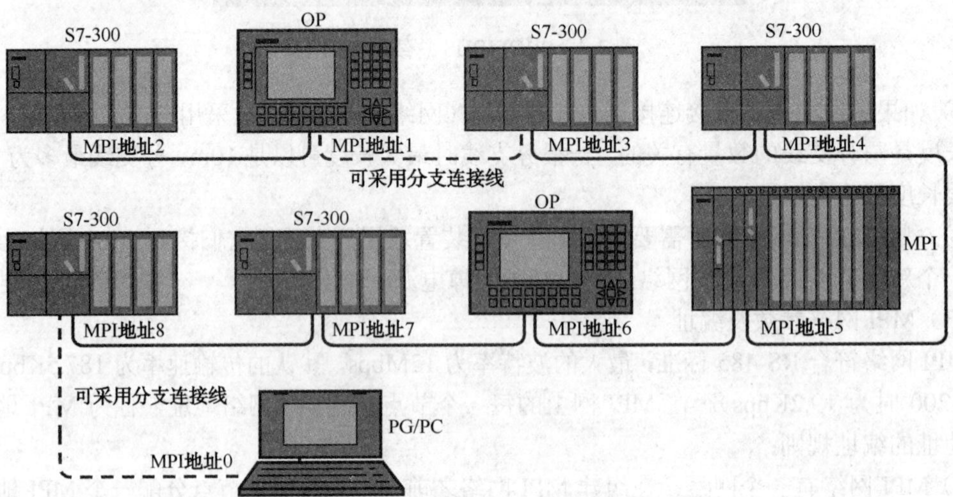


图 3-6　MPI 网络及地址分配示例

### 3.1.2　设置 MPI 参数

设置 MPI 参数可分为两部分：PLC 侧和 PC 侧 MPI 的参数设置。

（1）PLC 侧的参数设置

① 在通过 HW Config 进行硬件组态时双击“CPU 313C”后出现如图 3-7 所示界面。

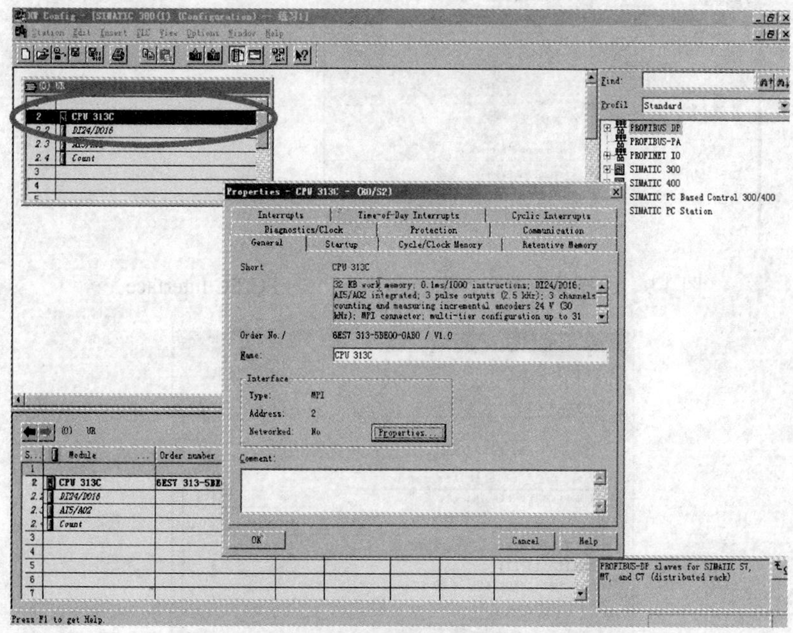

图 3-7　在“HW Config”对话框中配置硬件

② 再单击图中的“Properties”按钮来设置 CPU 的 MPI 属性，包括地址及通信速率，如图 3-8 所示。

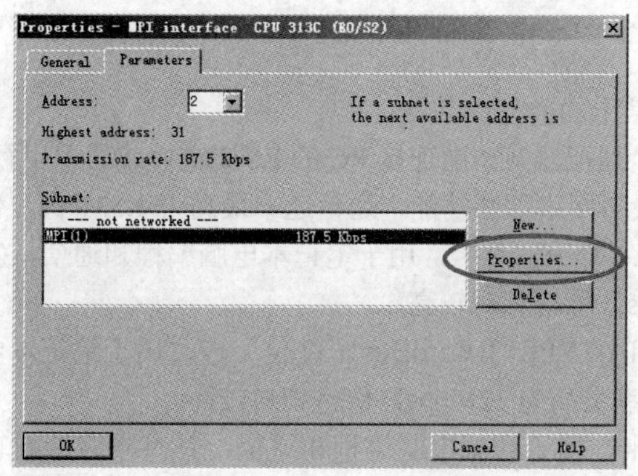

图 3-8　设置 CPU 的 MPI 属性

**注意**：在通常应用中不要改变 MPI 通信速率。在整个 MPI 网络中通信速率必须保持一致，且 MPI 站地址不能冲突。

（2）PC 侧的参数设置

在 PC 侧同样也要设置 MPI 参数，在 STEP 7 软件 SIMATIC Manager 界面下选择菜单命令“Options”→“Set PG/PC Interface”，如图 3-9 所示（或在“控制面板”中选择“Set PG/PC Interface”命令），如用 CP 5611 作为通信卡，如图 3-10 所示，选择“CP 5611（MPI）”后单击“OK”按钮即可。设置完成后，将 STEP 7 中的组态信息下载到 CPU 中。

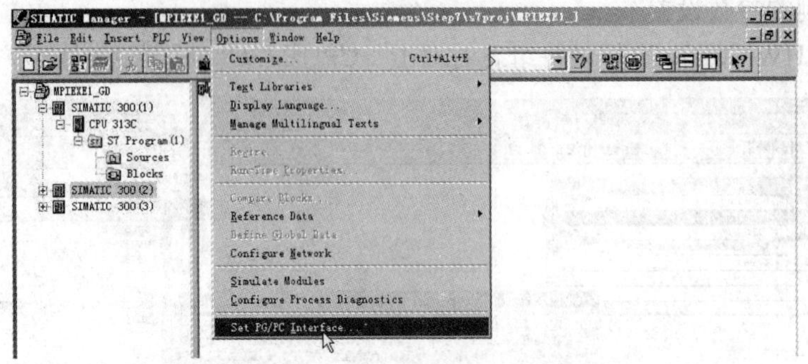

图 3-9　选择菜单命令“Options”→“Set PG/PC Interface”

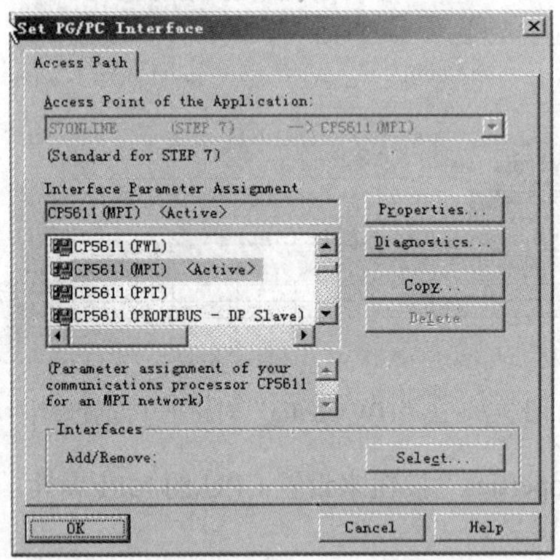

图 3-10　“CP 5611（MPI）”界面

（3）PC 侧 MPI 通信卡的类型

① PC Adapter（PC 适配器）一端连接 PC 的 RS-232 口或通用串行总线（USB），另一端连接 CPU 的 MPI，它没有网络诊断功能，通信速率最高为 1.5Mbps，价格较低。

② CP 5511 PCMCIA TYPE Ⅱ卡，用于笔记本电脑编程和通信，它具有网络诊断功能，通信速率最高为 12Mbps，价格相对较高。

③ CP 5512 PCMCIA TYPE Ⅱ CardBus（32 位）卡，用于笔记本电脑编程和通信，具有网络诊断功能，通信速率最高为 12Mbps，价格相对较高。

④ CP 5611 PCI 卡，用于台式电脑编程和通信，具有网络诊断功能，通信速率最高为 12Mbps，价格适中。

⑤ CP 5613 PCI 卡（替代原 CP 5412 卡），用于台式电脑编程和通信，它具有网络诊断功能，通信速率最高为 12Mbps，并带有处理器，可保持大数据量通信的稳定性，一般用于 PROFIBUS 网络，同时也具有 MPI 功能，价格相对最高。

了解上述功能后，可以很容易选择适合自己应用的通信卡，在 CP 通信卡的代码中，5 代表 PCMCIA 接口，6 代表 PCI 总线，3 代表有处理器。

# 3.2　PLC 与 PLC 之间的 MPI 通信方式

通过 MPI 实现 PLC 与 PLC 之间的通信有三种方式：全局数据块通信方式、无组态连接通信方式和组态连接通信方式。

## 3.2.1　全局数据块进行 MPI 通信的方法

### 1. 全局数据块通信方式的概述

在 MPI 网络中的各个 PLC 之间能相互交换少量数据，只需关心数据的发送区和接收区，这一过程称做全局数据块通信。全局数据块的通信方式是在配置 PLC 硬件的过程中，组态所要通信的 PLC 站之间的发送区和接收区，不需要任何程序处理，这种通信方式只适合 S7-300/400 PLC 之间的相互通信。下面以一个案例说明全局数据块通信的具体方法和步骤。

### 2. 网络配置

网络配置如图 3-11 所示。

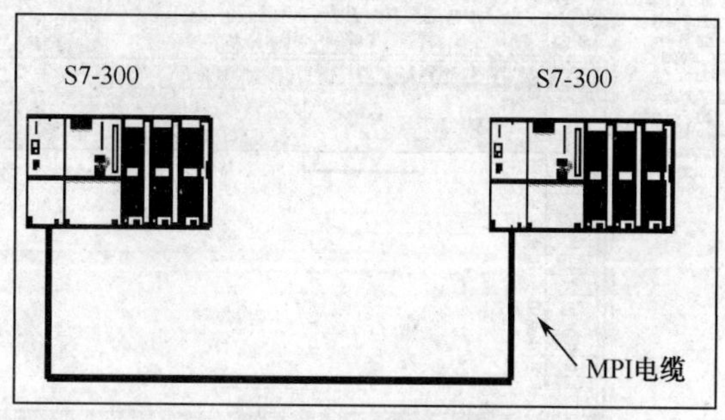


图 3-11　网络配置图

### 3. 硬件和软件需求

硬件：2 台 CPU 313C、MPI 电缆。
软件：STEP 7 V5.2。

### 4. 网络组态及参数设置步骤

（1）建立 MPI 网络

在 STEP 7 中建立一个新项目，如 MPIEXE1_GD，在此项目下插入两个 PLC 站，分别为 SIMATIC 300（1）（CPU 313C）和 SIMATIC 300（2）（CPU 313C），并分别插入 CPU 完成硬件组态，建立 MPI 网络并配置 MPI 的站地址和通信速率，本例中 MPI 的站地址分别设置为 2 号站和 4 号站，通信速率为 187.5Kbps。

（2）组态数据的发送区和接收区

如图 3-12 所示，右击“MPI（1）”或选择菜单命令“Options”→“Define Global Data”进入组态界面，如图 3-13 所示。

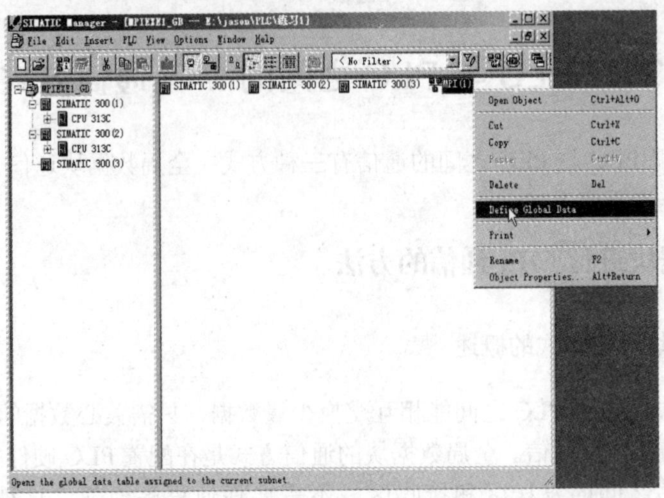

图 3-12　右击“MPI（1）”选择 “Define Global Data”

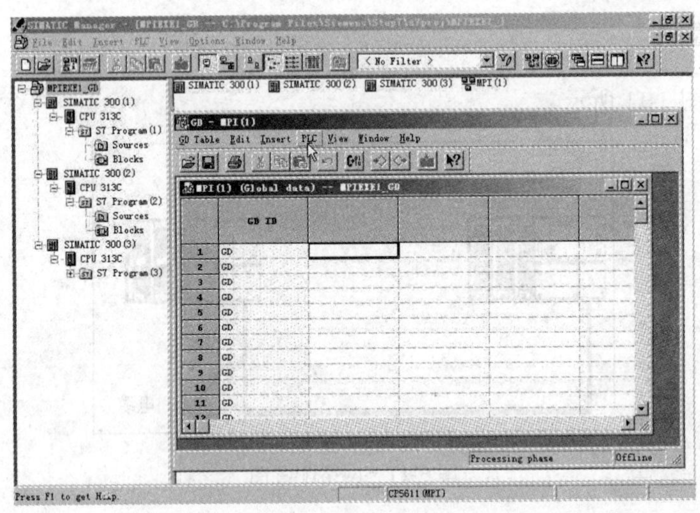

图 3-13　进入组态界面

（3）插入所有需要通信的 CPU

如图 3-14 所示，双击“GD ID”右边的 CPU 栏选择需要通信的 CPU。CPU 栏总共有 15 列，这就意味着最多有 15 个 CPU 能够参与通信。在每个 CPU 栏底填上数据的发送区和接收区，如第一列的 CPU 313C（1）的发送区为 DB.DBB0～DB.DBB21，可以填为“DB1.DBB0:12”（表示从 DB1.DBB0 开始的 12 个字节），然后选择菜单命令“Edit” → “Sender”设置为发送区，该方格变为深色，同时在单元中的左端出现符号“>”，表示在该行中 CPU 313C（1）为发送站。在该单元中输入要发送的全局数据的地址，只能输入绝对地址，不能输入符号地址；包含定时器和计数器地址的单元只能作为发送方。在每一行中应定义一个且只能有一个 CPU 作为数据的发送方，而接收方可以有多个。同一行中各个单元的字节数应相同。

单击第二列的 CPU 313C（2）下面的单元，输入 MB20:12（表示从 MB20 开始的 12 个字节），该格的背景为白色，表示在该行中 CPU 313C（2）是接收站。编译保存后，把组态数据分别下载到相应 CPU 中，这样就可以进行数据通信了，如图 3-14 所示。地址区可以为 DB、M、I、Q 区，S7-300 地址区长度最大为 22 个字节，发送区和接收区的长度必须一致。如果

数据包由若干个连续的数据区组成，一个连续的数据区占用的空间为数据区内的字节数加上两个头部说明字节。一个单独的双字占 6B，一个单独的字占 4B，一个单独的字节占 3B，一个单独的位也占 3B，如“DB3.DBB0:10”和“QW0:5”一共占用 22B（第一个连续数据区的两个头部说明字节不包括在 22B 之内）。

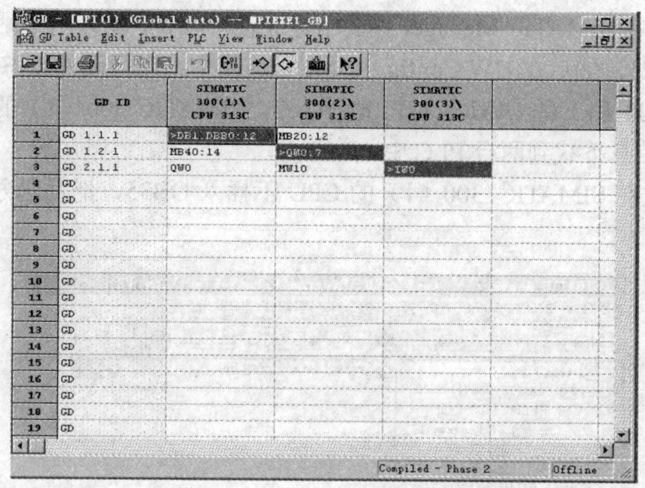

图 3-14 各个 CPU 栏底设置数据的发送区和接收区

### 3.2.2 无组态的 MPI 通信方法

无组态的 MPI 通信需要调用系统功能块 SFC65～SFC69 来实现，这种 MPI 通信可分为两种方式：双边编程通信方式和单边编程通信方式。

调用系统功能通信方式不能和全局数据通信方式混合使用，且这种通信方式适合于 S7-300、S7-400 和 S7-200 之间的通信，是一种应用广泛、经济的通信方式。

#### 1. 双边编程通信方式

（1）概述

通信的双方都需要调用通信块，一方调用发送块发送数据，另一方就要调用接收块来接收数据。这种通信方式适用于 S7-300/400 之间的通信，发送块是 SFC65“X_SEND”，接收块是 SFC66“X_RCV”。下面举例说明怎样调用系统功能来实现通信。

（2）网络配置图

网络配置如图 3-15 所示。

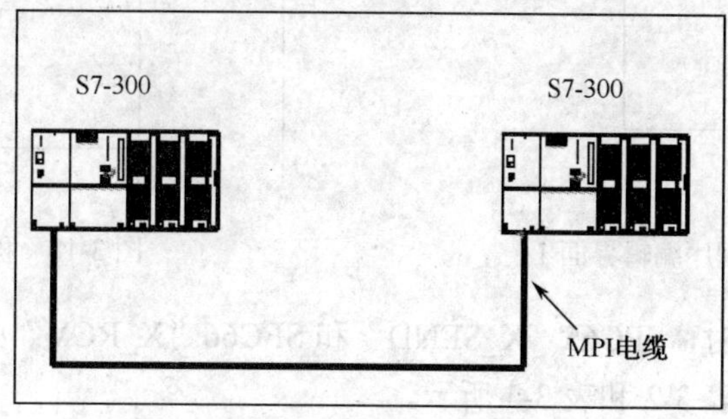


图 3-15 网络配置图

（3）硬件和软件需求

硬件：2 台 CPU 313C、MPI 电缆。

软件：STEP 7 V5.2。

（4）网络组态及参数设置步骤

① 新建项目：在 SIMATIC Manager 界面下建立一个项目，加入两个站 SIMATIC 300（1）和 SIMATIC 300（2），然后在 HW Config 中分别对这两个站进行硬件组态，设置 MPI 地址，在这里 SIMATIC 300（1）的 CPU 的 MPI 地址为 2，SIMATIC 300（2）的 CPU 的 MPI 地址为 4。最后把组态信息下载到两台 PLC 中。

② 编程：首先在 SIMATIC 300（1）的 CPU 下插入 OB35，把发送方的程序写入 OB35 中，如图 3-16 所示。

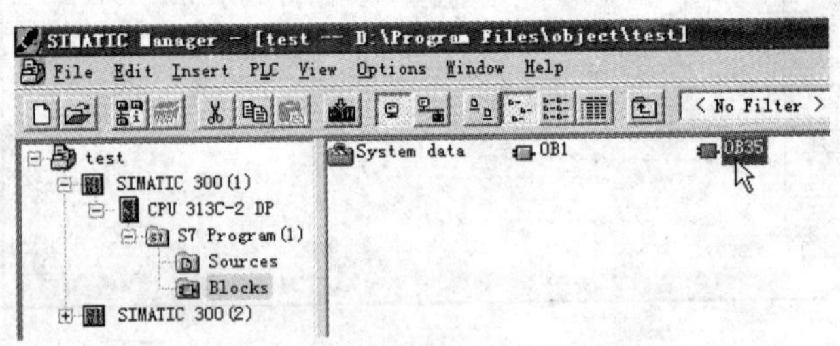


图 3-16　插入 OB35 对话框

双击 OB35 进入程序编辑界面，选择“Libraries”→“Standard Library”→“System Function Blocks”命令，选择 SFC65“X_SEND”（见图 3-17）。图中，当 REQ 的值等于“1”后就把 M20.0 开始的 5 个字节发送出去。

发送站的程序编好后，接下来在 SIMATIC 300（2）的 CPU 的 OB1 中编写接收方程序。同样双击 OB1 进入程序编辑界面，选择“Libraries”→“Standard Library”→“System Function Blocks”命令，选择 SFC66“X_RCV”（见图 3-18）。通过图中程序 SIMATIC 300（2）的 CPU 就可以接收 SIMATIC 300（1）的 CPU 发送过来的数据，并存放在 MB50～MB54 中。

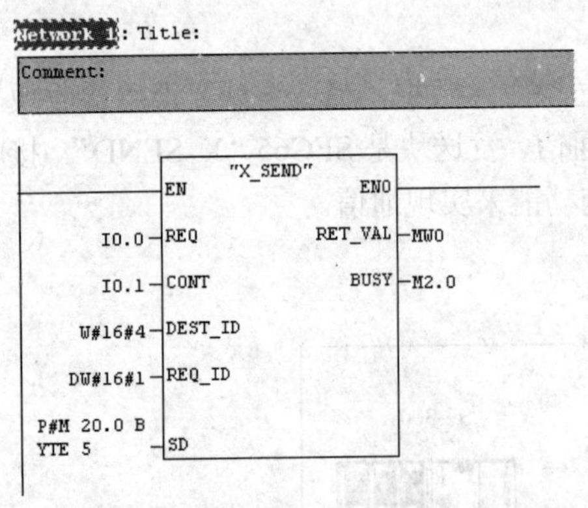


图 3-17　程序编辑界面 1

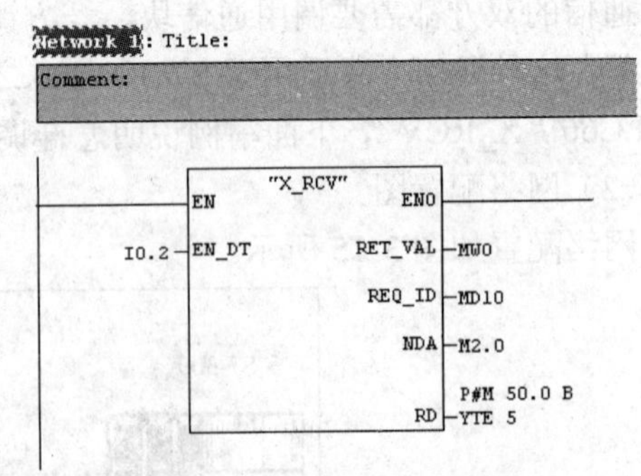


图 3-18　程序编辑界面 2

**注意**：在程序编写时，SFC65“X_SEND”和 SFC66“X_RCV”必须成对使用。

程序中参数说明如表 3-2 和表 3-3 所示。

表 3-2　SFC65 “X_SEND” 参数说明

| 参数名 | 数据类型 | 参数说明 |
| --- | --- | --- |
| REQ | BOOL | 发送请求，该参数为 1 时发送 |
| CONT | BOOL | 为 1 时表示发送数据是连续的一个整体 |
| REST_ID | WORD | 接收方（对方 PLC）的 MPI 地址 |
| REQ_ID | WORD | 任务标识符 |
| SD | ANY | 本地 PLC 的数据发送区 |
| RET_VAL | WORD | 故障信号 |
| BUSY | BOOL | 通信进程，为 1 时表示正在发送，为 0 时表示发送完成 |

表 3-3　SFC66 “X_RCV” 参数说明

| 参数名 | 数据类型 | 参数说明 |
| --- | --- | --- |
| EN_T | BOOL | 接收使能 |
| RET_VAL | WORD | 错误代码，“=W#16#7000” 表示无错 |
| REQ_ID | DWORD | 接收数据包的标识符 |
| NDA | BOOL | 为 1 时表示有新的数据包，为 0 时表示没有新的数据包 |
| RD | ANY | 本地 PLC 的数据接收区 |

## 2. 单边编程通信

与双边编程通信方式不同，单边编程通信只在一方 PLC 内编写通信程序，即客户机与服务器的访问模式。编写程序一方的 PLC 作为客户机，无须编写程序一方的 PLC 作为服务器，客户机调用 SFC 通信块访问服务器。这种通信方式适合 S7-300/400/200 之间的通信，S7-300/400 的 CPU 可以同时作为客户机和服务器，S7-200 只能作为服务器。SFC67 “X_GET” 用来将服务器指定数据区中的数据读回并存放到本地的数据区中，SFC68 “X_PUT” 用来将本地数据区中的数据写到服务器中指定的数据区。下面举例说明怎样调用系统功能来实现两个站的通信。

（1）网络配置图

网络配置如图 3-19 所示。

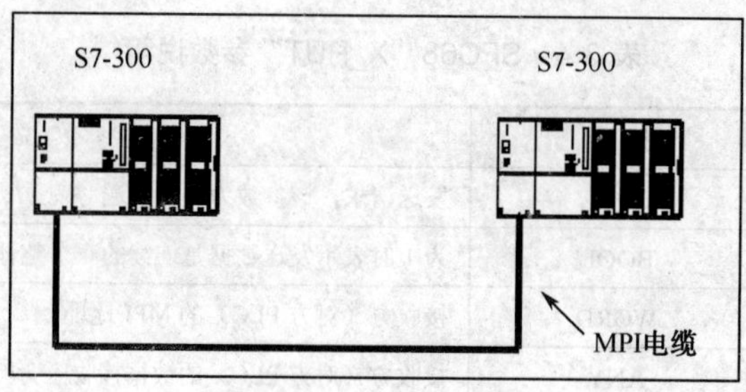


图 3-19　网络配置图

（2）硬件和软件需求

硬件：2 台 CPU 313C、MPI 电缆。

软件：STEP 7 V5.2。

（3）新建项目

同样在 SIMATIC Manager 界面下建立一个项目，加入两个站。硬件组态与双边编程通信方式相同，把组态信息下载到 CPU 中。

在 SIMATIC 300（1）的 CPU 下插入 OB35，双击 OB35 进入程序编辑界面，选择“Libraries”→“Standard Library”→“System Function Blocks”命令，选择 SFC68“X_PUT”（见图 3-20）。

双击 SIMATIC 300（1）的 CPU 下的 OB1，进入程序编辑界面，选择“Libraries”→“Standard Library”→“System Function Blocks”命令，选择 SFC67“X_GET”（见图 3-21）。

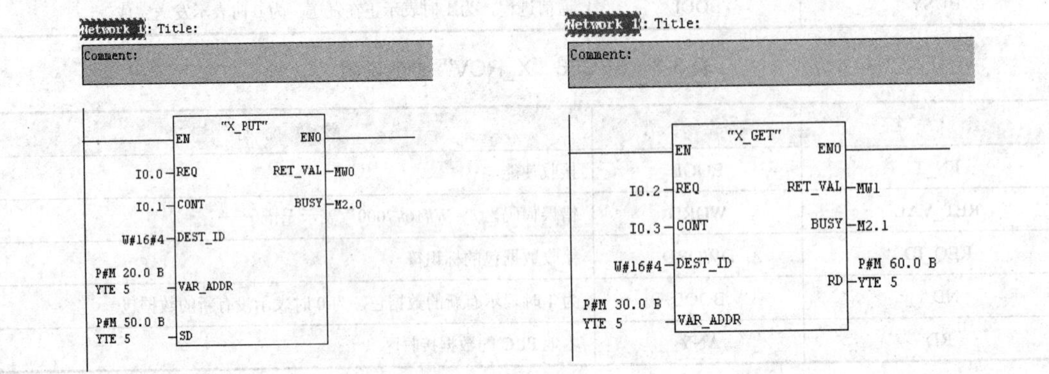


图 3-20　选择 SFC68“X_PUT”　　　　图 3-21　选择 SFC67“X_GET”

**注意：** 无论运用双边编程通信方式还是单边编程通信方式，最好在 SIMATIC Manager 界面下插入 OB82、OB86、OB122，并下载到 CPU 中，可以防止通信时系统出错。

（4）项目说明

① 利用无组态的 MPI 通信方式不能和全局数据通信方式混合使用。

② 对于单边编程通信方式，只有主动站才能调用系统功能块 SFC67、SFC68。

③ 在双边编程通信方式和单边编程通信方式中，每次块（SFC65、SFC66、SFC67、SFC68）最多调用 76 个字节的用户数据。对于 S7-300 CPU，数据传送的数据一致性是 8 个字节，对于 S7-400 CPU 则是全长。如果连接到 S7-200，必须考虑 S7-200 只能用做一个被动站。

系统功能 SFC68 和 SFC67 的参数说明如表 3-4 和表 3-5 所示。

**表 3-4　SFC68“X_PUT”参数说明**

| 参 数 名 | 数 据 类 型 | 参 数 说 明 |
|---|---|---|
| REQ | BOOL | 发送请求，该参数为 1 时发送 |
| CONT | BOOL | 为 1 时表示发送数据是连续的一个整体 |
| REST_ID | WORD | 接收方（对方 PLC）的 MPI 地址 |
| VAR_ADDR | ANY | 接收方（对方 PLC）的数据接收区 |
| SD | ANY | 发送方（本地 PLC）的数据发送区 |
| RET_VAL | WORD | 故障信号 |
| BUSY | BOOL | 通信进程，为 1 时表示正在发送，为 0 时表示发送完成 |

表 3-5　SFC67 “X_GET” 参数说明

| 参 数 名 | 数 据 类 型 | 参 数 说 明 |
|---|---|---|
| REQ | BOOL | 发送请求，该参数为 1 时发送 |
| CONT | BOOL | 为 1 时表示发送数据是连续的一个整体 |
| REST_ID | WORD | 对方 PLC 的 MPI 地址 |
| VAR_ADDR | ANY | 要读取的对方数据区 |
| RET_VAL | WORD | 故障信号 |
| BUSY | BOOL | 通信进程，为 1 时表示正在发送，为 0 时表示发送完成 |
| RD | ANY | 本地 PLC 的数据接收区 |

### 3.2.3　组态的 MPI 通信方法

在 MPI 网络中，这种通信方式只适合 S7-300/400 及 S7-400/400 之间的通信。S7-300/400 通信时，S7-300 只能作为服务器，S7-400 作为客户机对 S7-300 的数据进行读写操作；S7-400/400 通信时，S7-400 既可作为服务器，又可作为客户机。在 MPI 网络上调用系统功能块通信，数据包长度最大为 160 个字节。下面以 S7-300/400 之间的组态连接为例，介绍组态连接通信方式。

（1）网络配置图

网络配置如图 3-22 所示。

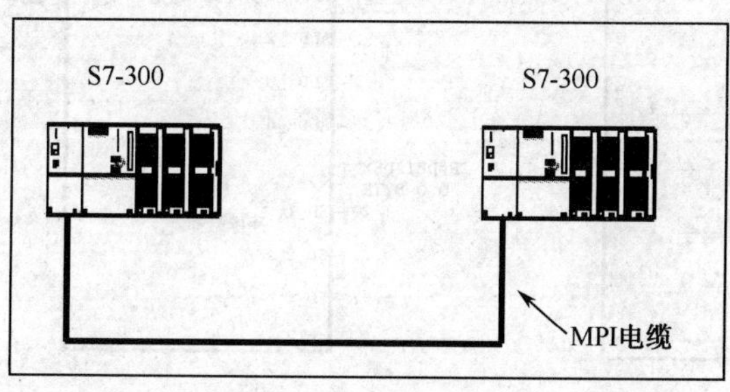


图 3-22　网络配置图

（2）硬件和软件需求

硬件：CPU 313C-2 DP、CPU 416-2 DP、MPI 电缆。

软件：STEP 7 V5.2。

（3）新建项目

在 STEP 7 中创建两个站 SIMATIC 400（1）和 SIMATIC 300（1）。其中 SIMATIC 400（1）的 CPU 为 S7 416-2 DP，MPI 站地址为 2，作为客户机；SIMATIC 300（1）的 CPU 为 S7 313C-2 DP，MPI 站地址为 2，作为服务器。假设 S7-400 站把本地数据区以 DB1.DBB0 开始的连续 20 个字节写到 S7-300 站的以 DB1.DBB0 开始的连续 20 个字节中去，然后再读出 S7-300 站的以 DB1.DBB0 开始的连续 20 个字节中的数据，并将其放到 S7-400 本地数据区以 DB3.DBB0 开始的连续 20 个字节中去。

（4）连接组态及参数设置

在 STEP 7 的菜单中选择“选项”→“组态网络”命令，进入网络组态“NetPro”窗口，如图 3-23 所示。

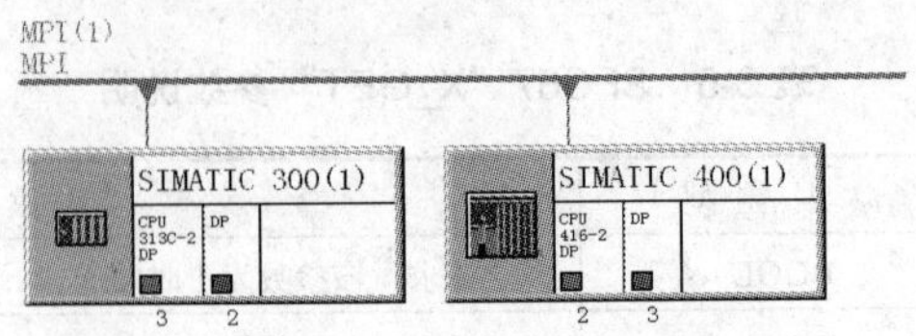


图 3-23　组态通信连接

右击 SIMATIC 400（1）的“CPU 416-2 DP”选项，选择“插入新连接”选项，在连接表中选择“S7 连接”类型，并选择所需连接的 CPU，在本例中选择 CPU 313C-2 DP，如图 3-24 所示。

单击“应用”按钮建立连接，并查看连接表的详细属性。组态完成以后编译存盘，并将连接组态分别下载到各自的 CPU 中。

（5）组态

在 S7-400 站中调用通信系统功能块 SFB15，将数据发送到 S7-300 站中，程序如图 3-25 所示。

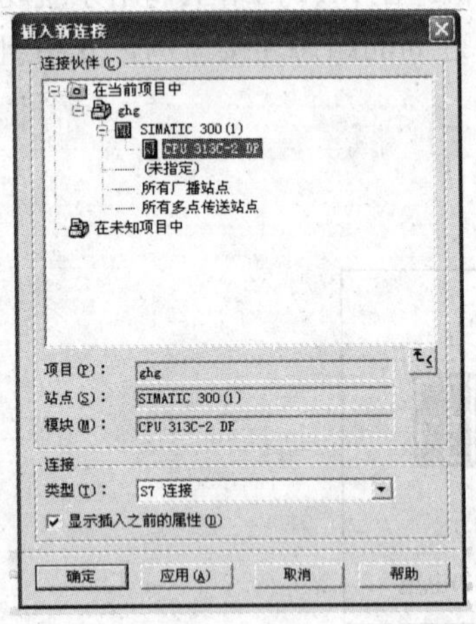


图 3-24　设置连接类型

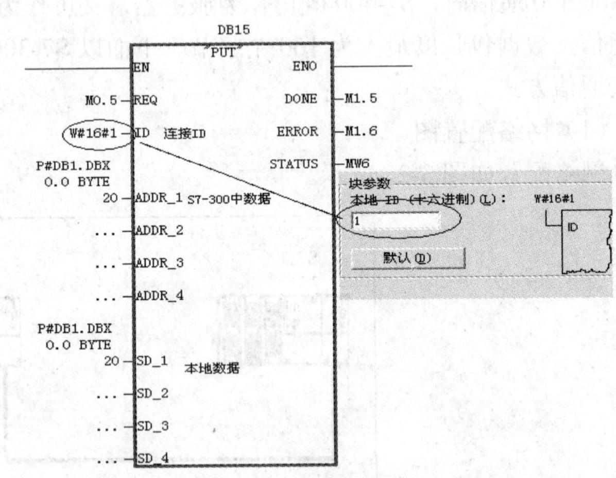


图 3-25　程序图 1

图中，REQ：上升沿触发，每一个上升沿触发一次。

调用 SFB14 读出 S7-300 的数据，程序如图 3-26 所示。

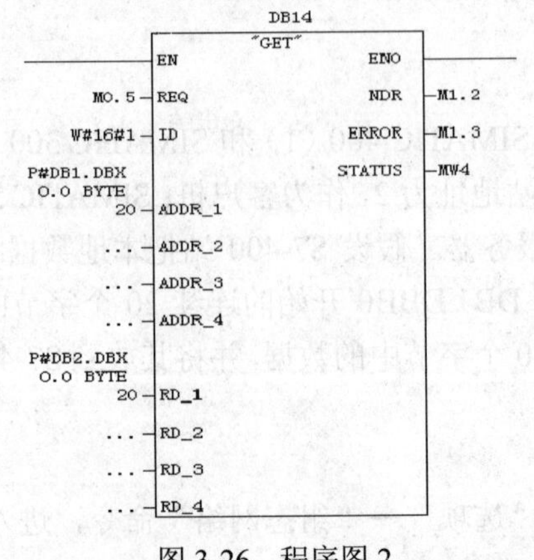


图 3-26　程序图 2

调用系统功能块 SFB 与系统功能 SFC 的通信相比，每一包的发送/接收数据量要大一些，但是要在硬件组态中建立连接表，并且同样要占用 S7-300 的通信资源，在满足通信要求的前提下，建议用户使用无组态连接的通信方式。连接表的详细属性如图 3-27 所示。

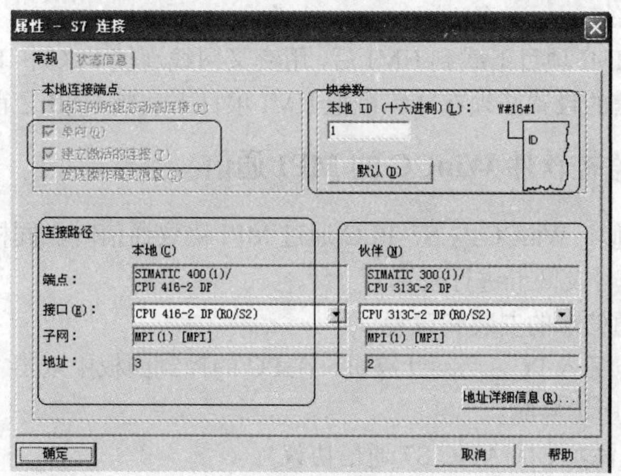


图 3-27　连接表的详细属性

## 3.3　PLC 与 HMI 产品之间的 MPI 通信

S7-300/400 与 HMI 产品之间的 MPI 通信不需要 STEP 7 软件组态，也不需要编写任何程序，只需在 HMI 组态软件上设置相关通信参数即可。

### 3.3.1　PLC 与 TP/OP 之间的通信

（1）在 WinCC Flexible 的项目树形结构下选择“通信”→“连接”命令，弹出如图 3-28 所示界面。

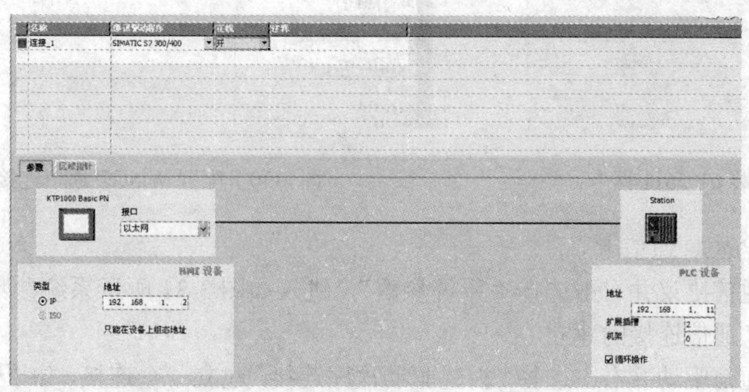


图 3-28　PLC 与 TP/OP 之间的通信

通信步骤如下：

① 给连接命名。

② 选择通信驱动程序。

③ “在线”下选择“开”。

（2）在“参数”对话框中，完成以下步骤：

① 设置好 HMI 的接口为“以太网”及 IP 地址。

② 在 PLC 设备下输入 PLC 的 IP 地址，以及 PLC 的 CPU 所占的插槽和机架，勾选“循环操作”选项。

（3）在计算机把 HMI 项目下载到 HMI 后，用交叉网线连接 PLC 和 HMI，然后重启 HMI。注意 PLC 与 HMI 通信的设置必须在计算机把 HMI 项目下载到 HMI 之前设置好。

### 3.3.2 S7 PLC 与监控软件 WinCC 的 MPI 通信

与连接 TP/OP 类似，WinCC 与 S7 PLC 通过 MPI 协议通信时，同样只需在 WinCC 上对 S7 CPU 的站地址和槽号及网卡进行设置。

（1）PC 上 MPI 通信卡的安装和设置

首先，将 CP 5611 插入 PC，启动计算机，在 PC 的控制面板中双击“Set PG/PC Interface”图标，出现如图 3-29 所示界面。

（2）在 WinCC 上添加 SIMATIC S7 通信协议

打开 WinCC，选择“变量管理”，右击选择“添加新的驱动程序”，在弹出窗口中选择“SIMATIC S7 PROTOCOL SUITE”连接驱动，将其添加到“变量管理”下，如图 3-30 所示。S7 协议组包括在不同网络上应用的 S7 协议，这些网络包括 MPI 网络、PROFIBUS 网络及工业以太网。

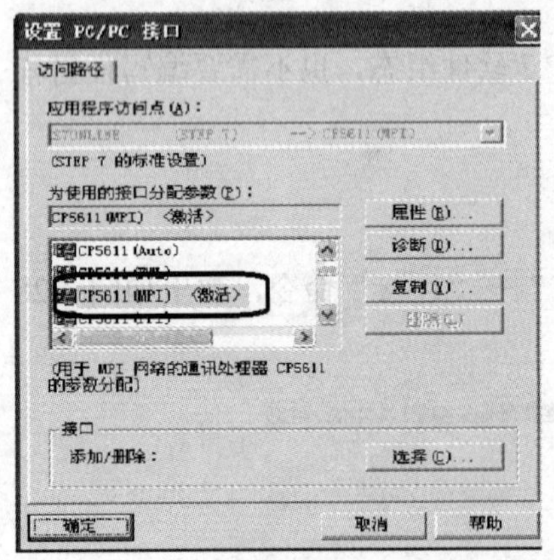


图 3-29 安装 CP 5611 网卡

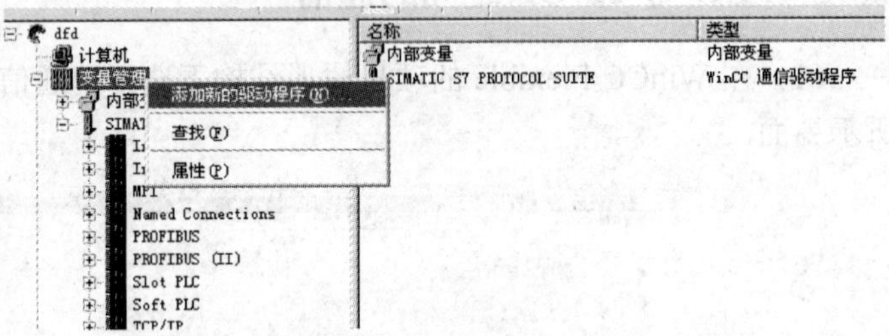

图 3-30 配置 WinCC 通信连接

（3）选择 WinCC 通信卡

选择 MPI 通信协议并右击选择“系统参数”，进入如图 3-31 所示系统参数设置界面。

（4）WinCC 通信连接的建立

选择 MPI 通信驱动并右击选择“新建驱动程序连接”建立一个连接，如果连接多个 CPU，每连接一个 CPU 就需要建立一个连接，所能连接的 CPU 的数量与上位机所用网卡有关，如 CP 5611 能支持的最大连接数为 8，网卡的连接数可以在相关产品手册中查找。这里需要修改每个连接的属性，如选择 CPU 的站地址和槽号等，如图 3-32 所示。

连接 S7-300 CPU 时槽号都是 2，连接 S7-400 CPU 时，槽号应参照 STEP 7 硬件组态中的槽号设置。

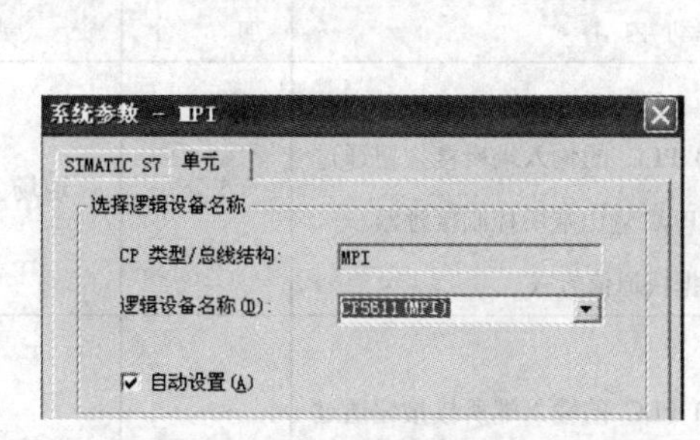


图 3-31 系统参数设置界面

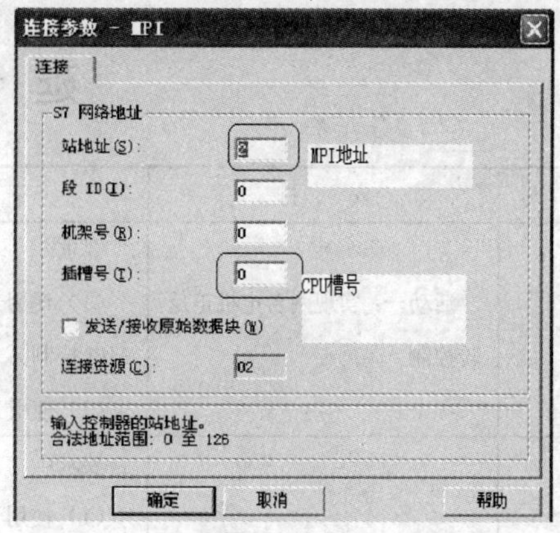


图 3-32 配置 WinCC 通信连接参数

（5）通信诊断

如果此时通信有问题，应首先检查网卡是否安装正确，通信电缆和接头是否接触良好，然后确认组态参数是否正确。同时，可以利用 CP 通信卡的自诊断功能，在 PC 控制面板的“Set PG/PC Interface”工具中，利用 CP 的诊断功能就能够读出 MPI 网络上所有站地址，如图 3-33 所示。

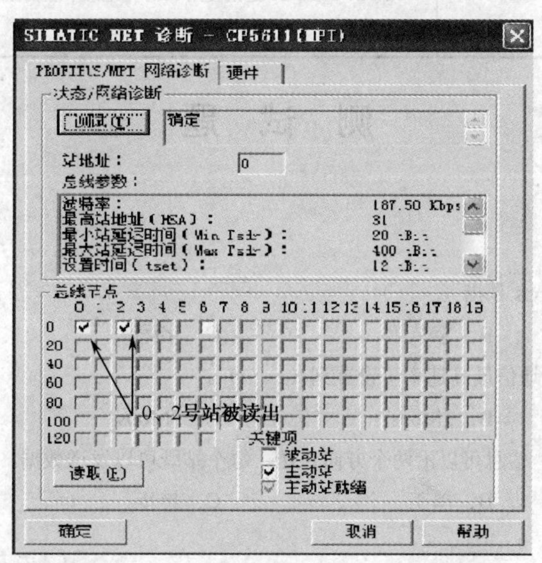


图 3-33 利用 CP 通信卡进行硬件网络诊断

本例中 CP 5611 的 MPI 站地址是 0，CPU 的 MPI 站地址是 2。当 WinCC 不能与 CPU 建立连接时，如果其诊断结果是 0、2 站并能被读出，则可判断 WinCC 的组态参数可能有问题，需对此做进一步检查。

# 延伸活动

| 序号 | 安排 | 活动内容 | 加分 | 资源 |
|---|---|---|---|---|
| 1 | 活动一：实现两台电机正反转控制 | 要求：<br>（1）使用一台 S7-300 PLC 的输入端所接按钮通过MPI控制另一台S7-300 PLC输出端所控制接触器<br>（2）使用MPI全局数据块通信方式 | 5分 | 现场 |
| 2 | 活动二：一台电机的星/三角启动控制 | 要求：<br>（1）使用一台 S7-300 PLC 的输入端所接按钮通过MPI控制另一台S7-300 PLC输出端所控制接触器<br>（2）S7-300 PLC之间使用 MPI无组态双边编程通信方式 | 10分 | 现场 |
| 3 | 活动三：WinCC 画面通过MPI控制封口机 | 项目要求：<br>（1）通过一台S7-300 PLC连接的WinCC控制另一台S7-300 PLC连接的S7-200 PLC控制的封口机<br>（2）S7-300 PLC之间使用 MPI无组态单边编程通信方式 | 10分 | 现场 |

# 测试题

## 一、选择题

1．MPI通信速率单位bps是指（　　）。

A．比特/秒　　B．字节/秒　　C．字/秒　　D．双字/秒

2．S7-300 PLC的MPI通信最高速率可设置到（　　）。

A．19.2Kbps　　B．3Mbps　　C．6Mbps　　D．12Mbps

3．（　　）通信方式，信息可以沿两个方向传送，每个站既可以发送数据，也可以接收数据。

A．双工　　B．单工　　C．异步　　D．同步

4．MPI物理层是（　　）。

A．RS-485　　B．RS-232　　C．TCP/IP　　D．RS-422

5．为了保证网络通信质量，一个网络的第一个和最后一个节点处应接通（　　）。

A．终端电感　　B．终端电阻　　C．终端电容　　D．终端继电器

6．节点MPI地址号不能大于给出的最高MPI地址号，最高地址号可以是（　　）。

A．31　　B．15　　C．126　　D．63

7．封口机设备中，编程计算机可以通过（　　）通信处理器与S7-300 PLC的CPU 315-2 DP的MPI口相连。

A．CP 5611　　B．PLCSIM V5.x　　C．PC/PPI　　D．CP1613

8．无组态MPI双边编程方式使用的系统功能发送块是（　　）。

A．SFC65　　B．SFC66　　C．SFC67　　D．SFC68

9．无组态 MPI 双边编程方式使用的系统功能发送块一般放在组织块（　　）中。

A．OB1　　B．OB2　　C．OB35　　D．OB80

10．无组态 MPI 单边编程方式使用客户机与服务器模式，编写程序一方的 PLC 作为（　　）。

A．客户机　　B．服务器　　C．备份服务器　　D．备份客户机

11．S7-300 与 S7-400 组态的 MPI 通信中，S7-300 只能作为（　　）。

A．客户机　　B．服务器　　C．备份服务器　　D．备份客户机

## 二、简答题

1．串行通信和并行通信有什么差别，工业控制中计算机之间的通信一般采用哪种通信方式？

2．IEC（国际电工委员会）对现场总线（Fieldbus）的定义是什么？

3．无组态的 MPI 单边编程方法可以在什么条件下使用，如何实现？

4．无组态的 MPI 双边编程方法可以在什么条件下使用，如何实现？

5．组态的 MPI 通信方法可以在什么条件下使用，如何实现？

6．PLC 与监控软件 WinCC 的 MPI 通信如何实现？

# 项目四　PROFIBUS 通信系统设计

## 教学方案设计

| 教学程序 | 课堂活动 | 资　源 |
| --- | --- | --- |
| 课题引入 | 目的：了解本单元任务，分析项目功能及控制要求，提出需要掌握的新知识、新设备<br>1. 分析任务书，了解本单元任务<br>2. 教师讲授 PROFIBUS 通信协议的基本概念、PROFIBUS 网络的连接硬件和组成 | ● 项目任务书<br>● 多媒体设备<br>● 通信设备<br>● S7-300 PLC<br>● S7-200 PLC |
| 活动一 | 目的：掌握 S7-300 PLC 与 S7-300 PLC 的 PROFIBUS 通信设计<br>1. 教师演示通过集成 DP 口连接智能从站的 PROFIBUS 通信方法<br>2. 学生练习集成 DP 口连接智能从站的 PROFIBUS 通信方法<br>3. 学生完成两台 S7-300 PLC 之间的 PROFIBUS 通信编程及调试<br>4. 教师指导项目实施 | ● 教材<br>● 多媒体设备<br>● 编程器<br>● S7-300 PLC |
| 活动二 | 目的：掌握 S7-300 PLC 与 S7-200 PLC 的 PROFIBUS 通信设计<br>1. 教师演示连接第三方设备的 PROFIBUS 通信方法<br>2. 学生练习连接第三方设备的 PROFIBUS 通信方法<br>3. 学生完成 S7-300 PLC 与 S7-200 PLC 之间的 PROFIBUS 通信编程及调试<br>4. 教师指导项目实施 | ● 教材<br>● 多媒体设备<br>● 编程器<br>● S7-300 PLC<br>● S7-200 PLC |
| 活动三 | 目的：掌握 S7-300 PLC 与 WinCC 之间的 PROFIBUS 通信设计<br>1. 教师演示 PLC 与 HMI 之间的 PROFIBUS 通信方法<br>2. 学生练习 PLC 与 HMI 之间的 PROFIBUS 通信方法<br>3. 学生完成 S7-300 PLC 与 WinCC 之间的 PROFIBUS 通信编程及调试<br>4. 教师辅导、检查 | ● 教材<br>● 多媒体设备<br>● 编程器<br>● S7-300 PLC<br>● 上位机 |

续表

| 教学程序 | 课堂活动 | 资　源 |
|---|---|---|
| 活动四 | 目的：掌握 S7-300 PLC 与多台 S7-300 PLC 的 PROFIBUS 通信设计<br>1. 教师演示利用 SFC14 和 SFC15 扩展通信区的 PROFIBUS 通信方法<br>2. 学生练习双边编程的 PROFIBUS 通信方法<br>3. 学生完成利用 SFC14 和 SFC15 扩展通信区的 PROFIBUS 通信编程及调试<br>4. 教师指导项目实施 | ● 教材<br>● 多媒体设备<br>● 编程器<br>● S7-300 PLC |
| 活动五 | 目的：检查与验收，查看学生在项目实施过程中对知识点的应用情况<br>1. 教师检查并考核项目的完成情况，包括功能的实现、工期、同组成员合作情况及存在的问题等<br>2. 教师检查设计是否简洁合理<br>3. 教师检查技术文件是否完整、规范 | ● 现场设备<br>● 完成的各种技术文件<br>● S7-300 PLC<br>● S7-200 PLC<br>● 上位机 |
| 活动六 | 目的：总结提高，帮助学生尽快提高综合能力和素质<br>1. 学生总结在工作过程中的经验教训和心得体会，总结对本单元知识点的掌握情况<br>2. 教师总结全班情况并提出改进意见 | ● 多媒体设备<br>● 各种技术文件 |

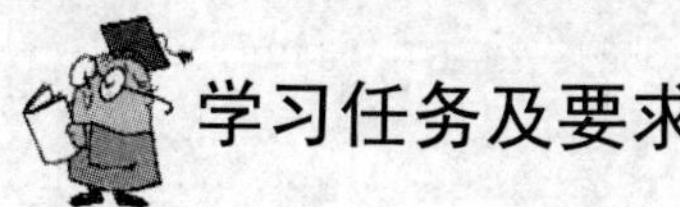

## 学习任务及要求

### 1. 学习任务说明

本单元要求了解 PROFIBUS 通信技术概念，熟悉 PROFIBUS 通信技术的组成及特点，重点掌握几种常见的 PROFIBUS 通信方法。具体完成项目如下：

（1）两台 S7-300 PLC 之间的 PROFIBUS 通信设计。

（2）S7-300 PLC 与 S7-200 PLC 的 PROFIBUS 通信设计。

（3）S7-300 PLC 与 WinCC 的 PROFIBUS 通信设计。

（4）S7-300 PLC 与多台 S7-300 PLC 的 PROFIBUS 通信设计。

### 2. 学习目的

（1）通过该单元的学习，进一步培养学生工程实践、自我学习的能力及团队协作精神。

（2）熟悉以下国家/行业相关规范与标准：

① 盘、柜及二次回路结线施工及验收规范 GB 50171—2012。

② 电气设备安全设计导则 GB 4064—83。

③ 国家电气设备安全技术规范 GB 19517—2009。

④ 机械电气安全 机械电气设备：第一部分通用技术条件 GB 5226.1—2008。

⑤ 电热设备的安全：第一部分 通用要求 GB 5959.1—2005。

⑥ 电气安全管理规程 JBJ 6—80。

⑦ 电控设备：第二部分 装有电子器件的电控设备 GB 3797—2005。

⑧ 用电安全导则 GB/T 13869—2008。

（3）熟悉小型自动化 PROFIBUS 通信系统的设计、安装、调试方法：正确分析设计任务、掌握小型控制系统设计的工作流程及方法、总体设计思路、硬件设计、软件设计。

（4）熟悉系统调试方法与步骤。

（5）熟练掌握 PROFIBUS 通信协议的应用：PROFIBUS 通信协议的基本概念、PROFIBUS 通信技术的组成、常用的 PROFIBUS 通信方法。

（6）能编写技术文件（参照规范与标准）：原理图、位置图、布线图、程序框图及程序清单、调试记录等。

（7）练习工程项目实施的方法和步骤。

### 3. 项目要求

（1）通过 PROFIBUS 通信，实现由一台 S7-300 PLC 侧的元器件控制另一台 S7-300 PLC 侧的设备（封口机）。

（2）通过 PROFIBUS 通信，实现由一台 S7-300 PLC 侧的元器件控制另外几台 S7-300 PLC 侧的设备（封口机）。

（3）通过 PROFIBUS 通信，实现由一台 S7-300 PLC 侧的元器件控制 S7-200 PLC 侧的设备（封口机）。

（4）通过 PROFIBUS 通信，实现由上位机（WinCC）控制封口机的启停及传送带速度。

### 4. 工作条件

（1）电源：220V，20kW。

（2）S7-300 PLC，CPU 313C-2 DP。

（3）S7-200 PLC，CPU 224。

（4）封口机。

（5）上位机。

### 5. 需准备的资料

S7-300 PLC 手册、PROFIBUS 资料、WinCC 使用手册、教材、封口机资料。

### 6. 预习要求

（1）读懂 PROFIBUS 通信协议的基本概念。

（2）预习 PROFIBUS 通信技术的组成。

（3）阅读常用的 PROFIBUS 通信方法。

（4）了解相关的国家/行业标准。

（5）复习 WinCC 知识。

### 7. 重点或难点

（1）重点：PROFIBUS 通信方法的应用、控制方案确定、项目的组织实施、技术文件的编写。

（2）难点：方案确定、PROFIBUS 通信程序调试、编写技术文件。

### 8. 学习方法建议

（1）认真观察教师的演示。

（2）遇到问题要主动与同学、教师讨论。

（3）要主动查阅相关资料。

（4）项目实施中要主动、积极地自我完成。

（5）在项目实施中遇到的问题一定要做好详细记录。

### 9. 学生需完成的资料

设计方案，原理图、位置图、布线图，调试记录，元件清单，项目进程表，程序框图及程序清单，项目及程序电子文档，个人总结。

### 10. 总结与思考

（1）总结自己在项目中的得与失，以后要注意和改进的地方。

（2）每做一步的时候要多思考，多问几个为什么。

（3）常见的 PROFIBUS 通信方法有哪些？

（4）查找通信故障应从哪些方面入手？

### 11. 附件

（1）环境要求：该设备安装于室内，环境温度为 25℃。

（2）该项目所需设备：每组多台 S7-300 PLC，一台 S7-200 PLC，WinCC 作为上位机。

## 4.1 PROFIBUS 通信技术概述

### 4.1.1 PROFIBUS 通信简介

作为众多现场总线家族的成员之一，PROFIBUS 是在欧洲工业界得到最广泛应用的一个现场总线标准，也是目前国际上通用的现场总线标准之一。PROFIBUS 属于单元级、现场级的 SIMATIC 网络，适用于传输中、小量数据。其开放性允许众多的厂商开发各自的符合 PROFIBUS 协议的产品，这些产品可以连接在同一个 PROFIBUS 网络上。PROFIBUS 是一种电气网络，物理传输介质可以是屏蔽双绞线、光纤或无线传输。

PROFIBUS 技术的发展经历了如下过程。

1987 年由德国 SIEMENS 公司等 13 家企业和 5 家研究机构联合开发；

1989 年成为德国工业标准 DIN19245；

1996 年成为欧洲标准 EN50170V.2（PROFIBUS-FMS-DP）；

1998 年 PROFIBUS-PA 被纳入 EN50170V.2；

1999 年 PROFIBUS 成为国际标准 IEC 61158 的组成部分（TYPEIII）；

2001 年成为中国的机械行业标准 JB/T 10308-3—2001；

2006 年成为中国的国家标准 GB/T 20540—2006。

### 4.1.2 PROFIBUS 组成部分通信模型及协议类型

PROFIBUS 主要由三部分组成，如图 4-1 所示，包括现场总线报文——PROFIBUS-FMS、分布式外围设备——PROFIBUS-DP、过程控制自动化——PROFIBUS-PA。

PROFIBUS 协议符合 ISO/OSI 的开放系统互连参考模型。

PROFIBUS 通信模型参照了 ISO/OSI 参考模型的第 1 层（物理层）和第 2 层（数据链路层），其中 FMS 还采用了第 7 层（应用层），另外增加了用户层。

PROFIBUS-DP 和 PROFIBUS-FMS 的第 1 层和第 2 层相同，PROFIBUS-FMS 有第 7 层，PROFIBUS-DP 无第 7 层。PROFIBUS-PA 有第 1 层和第 2 层，但与 DP/FMS 有区别，无第 7 层。

PROFIBUS 根据应用特点可分为 PROFIBUS-FMS（Fieldbus Message Specification）、PROFIBUS-DP（Decentralized Periphery）和 PROFIBUS-PA（Process Automation）三个兼容版本。

FMS、DP 和 PA 的数据链路层是完全一样的。它们的数据通信基本协议相同，因此可以存在于同一网络中。所不同的是，DP、FMS 的物理层均使用 RS-485，它们可使用同一根电缆进行相互通信，但是 PA 的物理层使用的是 MBP（Manchestercode Bus Powered）传输技术，因此当 DP 和队通信时需加接网关。

（1）PROFIBUS-DP：用于数据链路层的高速数据传送。主站周期地读取从站的输入信息并周期地向从站发送输出信息。除周期性用户数据传输外，PROFIBUS-DP 还提供了智能化设备所需的非周期性通信功能，即组态、诊断和报警处理等。

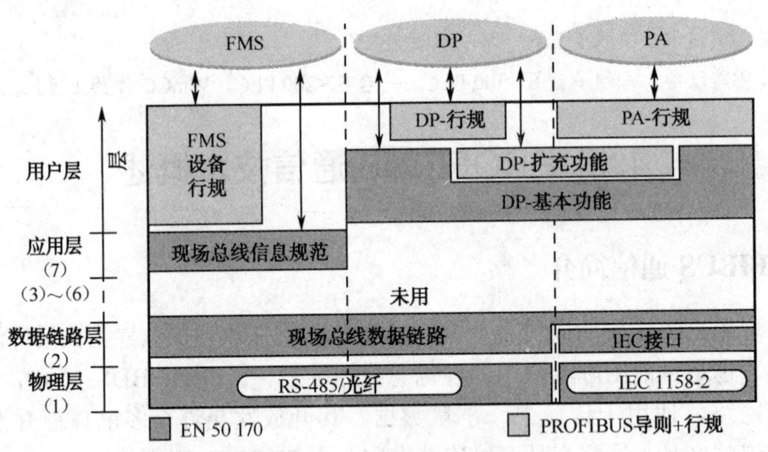


图 4-1　PROFIBUS 协议

PROFIBUS-DP 是目前在全球应用最为广泛的总线系统。PROFIBUS-DP 是一种由主站、从站（Master/Slave）构成的总线系统，主站功能由控制系统中的主控制器来实现，如图 4-2 所示。主站在完成自身功能的同时，通过循环及非循环的报文与控制系统中的各个从站进行通信。它的实时性远高于其他类型局域网，因此非常适用于工业现场，一般所说的 PROFIBUS 泛指 PROFIBUS-DP。DP 内部通信中可分为循环通信 V0、非循环通信 Vl、运动控制相关 V2 通信扩展三个部分，与主要应用范围在运动精密控制的 V2 通信相比，V0/Vl 相关产品在当前市场上要广泛得多。

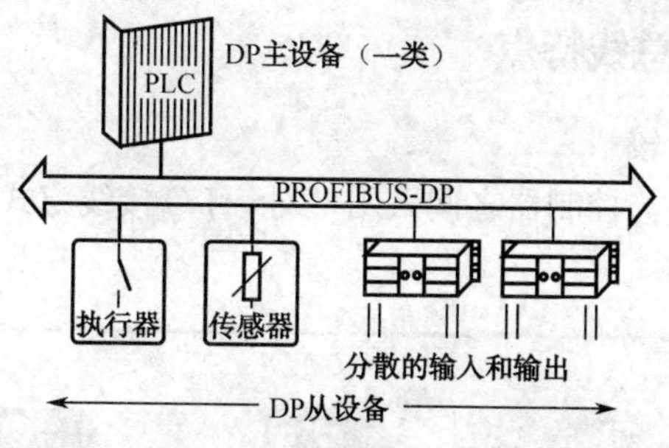


图 4-2　PROFIBUS-DP

（2）PROFIBUS-PA：是专为过程自动化设计的，它通过段耦合器或链接器接入 DP 网络，PA、DP 的区别在于物理层使用了不同的数据传输速率和编码方式，而 FDL 层的协议是一样的。也就是说，队是 DP 的一种演变，它的出现使 PROFIBUS 总线也可用于本质安全领域，同时又与 DP 总线系统保持着通用性。其特点如下：

① 具有本质安全特性。

② PROFIBUS-PA 是 PROFIBUS 的过程自动化解决方案，PA 将自动化系统和过程控制系统与现场设备（如压力、温度和液位变送器等）连接起来，采用数字信号进行通信，代替了传统的 4～20mA 模拟信号传输技术。

③ 传输速率为 31.25Kbps。

④ PA 尤其适用于石油、化工、冶金等行业的过程自动化控制系统。

（3）PROFIBUS-FMS：用于车间级监控网络，提供大量的通信服务，完成中等速度的循环和非循环通信任务，采用令牌结构、实时多主类型的网络。由于已经和市场需求逐渐脱离，这种通信协议基本上已经处于无人问津的状态。其特点如下：

① 解决车间一级通用性通信任务，FMS 提供大量的通信服务，用来完成以中等传输速率进行的循环和非循环的通信任务。

② 由于它要完成控制器和智能现场设备之间的通信及控制器之间的信息交换，因此主要考虑的是系统功能而不是系统响应时间，应用过程通常要求的是随机的信息交换（如改变设定参数等）。

③ 可用于大范围和复杂的通信系统。

PROFIBUS 在自动化系统中的地位如图 4-3 所示。

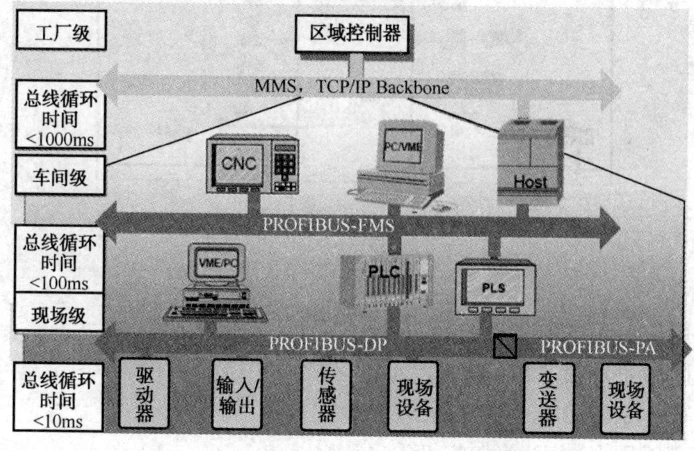


图 4-3　PROFIBUS 在自动化系统中的地位

### 4.1.3 PROFIBUS 现场总线特点

（1）与传统通信方式比较

传统方式的现场级设备与控制器之间采用一对一 I/O 接线方式，传递 4～20mA 或 DC 24V 信号，如图 4-4 所示。

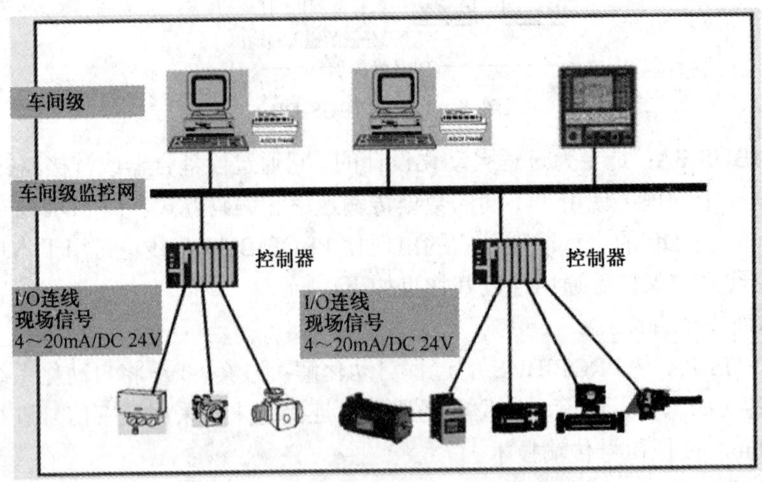


图 4-4 传统通信方式

而现场总线的主要技术特征是采用数字式通信方式，取代设备级的 4～20mA（模拟量）/DC 24V（开关量）信号，使用一根电缆连接所有现场设备，如图 4-5 所示。

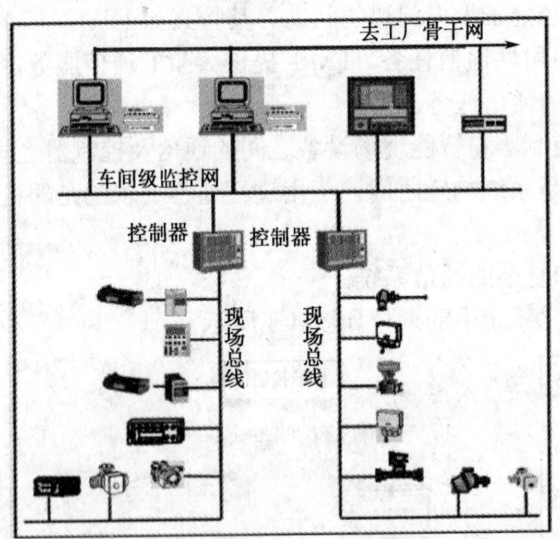


图 4-5 现场总线通信方式

（2）其他技术特点

① 信号线可用设备电源线。

② 每条总线区段可连接 32 个设备，不同区段用中继器连接。

③ 传输速率可在 9.6KB/s～12MB/s 选择。

④ 传输介质可以用金属双绞线或光纤。

⑤ 提供通用的功能模块管理规范。

⑥ 在一定范围内可实现相互操作。

⑦ 提供系统通信管理软件（包括波形识别、速率识别和协议识别等功能）。

⑧ 提供 244 字节报文格式，提供通信接口的故障安全模式（当 I/O 故障时输出全为 0）。

# 4.2 PROFIBUS-DP 通信

## 4.2.1 PROFIBUS-DP 系统组成

### 1. PROFIBUS-DP 系统分类

（1）单主系统如图 4-6 所示。

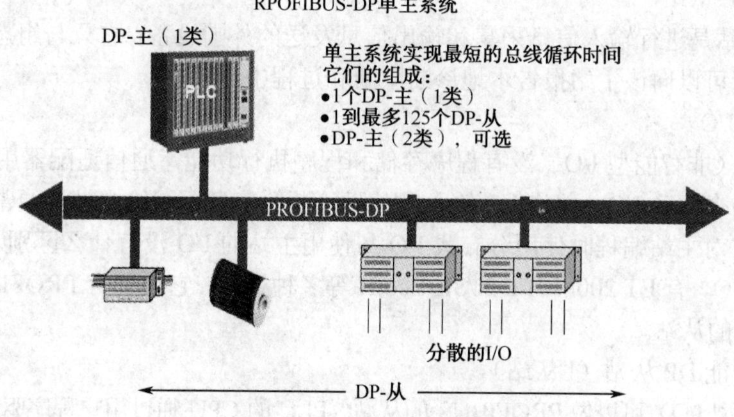


图 4-6 PROFIBUS 单主系统

（2）多主系统如图 4-7 所示。

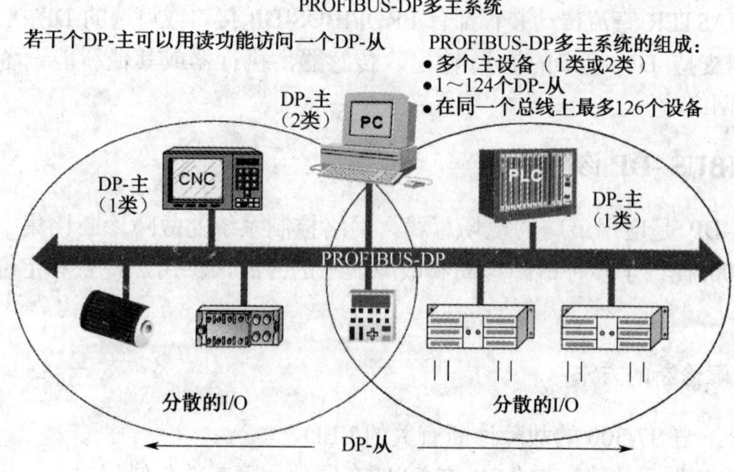


图 4-7 PROFIBUS 多主系统

### 2. PROFIBUS-DP 设备的分类

（1）1 类 DP 主站

1 类 DP 主站（DPM1）是系统的中央控制器，DPM1 在预定的周期内与分布式 I/O 站（如 DP 从站）循环地交换信息，并对总线通信进行控制和管理。DPM1 可以发送参数给从站，读取 DP 从站的诊断信息，用 Global Control（全局控制）命令将它的运行状态告知给各 DP 从站。此外，还可以将控制命令发送给个别从站或从站组，以实现输出数据和输入数据的同步。

（2）2 类 DP 主站

2 类 DP 主站（DPM2）是 DP 网络中的编程诊断和管理设备。DPM2 除了具有 1 类主站的功能外，在与 1 类主站进行数据通信的同时，可以读取 DP 从站的输入/输出数据和当前的组态数据，可以给 DP 从站分配总线地址。

（3）3 类 DP 从站

3 类 DP 从站是进行输入信息采集和输出信息发送的外围设备，它只与组态它的 DP 主站交换用户数据，可以向该主站报告本地诊断中断和过程中断。

① 分布式 I/O。

分布式 I/O（非智能型 I/O）没有程序存储和程序执行功能，通信适配器用来接收主站的指令，按主站指令驱动 I/O，并将 I/O 输入及故障诊断等信息返回给主站。通常分布式 I/O 由主站统一编址，对主站编程时使用分布式 I/O 与使用主站的 I/O 没有什么区别。ET 200 是西门子的分布式 I/O，有 ET 200M/B/L/X/Sis/Eco/R 等多种类型。它们都有 PROFIBUS-DP 接口，可以做 DP 网络的从站。

② PLC 智能 DP 从站（I 从站）。

PLC（智能型 I/O）可以做 PROFIBUS 的从站。PLC 的 CPU 通过用户程序驱动 I/O，在 PLC 的存储器中有一片特定区域作为与主站通信的共享数据区，主站通过通信间接控制从站PLC 的 I/O。

③ 具有 PROFIBUS-DP 接口的其他现场设备。

西门子的 SINUMERIK 数控系统、SITRANS 现场仪表、MicroMaster 变频器、SIMOREGDC-MASTER 直流传动装置都有 PROFIBUS-DP 接口或可选的 DP 接口，可以做 DP 从站。其他公司支持 DP 接口的输入/输出、传感器、执行器或其他智能设备，也可以接入 PROFIBUS-DP 网络。

## 4.2.2 PROFIBUS–DP 诊断

PROFIBUS-DP 是应用最广的现场总线，网络控制系统的故障诊断比集中式控制系统难得多。S7-300/400 提供了多种故障诊断和故障显示的方法，供用户检查和定位网络控制系统的故障。

### 1. LED 故障诊断的方法

下面重点介绍与 S7-300 的故障诊断有关的 LED。

（1）SF（系统错误/故障，红色）：在 CPU 有硬件故障或软件错误时亮。可能的故障包括硬件故障、固件故障、存储卡故障、外部 I/O 故障、上电时电池有故障或没有后备电池、编程错误、参数设置错误、计算错误和时间错误等。

（2）BF（总线错误，红色）LED 常亮：总线故障（硬件故障），DP 接口故障，多 DP 主

站模式下不同的传输速率，DP 接口（设置为从站/主站）被激活时总线短路。应检查总线电缆有无短路或断路，查看诊断信息，改正原有的组态。

（3）BF LED 闪烁，CPU 做 DP 主站。可能的原因：连接的站有故障、无法访问至少一个已组态的从站、错误的项目组态。应检查总线电缆是否已连接到 CPU，总线是否断开。CPU 启动时如果 LED 不停止闪烁，应检查 DP 从站，或查看 DP 从站的诊断数据。

（4）BF LED 闪烁，CPU 是活动的 DP 从站。可能的原因：超过了响应监视时间、DP 通信中断、错误的 PROFIBUS 地址和错误的项目组态。应检查 CPU、确认总线连接器是否安装正确、检查连接 DP 主站的总线电缆是否断路、检查组态数据和参数。

（5）BF2/BF3 LED 常亮：PROFINET 接口故障，不能通信。例如，作为 I/O 控制器的 CPU 与交换机或子网的连接断开、传输速率错误、未设置全双工模式。

（6）BF2/BF3 LED 闪烁：PROFINET 接口连接的 I/O 设备有故障，至少一个已分配的 I/O 设备无法寻址，项目组态错误。

### 2. 使用 FB125 诊断故障的方法

FB125 是西门子为 DP 网络故障诊断编写的功能块，可以指出哪些站点有故障，还可以用手动方式获取某一从站详细的诊断数据。FB125 提供的是经过处理的诊断信息，比直接分析 SFC13 读取的诊断数据方便一些。

FC125 是一个较简单的版本，它只提供哪些站点有故障，不能显示详细的诊断信息。FB125 内部调用了 SFC5、SFC6、SFC13、SFC41、SFC42、SFC49 和 SFC51。FC125 内部调用了 SFC51。

FB125 是中断驱动的功能块，可以分别在 OB1、OB82 和 OB86 中调用 FB125。实验证实了 FB125 和 FC125 的故障诊断功能。

FB125 用变量表显示其背景数据块中已组态的从站、检测到的从站、检测不到的从站、有故障的从站、受影响的从站和存储的受影响的从站。每一类从站占 16 个字节，分别可以显示 128 个站的状态。

可以用手动方式获取某个 DP 从站的详细诊断数据。需要用人机界面输入要诊断的从站的地址，用按钮启动对指定的从站的诊断。诊断的结果用变量表的形式给出，包括用数字代码表示的故障从站的地址、状态、制造商标识符、从站的错误编号、从站的错误类型编号，出错的模块的插槽号、模块的状态，出错的通道号、通道的类型、通道错误代码、通道的错误信息、S7 诊断的附加错误信息，还有 SFC13 读取的原始诊断数据。

FB125 存在的问题：

（1）FB125 的变量表需要一千多字节的存储区，占用的存储空间较多。

（2）只有英文的帮助文件，要求具有较高的英语阅读能力和阅读速度。

（3）分析 FB125 提供的诊断数据的工作量和难度很大，需要查很多表格。

（4）配套的人机界面的画面没有中文的，用于详细诊断的德语画面有较多的文本列表，它们包含了帮助文件中大量的表格的内容，翻译的工作量很大。

（5）同时只能手动显示一个从站、一个模块和一个通道的详细诊断信息，必须手动切换要诊断的对象。

（6）要想用好 FB125，还需要做大量的二次开发工作。如果不考虑对故障的详细诊断，只是用 FB125 来诊断和显示有故障的从站，还是很方便的。

### 3. 用报告系统错误功能诊断和显示故障

实现报告系统错误功能的操作步骤如下。

（1）生成项目，组态 S7-300/400 的站点和 PROFIBUS-DP 网络，组态 DP 从站，启用有诊断功能模块的诊断中断功能。

（2）选中硬件组态工具“HW Config”中的 CPU，执行菜单命令“选项”→“报告系统错误”，打开“报告系统错误”对话框。可以全部采用默认的参数，单击“生成”按钮，就可以自动生成用于诊断故障和发送消息的 OB、FB、FC 和 DB，以及 OB1、OB82 和 OB86 中调用诊断故障的 FB49 的程序。同时还生成了各机架、从站和模块对应的故障消息。每个从站和模块有两条自动生成的报警消息。

（3）生成一个人机界面的站点，打开网络组态工具 NetPro，将 PLC 和人机界面站点连接到 PROFIBUS 网络上。

（4）双击人机界面站点，打开集成在 STEP 7 项目中的 WinCC flexible 项目，双击项目视图的“通信”文件夹中的“连接”图标，在连接表中将 HMI 与 PLC 的通信连接设置为“开”。

（5）双击 WinCC flexible 项目视图的“\报警管理\设置”文件夹中的“报警设置”图标，在“报警设置”视图中，激活“S7 诊断报警”。选中“报警程序”表第一行“ALARM_S”列“所有显示的类”。

（6）在画面上生成一个报警视图，组态它的属性。在“常规”选项卡选中“报警事件”和“报警类别”列表中的“S7 报警”，生成“信息文本”和“确认”按钮。

（7）建立 PLC 和计算机的硬件通信连接，将 PLC 的用户程序和系统数据下载到 PLC。

（8）单击 WinCC flexible 工具栏上的“运行”按钮，启动 WinCC flexible 的运行系统，出现模拟的 HMI 画面。

（9）用电缆连接 CPU 和从站的 DP 接口，将 CPU 和 DP 从站切换到运行模式。断开 7 号从站（ET 200M）6 号槽的 AO 模块 0 号通道的电流输出电路，在仿真画面上出现“模拟输出断线”的消息。断开 5 号从站的电源，画面上出现 5 号从站故障的消息。

可以用 PLCSIM 对 PLC 仿真，用 WinCC flexible 的运行系统对触摸屏仿真，实现全软件的仿真。可以用 PLCSIM 和 WinCC 配合，做仿真实验。

### 4. 与网络通信故障有关的中断组织块

（1）诊断中断组织块 OB82

具有诊断功能并启用了诊断中断的模块检测到错误，以及错误消失时，产生诊断中断，CPU 的操作系统自动调用诊断中断组织块 OB82。

（2）优先级错误中断组织块 OB85

由于通信或组态的原因，模块不存在或有故障，刷新过程映像表时 I/O 访问出错，CPU 将会调用 OB85。S7-300 和 S7-400 默认的设置分别是发生 I/O 访问错误时不调用 OB85 和每个扫描循环周期都要调用一次 OB85。另一种可选的设置是错误刚发生和刚消失时分别调用一次 OB85。

（3）机架故障或分布式 I/O 的站故障中断（OB86）

如果扩展机架、DP 主站系统或分布式 I/O 出现故障，CPU 将在故障出现和消失时分别调用一次 OB86。

（4）I/O 访问错误中断（OB122）

CPU 如果用 PI/PQ 区的地址访问有故障的 I/O 模块、不存在的或有故障的 DP 从站，CPU 将在每个扫描循环周期调用一次 OB122。出现硬件和网络故障时，如果没有生成和下载对应的组织块，CPU 将切换到 STOP 状态。如果采用默认的设置，S7-300 应生成和下载 OB82、OB86 和 OB122；S7-400 还应增加 OB85。即使没有在这些 OB 中编写任何程序，出现上述故障时，CPU 也不会进入 STOP 模式。但是可能不易察觉到故障的出现和发生的频率，反而会给系统的安全带来威胁。

可以在上述 OB 中，用下面的程序记录故障出现的次数，并用人机界面显示。应设置一个将故障计数值清零的按钮。

```
L   MW   10
+   1
T   MW   10
```

可以用下面的程序调用 SFC20，将 OB86 的局部变量保存到某个数据块的数组中。

```
CALL "BLKMOV"
SRCBLK  :=P#L 0.0 BYTE 20
RET_VAL  :=MW54
DSTBLK  :=DB86.ARY
```

表 4-1 是 DP 从站出现故障时保存的 OB86 的局部数据。OB86 的在线帮助给出了局部数据意义的详细解释。DBB0 的 16#39、16#38 分别表示故障出现和消失。DBB1 为#C3～C5 时分别表示 DP 网络故障、DP 从站故障和 DP 从站内部的故障。

**表 4-1 OB86 的局部数据**

| 地 址 | 名 称 | 类 型 | 初 始 值 | 实 际 值 |
|---|---|---|---|---|
| 0.0 | ARY [1] | DWORD | DW#16#0 | DW#16#39C41A56 |
| 4.0 | ARY [2] | DWORD | DW#16#0 | DW#16#C05407FF |
| 8.0 | ARY [3] | DWORD | DW#16#0 | DW#16#07FC0103 |
| 12.0 | ARY [4] | DWORD | DW#16#0 | DW#16#10100913 |
| 16.0 | ARY [5] | DWORD | DW#16#0 | DW#16#10226067 |

在 DP 从站故障时，DBW10 中的 16#0103 表示 DP 网络编号为 1，从站的站地址为 3。DBD12 和 DBD16 是调用 OB 的日期和时间。可以编写程序来分析局部数据，并用人机界面显示分析的结果。如在某个 DP 从站出现故障时将画面上对应的指示灯点亮，在故障消失时将对应的指示灯关掉。

可以用类似的方法编写 OB82 中的程序，但是 OB82 的局部数据并不包含与诊断故障有关的全部信息，如并不包含 AO 模块输出电路开路和短路的故障信息，还有使用 FB13 诊断故障的方法。

# 4.3 PROFIBUS-DP 通信应用方法

## 4.3.1 利用 I/O 口实现小于 4 个字节直接 PROFIBUS 通信的方法

直接利用 I/O 口实现小于 4 个字节直接 PROFIBUS 通信的方法包含两个方面的内容：用

装载指令访问实际 I/O 口——如主站与 ET 200M 扩展 I/O 口之间的通信和用装载指令访问虚拟 I/O 口——如主站与智能从站的 I/O 口之间的通信，下面分别予以介绍。

### 1. 集成 DP 口 CPU 与 ET 200M 之间的远程通信

ET 200 系列是远程 I/O 站，为减少信号电缆的敷设，可以在设备附近根据不同的要求放置不同类型的 I/O 站，如 ET 200M、ET 200B、ET 200X、ET 200S 等，ET 200M 适合在远程站点 I/O 点数量较多的情况下使用，下面将以 ET 200M 为例介绍远程 I/O 的配置主站为集成 DP 接口的 CPU。

（1）硬件连接如图 4-8 所示。

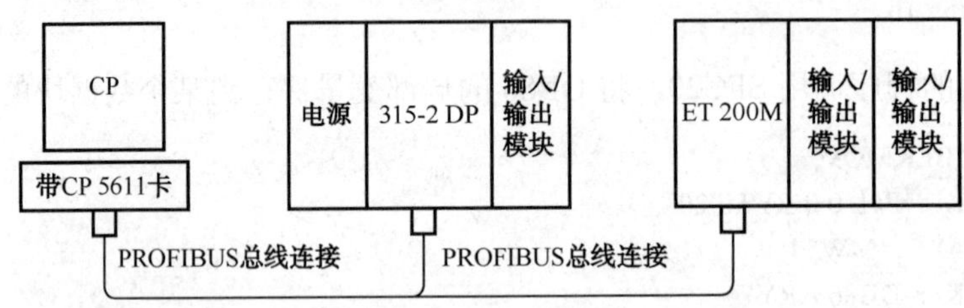


图 4-8 集成 DP 口 CPU 与 ET 200M 硬件连接

（2）资源需求：带集成 DP 口的 S7-300 的 CPU 315-2 DP 作为主站、从站为带 I/O 模块的 ET 200M、PROFIBUS 网卡 CP 5611、PROFIBUS 总线连接器及电缆、STEP 7 V5.2。

（3）网络组态及参数设置。

① 按图 4-8 连接 CPU 315C-2 DP 集成的 DP 接口与 ET 200M 的 PROFIBUS-DP 接口。先用 PROFIBUS 电缆将 PROFIBUS 卡 CP 5611 连接到 CPU 315-2 DP 的 PROFIBUS 接口，对 CPU 315-2 DP 进行初始化，同时将 ET 200M 的“BUS ADDRESS”拨盘开关的 PROFIBUS 地址设定为 4，如图 4-9 所示，即把数字“4”左侧对应的开关拨向右侧即可。如果设定 PROFIBUS 地址为 6，则把“2”、“4”两个数字左侧对应的开关拨向右侧，以此类推。

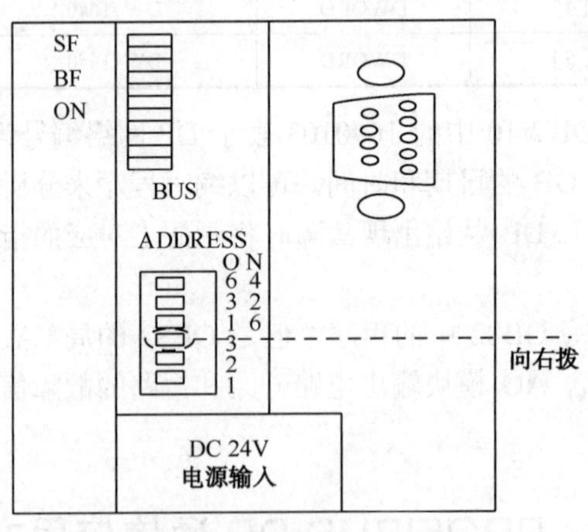


图 4-9 ET 200M 的外形图

② 在 STEP 7 中新建一个“ET 200M 作为从站的 DP 通信”的项目。先插入一个 S7-300 站，然后双击“Hardware”选项，进入“HW Config”窗口。单击“Catalog”图标打开硬件目录，按硬件安装次序和订货号依次插入机架、电源、CPU 等进行硬件组态，如图 4-10 所示。

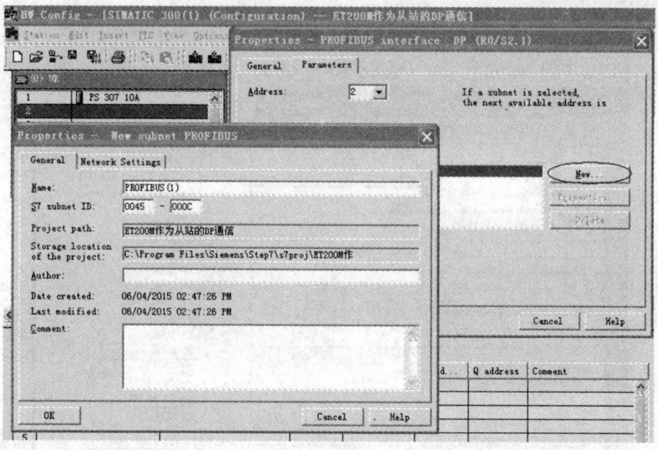

图 4-10　CPU 315-2 DP PROFIBUS 网络配置

③ 插入 CPU 同时弹出 PROFIBUS 组态界面，单击“New”按钮，新建 PROFIBUS（1），组态 PROFIBUS 站地址为 2。单击“Properties”按钮组态网络属性，选择“Network Settings”标签，界面如图 4-11 所示，单击“OK”按钮确认，完成 PROFIBUS 网络创建，同时界面出现 PROFIBUS 网络。

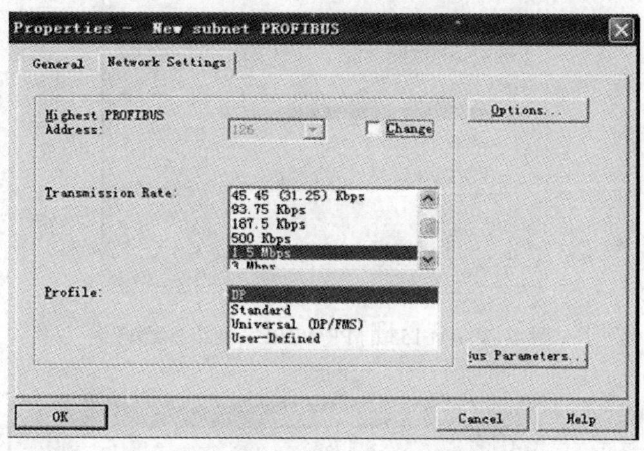

图 4-11　PROFIBUS-DP 的网络参数设置

④ 在 PROFIBUS-DP 选项中，通过左边的“PROFIBUS-DP”→“ET 200M”→“IM 153-1”路径，选择接口模块 IM 153-1，添加到 PROFIBUS 网络上，如图 4-12 所示。添加是通过拖曳完成的，如果位置有效，则会在鼠标的箭头上出现“+”标记，此时释放 IM 153-1。在释放鼠标的同时，会弹出如图 4-13 所示对话框，进行 IM 153 的 PROFIBUS 网络参数配置。图 4-14 为 CPU 315-2 DP、ET 200M 的 I/O 模块配置图，定义 ET 200M 接口模块 IM 153-2 的 PROFIBUS 站地址，组态的站地址必须与 IM 153-2 上拨码开关设定的站地址相同，本例中站地址为 4。然后组态 ET 200M 上的 I/O 模块，设定 I/O 点的地址，ET 200M 的 I/O 地址区与中央扩展的 I/O 地址区一致，不能冲突，本例中 ET 200M 上组态了 16 点输入和 16 点输出，开始地址为 1，访问这些点时用 I 区和 Q 区，例如输入点为 I1.0，第一个输出点为 Q1.0，实际使用时 ET 200M 所带的 I/O 模块就好像是集成在 CPU 315-2 DP 上的一样，编程非常简单。

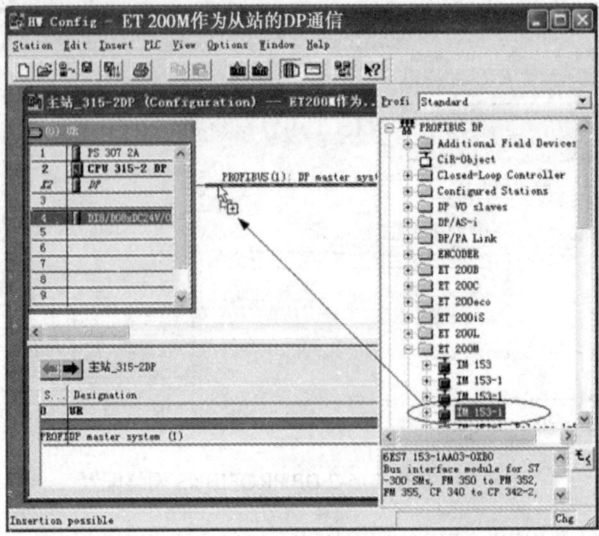


图 4-12　加载 IM 153-1 至 PROFIBUS（1）网络过程示意图

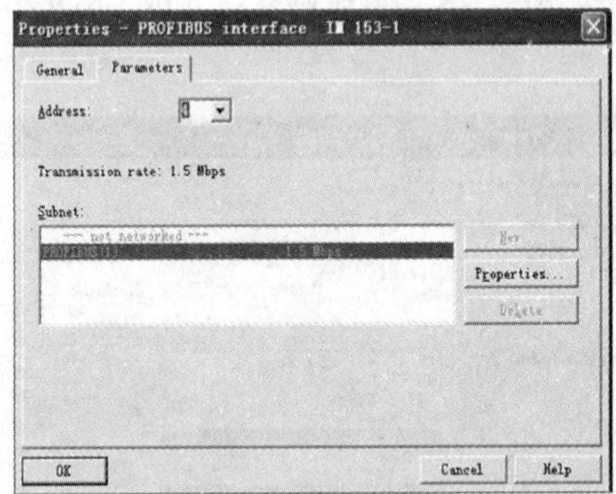


图 4-13　IM 153 的 PROFIBUS 网络参数配置

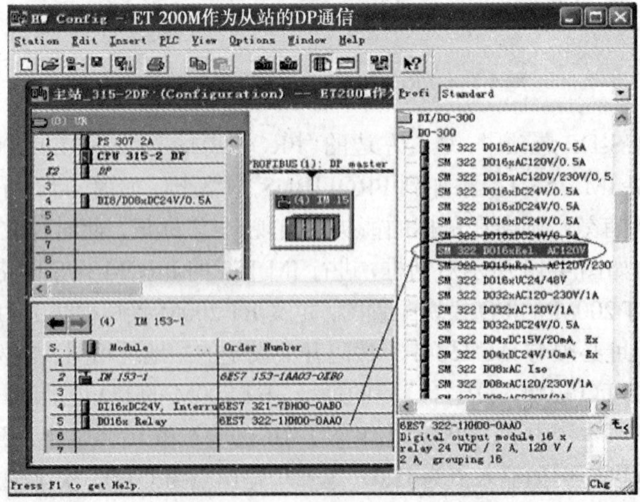


图 4-14　CPU 315-2 DP、ET 200M 的 I/O 模块配置

### 2. 通过 CPU 集成 DP 口连接智能从站

下面将建立一个以 CPU 315-2 DP 为主站、CPU 313C-2 DP 为智能从站的通信系统，全面介绍智能从站的组态和使用方法。

（1）硬件连接如图 4-15 所示。

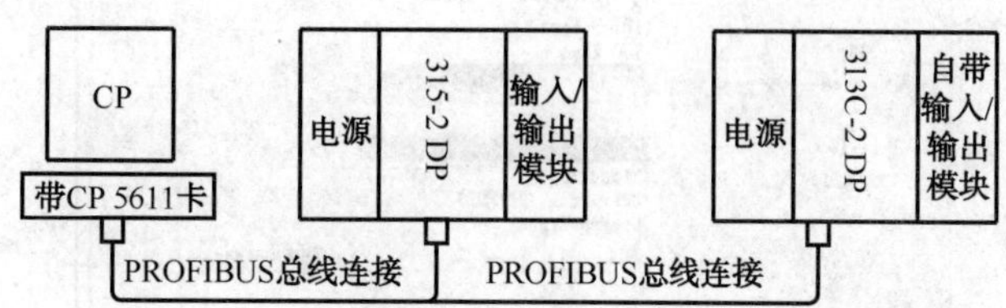


图 4-15　PROFIBUS 连接智能从站硬件

**注意**：把 CPU 315-2 DP 集成的 DP 口和 CPU 313C-2 DP 的 DP 口按图 4-15 连接，然后分别组态主站和从站，原则上先组态从站。

（2）资源需求：带集成 DP 口的 S7-300 的 CPU 315-2 DP 作为主站、从站为带集成 DP 口的 S7-300 的 CPU 313C-2 DP、PROFIBUS 网卡 CP 5611、PROFIBUS 总线连接器及电缆、STEP 7 V5.2。

（3）网络组态及参数设置。

① 组态从站硬件。

在 STEP 7 中新建一个名为“主站与智能从站的通信”的项目。先插入一个 S7-300 站，然后双击“Hardware”选项，进入“HW Config”窗口。单击“Catalog”图标打开硬件目录，按硬件安装次序和订货号依次插入机架、电源、CPU 等进行硬件组态。插入 CPU 时会同时弹出 PROFIBUS 组态界面，如图 4-16 所示。单击“New”按钮新建 PROFIBUS(1)，组态 PROFIBUS 站地址，本例中为 4。单击“Properties”按钮组态网络属性，选择“Network Settings”标签进行网络参数设置，在本例中设置 PROFIBUS 的传输速率为“1.5Mbps”，行规为“DP”，如图 4-17 所示。

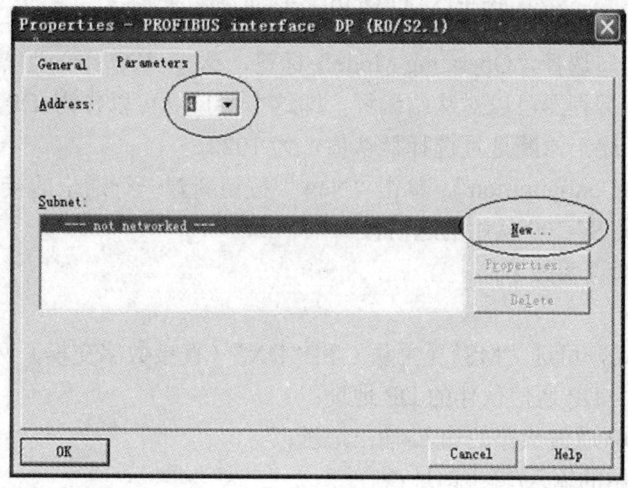


图 4-16　PROFIBUS 组态界面

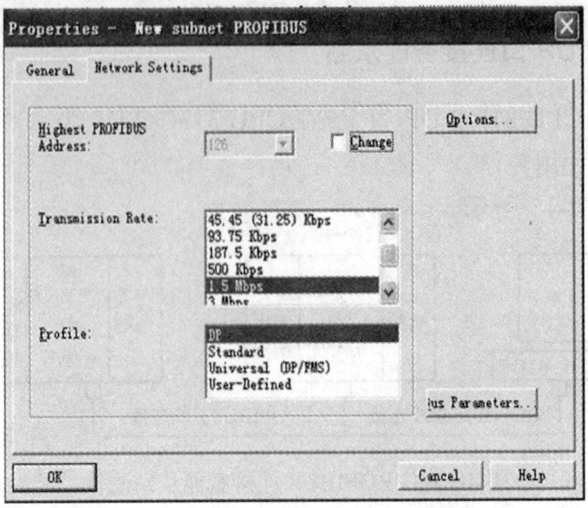

图 4-17　PROFIBUS-DP 的网络参数设置

双击 CPU 313C-2 DP 项下的“DP”项，会弹出 PROFIBUS-DP 的属性菜单，如图 4-18 所示。

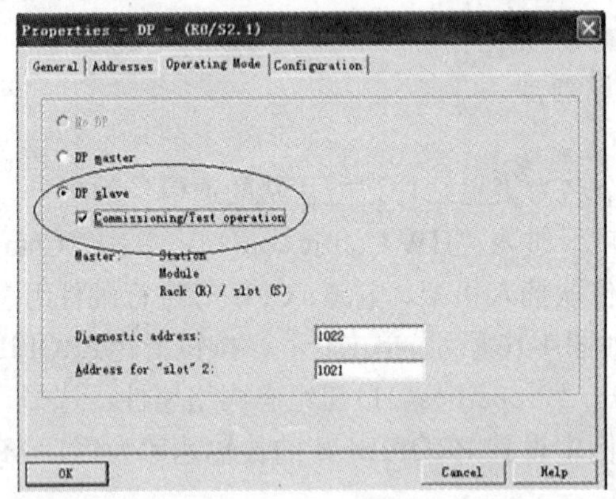


图 4-18　PROFIBUS-DP 的属性菜单

先在网络属性窗口选择“Operating Mode”标签，选择“DP slave”操作模式，如果其下的复选框被激活，则编程器可以对从站编程，即这个接口既可以作为 DP 从站，同时还可以通过这个接口监控程序。诊断地址选择默认值，为 1022。

接着选择标签“Configuration”，单击“New”按钮新建一行通信的接口区，如图 4-19 所示。在图 4-19 中定义 S7-300 从站的通信接口区。

图 4-19 中的参数说明如下：

Row：行编号；

Mode：通信模式，可选“MS”（主从）和“DX”（直接数字交换）两种模式；

Partner DP Addr：DP 通信伙伴的 DP 地址；

Partner Addr：DP 通信伙伴的输入/输出地址；

Local Addr：本站的输入/输出地址；

Length：连续的输入/输出地址区的长度；

Consistency：数据的连续性。

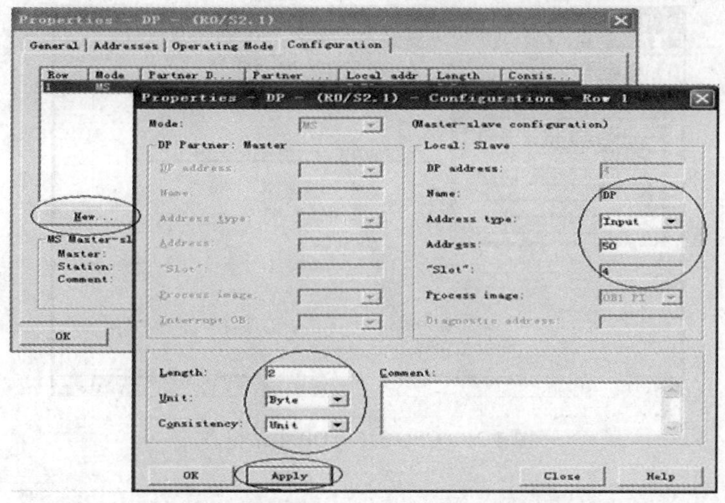

图 4-19　定义 S7-300 从站的通信接口区

设置完成后单击“Apply”按钮确认，可再加入若干行通信数据，通信区的大小与 CPU 型号有关，最大为 244 个字节。图 4-19 中主站的接口区是虚的，不能操作，等到组态主站时，虚的选项框将被激活，可以对主站通信参数进行设置。在本例中分别设置一个 Input 区和一个 Output 区，其长度均为 2 个字节。设置完成后在“Configuration”标签中会看到这两个通信接口区，如图 4-20 所示。

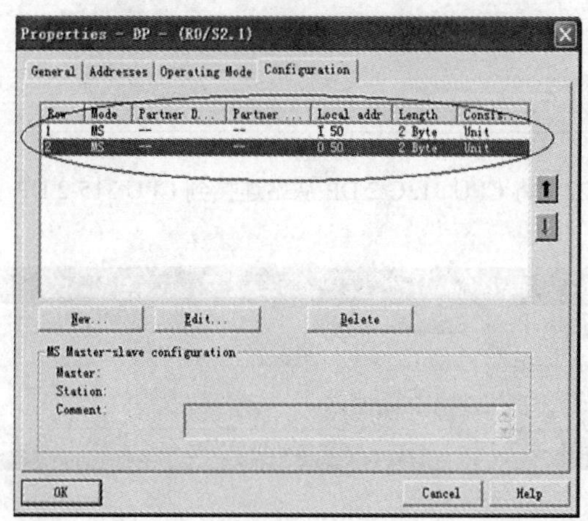

图 4-20　313C-2 DP 智能从站通信接口区参数配置结果

② 组态主站硬件。

组态完从站后，以同样的方式建立 S7-300 主站并组态，本例中设置站地址为 2，并选择与从站相同的 PROFIBUS 网络，如图 4-21 所示。

打开硬件目录，选择“PROFIBUS-DP”→“Configured Stations”，单击“CPU 31x”，将其拖曳到 DP 主站系统的 PROFIBUS 总线上，从而将其连接到 DP 网络上，如图 4-22 所示。此时自动弹出“DP slave properties”界面，在“Connection”标签中选择已经组态过的从站，如果有多个从站时，要一个一个连接，上面已经组态完的 CPU 313C-2 DP 从站可在列表中看到，单击“Connect”按钮将其连接至网络，如图 4-23 所示。

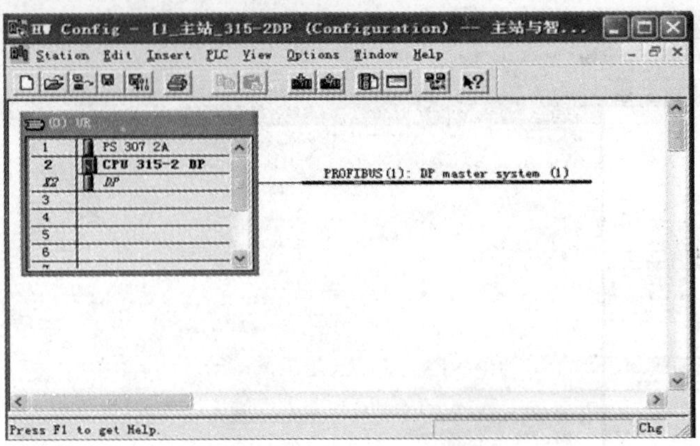


图 4-21　CPU 315-2 DP 主站组态

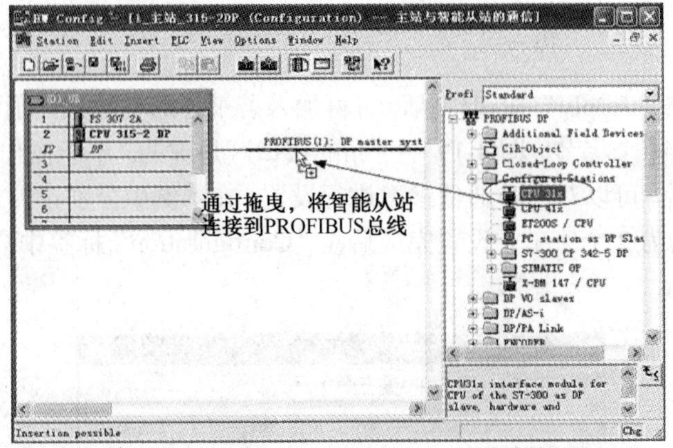


图 4-22　将 CPU 313C-2 DP 从站连接到 CPU 315-2 DP 主站

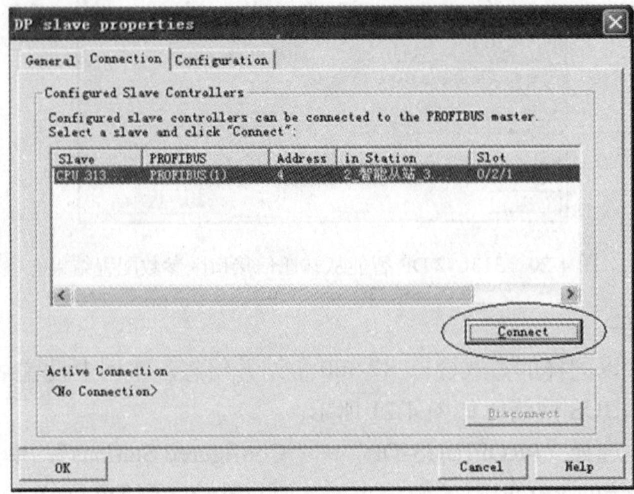


图 4-23　CPU 313C-2 DP 从站连接到 CPU 315-2 DP 主站的过程

然后单击“Configuration”标签，设置主站的通信接口区。从站的输出区与主站的输入区相对应，从站的输入区和主站的输出区相对应，如图 4-24 所示，结果如图 4-25 所示。

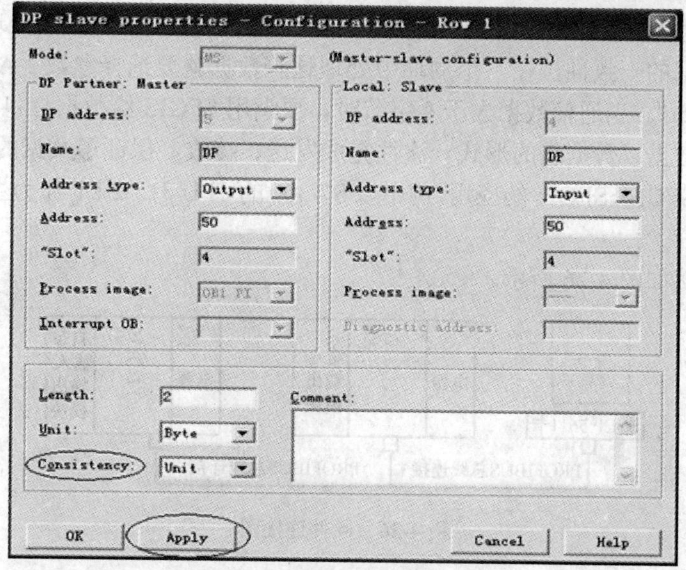


图 4-24　主、从站之间的输入/输出接口区设置

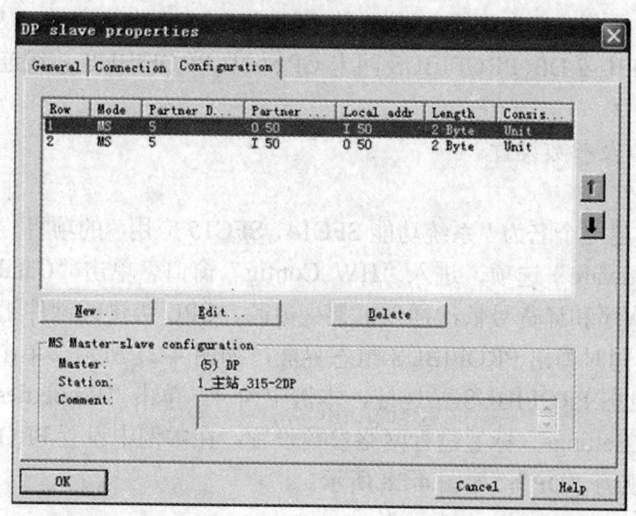


图 4-25　主、从站之间的输入/输出接口区配置结果

配置完以后，用 PROFIBUS 接口分别下载初始化接口数据到各自的 CPU 中。在本例中，主站的 QB50、QB51 的数据将自动对应从站的数据区 IB50、IB51，从站的 QB50、QB51 对应主站的 IB50、IB51。在多从站系统中，为了防止某一点掉电而影响其他 CPU 的运行，可以分别调用 OB82、OB86、OB122（S7-300）和 OB82、OB85、OB86、OB122（S7-400）进行处理。

## 4.3.2　系统功能 SFC14、SFC15 的 PROFIBUS 通信应用

在组态 PROFIBUS-DP 通信时常常会见到参数“Consistency”(数据的一致性)，如图 4-24 所示，如果选择“Unit”，数据的通信将以在参数“Unit”中定义的格式——字或字节来发送和接收，例如，主站以字节格式发送 20 个字节，从站将一字节一字节地接收和处理这 20 个

字节。若数据到达从站接收区不在同一时刻，从站可能不在一个循环周期处理接收区的数据，如果想要保持数据的一致性，在一个周期中处理这些数据就要选择参数“All”，有的版本是参数“Total Length”。当通信数据大于 4 字节时，要调用 SFC15 给数据打包，调用 SFC14 给数据解包，这样数据以数据包的形式一次性完成发送、接收，保证了数据的一致性。下面将用一个案例介绍SFC14、SFC15的应用，例中以S7-300的CPU 315-2 DP 作为主站，CPU 313C-2 DP 作为从站。

（1）硬件连接如图 4-26 所示。

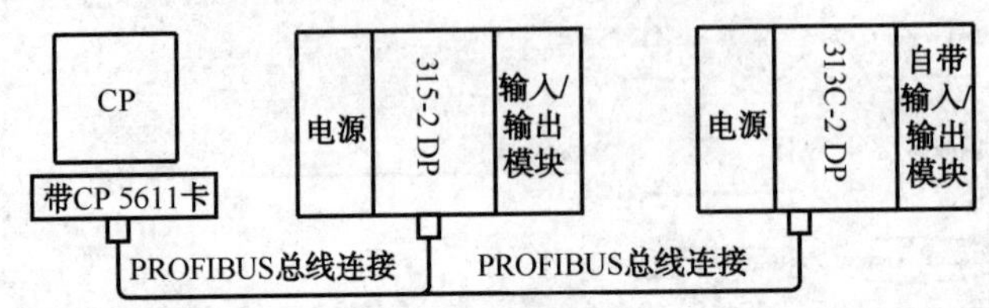


图 4-26　硬件连接图

**注意**：把 CPU 315-2 DP 集成的 DP 口和 CPU 313C-2 DP 的 DP 口按图 4-26 连接，然后分别组态主站和从站，原则上先组态从站。

（2）资源需求：带集成 DP 口的 S7-300 的 CPU 315-2 DP 作为主站、从站为带集成 DP 口的 S7-300 的 CPU 313C-2 DP、PROFIBUS 网卡 CP 5611、PROFIBUS 总线连接器及电缆、STEP 7 V5.2。

（3）网络组态以及参数设置。

① 组态从站硬件。

在 STEP 7 中新建一个名为“系统功能 SFC14、SFC15 应用”的项目。先插入一个 S7-300 站，然后双击“Hardware”选项，进入“HW Config”窗口。单击“Catalog”图标打开硬件目录，按硬件安装次序和订货号依次插入机架、电源、CPU 等进行硬件组态。

插入 CPU 时会同时弹出 PROFIBUS 组态界面，如图 4-27 所示。单击“New”按钮新建 PROFIBUS（1），组态 PROFIBUS 站地址，本例中为 4。单击“Properties”按钮组态网络属性，选择“Network Settings”标签进行网络参数设置，在本例中设置 PROFIBUS 的传输速率为“1.5Mbps”，行规为“DP”，如图 4-28 所示。

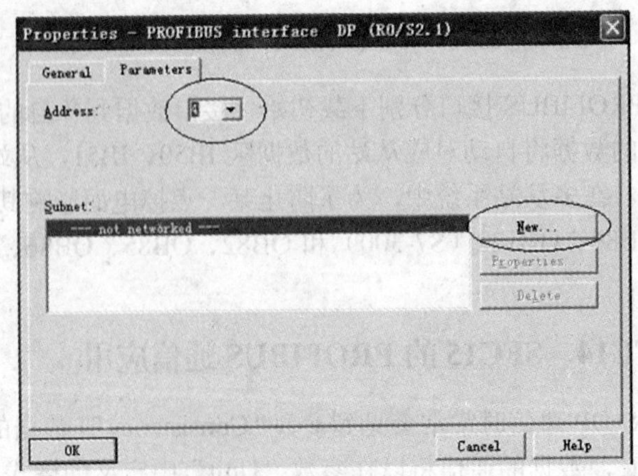


图 4-27　PROFIBUS 组态界面

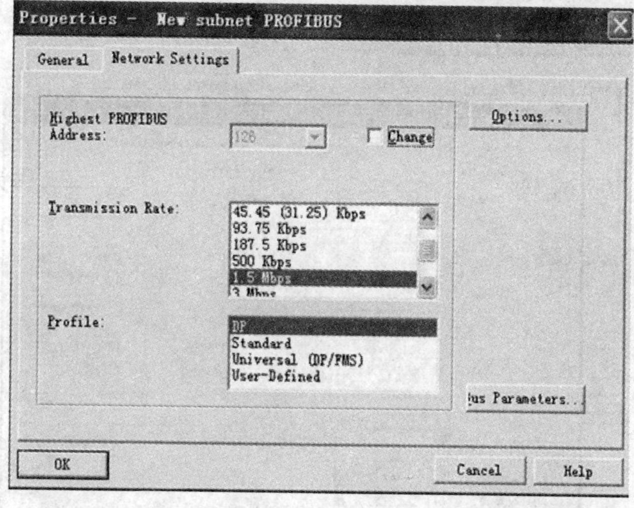


图 4-28 配置 CPU 313C-2 DP 智能从站网络参数

双击 CPU 313C-2 DP 项下的“DP”项，会弹出 PROFIBUS-DP 的属性菜单，如图 4-29 所示。在网络属性窗口选择“Operating Mode”标签，勾选“DP slave”操作模式，如果其下的复选框被激活，则编程器可以对从站编程，即这个接口既可以作为 DP 从站，同时还可以通过这个接口监控程序。诊断地址为 1022，为 PROFIBUS 诊断时，选择默认值即可。选择“Configuration”标签，单击“New”按钮组态通信的接口区，如输入区 IB50～IB69 共 20 个字节；“Consistency”属性选择“All”，如图 4-30 所示。在本例中组态从站通信接口区输入为 IB50～IB69，输出为 QB50～QB69。单击“Apply”按钮确认后，可再加入若干行通信数据。全部通信区的大小与 CPU 型号有关，组态完成后下载到 CPU 中。

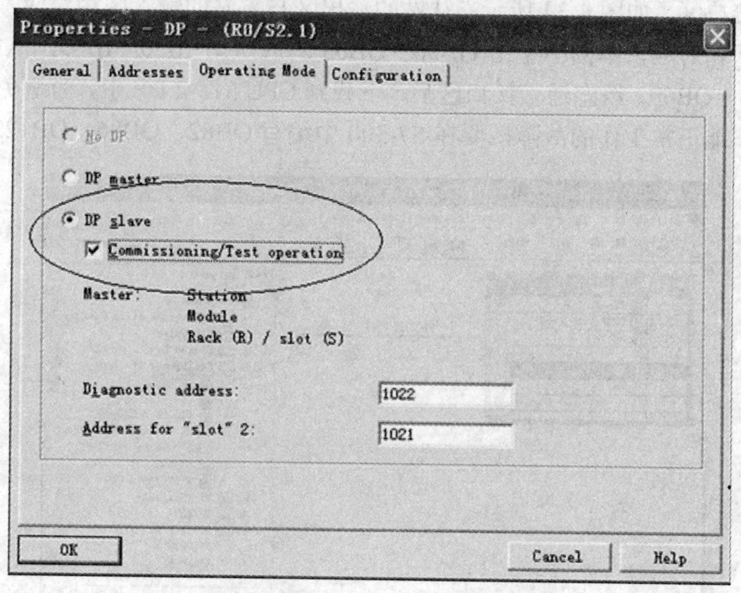


图 4-29 PROFIBUS-DP 的属性菜单

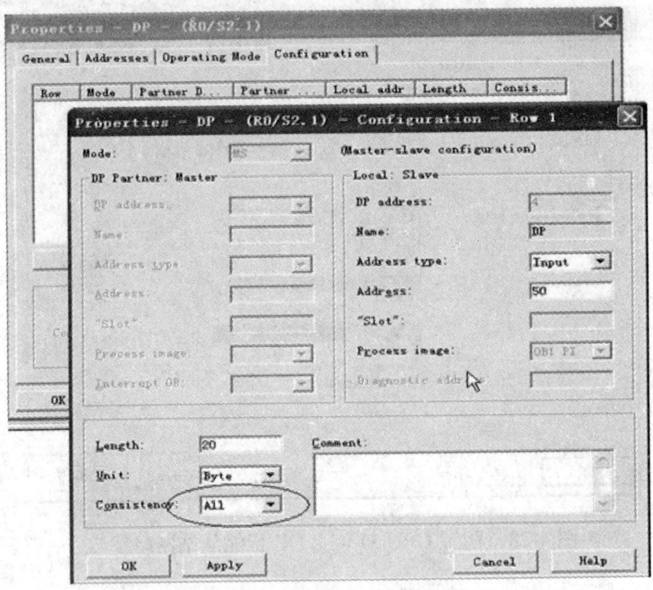

图 4-30　定义 S7-300 从站的通信接口区

② 组态主站硬件。

以同样的方式组态 S7-300 主站。配置 PROFIBUS-DP 的站地址为 2，与从站选择同一条 PROFIBUS 网络（见图 4-31）。然后打开硬件目录，选择“PROFIBUS DP”→“Configured Stations”，单击“CPU 31x”，将其连接到 DP 主站系统的 PROFIBUS 总线上。此时会自动弹出“DP slave properties”窗口，在其中的“Connection”标签中选择已经组态过的从站（见图 4-32）。然后选择“Configuration”标签，出现如图 4-33 所示界面，单击“Edit”按钮，设置主站的通信接口区，如图 4-34 所示。从站的输出区与主站的输入区相对应，从站的输入区与主站的输出区相对应，本例中主站 QB50～QB69 对应从站 IB50～IB69，从站 IB50～IB69 对应主站 QB50～QB69。组态通信接口区后，下载到 CPU 315-2 DP 中，为避免因某个站点掉电使整个网络不能正常工作的故障，要在 S7-300 中编写 OB82、OB86、OB122 组织块。

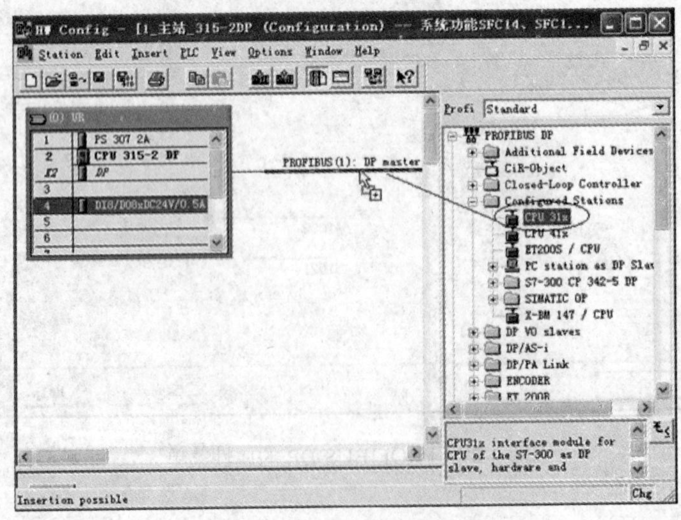

图 4-31　组态 CPU 315-2 DP 主站

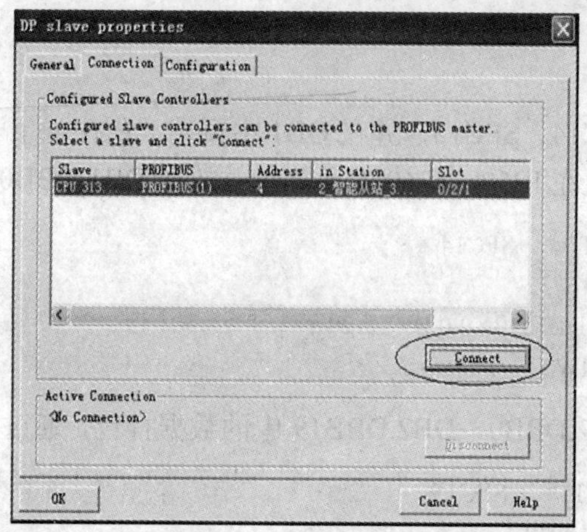


图 4-32　连接 CPU 313C-2 DP 智能从站

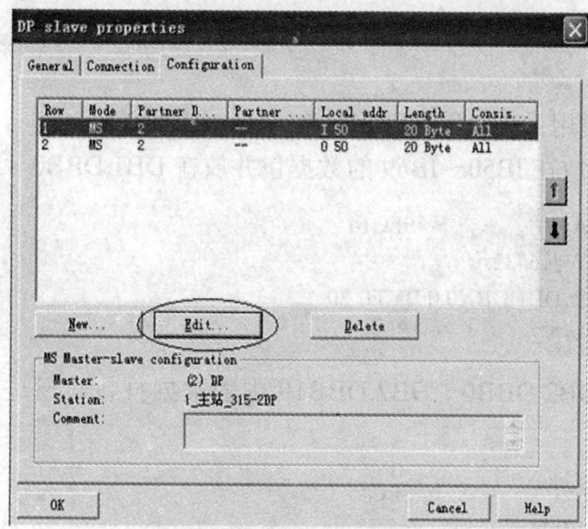


图 4-33　设置主站通信接口区

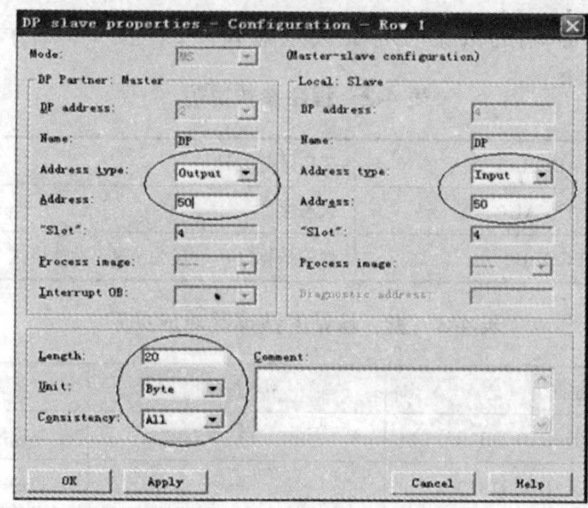


图 4-34　配置输入/输出接口区

（4）通信编程。

① 编写主站程序。

在系统块中找到 SFC14、SFC15，并在 OB1 中调用，程序如下。

SFC14 解开主站存放在 IB50～IB69 的数据包并放在 DB1.DBB0～DB1.DBB19 中。

```
CALL"DPRD_DAT"      SFC14
LADDR:=     W#16#32
RECORD:=     P#DB1.DBX0.0 BYTE 20
RET_VAL:=     MW2
```

SFC15 给存放在 DB2.DBB0～DB2.DBB19 中的数据打包，通过 QB50～QB69 发送出去。

```
CALL"DPWR_DAT"      SFC15
LADDR:=     W#16#32
RECORD:=     P#DB2.DBX0.0 BYTE 20
RET_VAL:=     MW4
```

**说明：**LADDR 的值是 W#16#32，表示十进制数“50”，和硬件组态虚拟地址一致。

② 编写从站程序。

在从站的 OB1 中调用系统功能 SCF14、SCF15，程序如下。

SFC14 解开主站存放在 IB50～IB69 的数据包并放在 DB1.DBB0～DB1.DBB19 中。

```
CALL"DPRD_DAT"             SFC14
LADDR    :=    W#16#32
RECORD  :=    P#DB1.DBX0.0 BYTE 20
RET_VAL :=    MW2
```

SFC15 给存放在 DB2.DBB0～DB2.DBB19 中的数据打包，通过 QB50～QB69 发送出去。

```
CALL"DPWR_DAT"             SFC15
LADDR    :=    W#16#32
RECORD  :=    P#DB2.DBX0.0 BYTE 20
RET_VAL :=    MW4
```

程序参数说明及主、从站的数据区对应关系如表 4-2、表 4-3 所示。

**表 4-2　程序参数说明**

| 参数说明 | LADDR | 接口区起始地址 |
|---|---|---|
| | RET_VAL | 状态字 |
| | RECORD | 通信数据区，一般为 ANY 指针格式 |

**表 4-3　主、从站的数据区对应关系**

| 数据对应 | 主站数据 | 传输方向 | 从站数据 |
|---|---|---|---|
| | 输入：DB1.DB0～DB1.DB19 | ← | 输出：DB2.DB0～DB2.DB19 |
| | 输出：DB2.DB0～DB2.DB19 | → | 输入：DB1.DB0～DB1.DB19 |

### 4.3.3 多个 S7-300 之间的 PROFIBUS 通信实现

多个 S7-300 之间的 PROFIBUS 通信方法在实际工业控制中非常普遍，本小节以一个 CPU 315-2 DP 为主站，两个 CPU 313C-2 DP 为从站，介绍多个 CPU 之间的通信方法。

（1）资源需求

带集成 DP 口的 S7-300 CPU 315-2 DP 作为主站、带集成 DP 口的 S7-300 CPU 313C-2 DP 作为从站、PROFIBUS 网卡 CP 5611、PROFIBUS 总线连接器及电缆。

（2）硬件连接

硬件连接如图 4-35 所示。

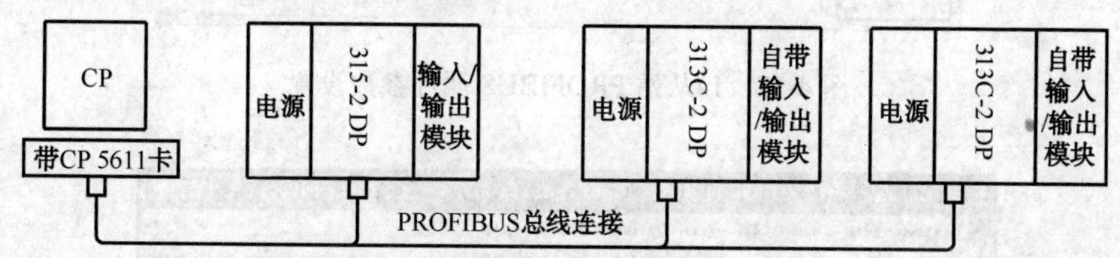


图 4-35 硬件连接图

（3）网络连接及参数设置

在 STEP 7 中新建一个名为“多个 CPU 之间 PROFIBUS 通信”的项目，右击，在弹出菜单中选择“Insert New Object”→“SIMATIC 300 Station”，插入 S7-300 站，本项目中采用 CPU 313C-2 DP。

① 配置 1#从站。

双击“Hardware”选项，进入“HW Config”窗口。单击“Catalog”图标打开硬件目录，按硬件安装次序和订货号依次插入机架、电源、CPU 等进行硬件组态。在插入 CPU 313C-2 DP 的同时，会弹出如图 4-36、图 4-37 所示对话框，设定 PROFIBUS 地址为 4，单击“New”按钮，新建 PROFIBUS 网络（1），并设定基本参数，单击“OK”按钮，结果如图 4-38 所示。双击图 4-38 中的“DP”项，弹出如图 4-39 所示对话框。选择“Operating Mode”标签，勾选“DP slave”选项，然后选择“Configuration”标签进行从站接口区的配置，结果如图 4-40 所示。本项目中采用“Unit”、“Byte”通信数据配置方法。

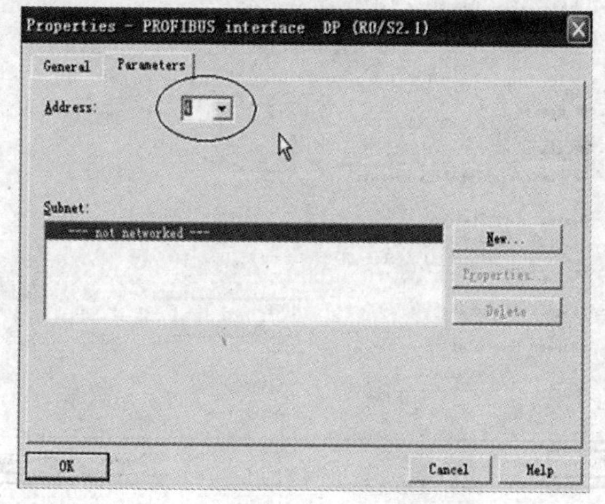


图 4-36 1#从站添加 PROFIBUS 网络

Properties - PROFIBUS
General
Network Settings
Highest PROFIBUS Address:
126
Change
Options...
Transmission Rate:
45.45 (31.25) Kbps
93.75 Kbps
187.5 Kbps
500 Kbps
1.5 Mbps
Profile:
DP
Standard
Universal (DP/FMS)
User-Defined
OK
Cancel
Help

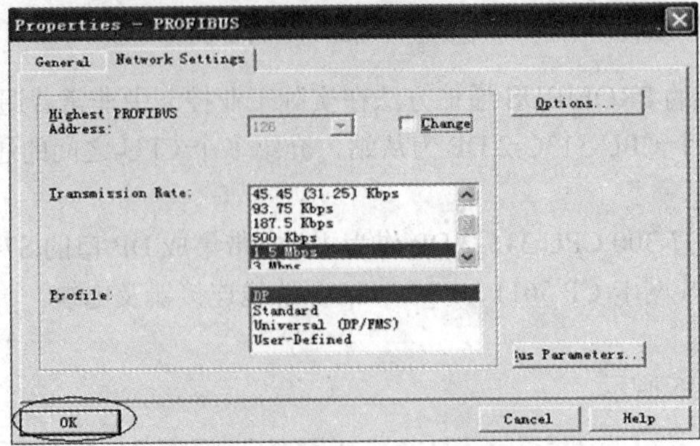

图 4-37　1#从站 PROFIBUS 属性参数设置

HW Config - [2_313C-2DP从站1 (Configuration) -- 多个CPU之间P...
Station Edit Insert PLC View Options Window Help
(0) UR
PS 307 2A
CPU 313C-2 DP
DP
DI16/DO16
Count
Profi
Standard
PROFIBUS DP
PROFIBUS-PA
SIMATIC 300
SIMATIC 400
SIMATIC PC Based Control 300/4
SIMATIC PC Station
PROFIBUS-DP slaves for SIMATIC S7, M7, and C7 (distributed rack)
Press F1 to get Help.

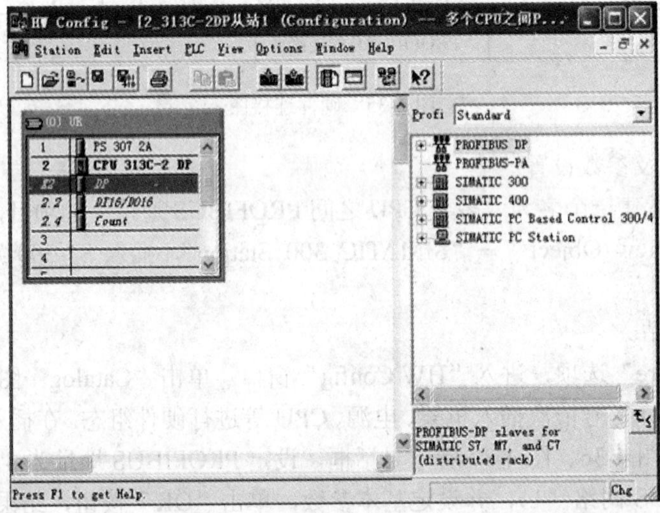

图 4-38　1#从站添加后的结果

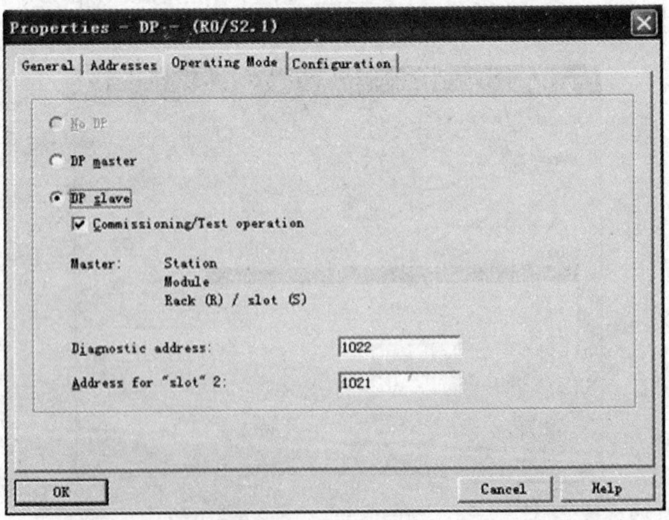

Properties - DP - (R0/S2.1)
General
Addresses
Operating Mode
Configuration
No DP
DP master
DP slave
Commissioning/Test operation
Master:
Station
Module
Rack (R) / slot (S)
Diagnostic address:
1022
Address for "slot" 2:
1021
OK
Cancel
Help

图 4-39　配置 S7-300 CPU 313C-2 DP 为智能从站

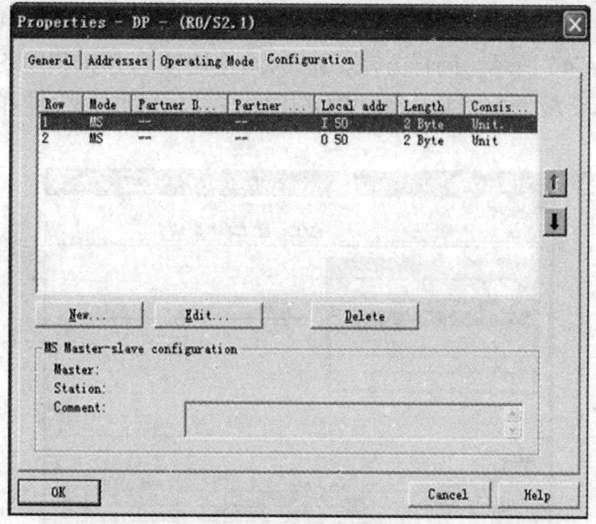


图 4-40　1#智能从站输入/输出区配置结果

② 配置 2#从站。

2#智能从站的配置过程和 1#从站的配置过程基本相同，不再赘述。从站接口区的配置结果如图 4-41 所示。本项目中设置 2#从站 PROFIBUS 站地址为 6，采用“Unit”、“Byte”通信数据配置模式。

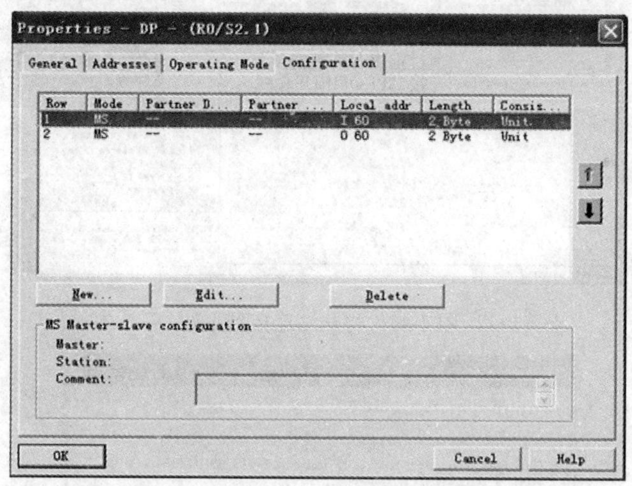


图 4-41　2#智能从站输入/输出区配置结果

③ 配置主站。

组态完从站后，以同样的方式建立 S7-300 主站（CPU 为 315-2 DP）并组态，本例中设置主站 PROFIBUS 站地址为 2，并选择与从站相同的 PROFIBUS 网络，如图 4-42 所示。

打开硬件目录，选择“PROFIBUS DP”→“Configured Stations”，单击“CPU 31x”，将其拖曳到 DP 主站系统的 PROFIBUS 总线上，从而将其连接到 DP 网络上，如图 4-43 所示。此时自动弹出“DP slave properties”界面，在其中的“Connection”标签中选择已经组态过的从站，如果有多个从站时，要一个一个连接，上面已经组态完的 S7-300 从站可在列表中看到，单击“Connect”按钮将地址为“4”的从站接至网络，如图 4-44 所示。然后单击“Configuration”

标签，出现如图 4-45 所示界面，单击任一行 I/O 配置，单击“Edit”按钮，进行输入/输出区域的配置，结果如图 4-46 所示。同样方法，把 6#站也连接到 PROFIBUS-DP 网络上，结果如图 4-47、图 4-48 所示。配置完以后，用 PROFIBUS 接口分别下载到各自的 CPU 中初始化接口数据。

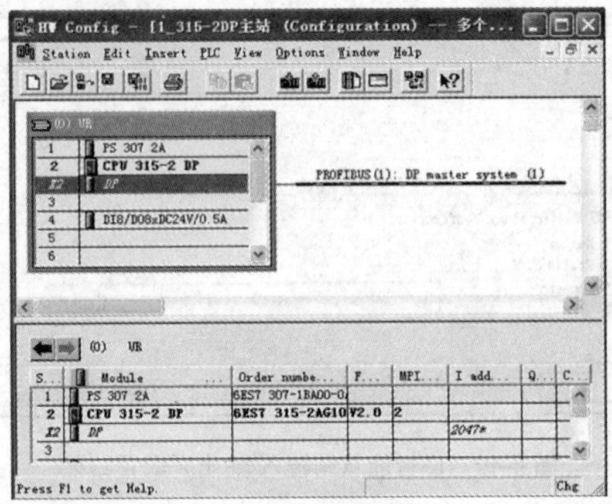

图 4-42　主站 PROFIBUS 配置

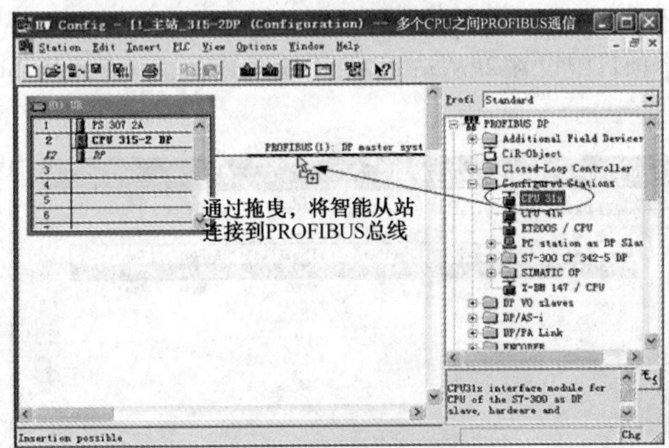


图 4-43　将从站连接到主站

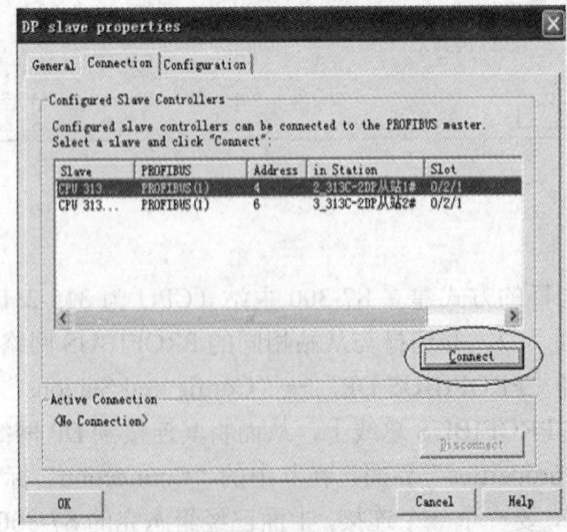

图 4-44　向主站 PROFIBUS 添加 S7-300 从站

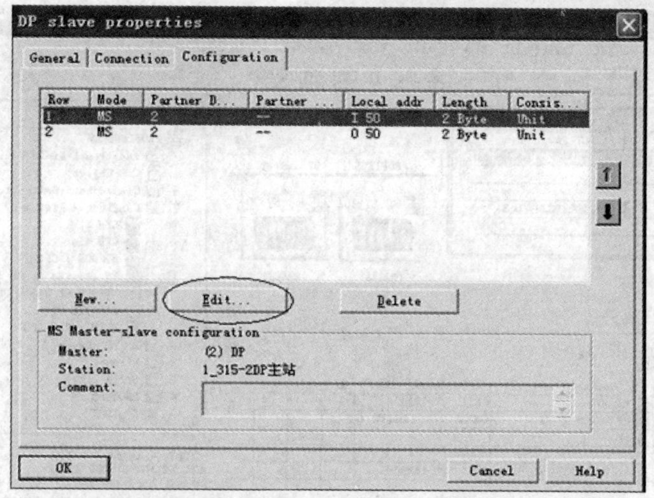


图 4-45　1#从站输入/输出区域选择

图 4-46　1#从站输入/输出区域配置

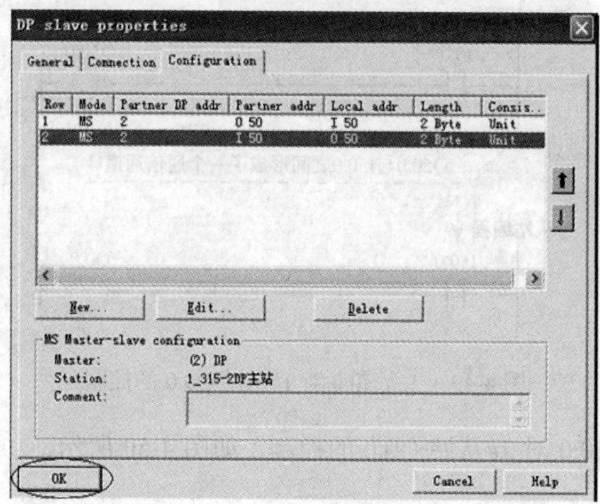


图 4-47　1#从站输入/输出区域配置结果

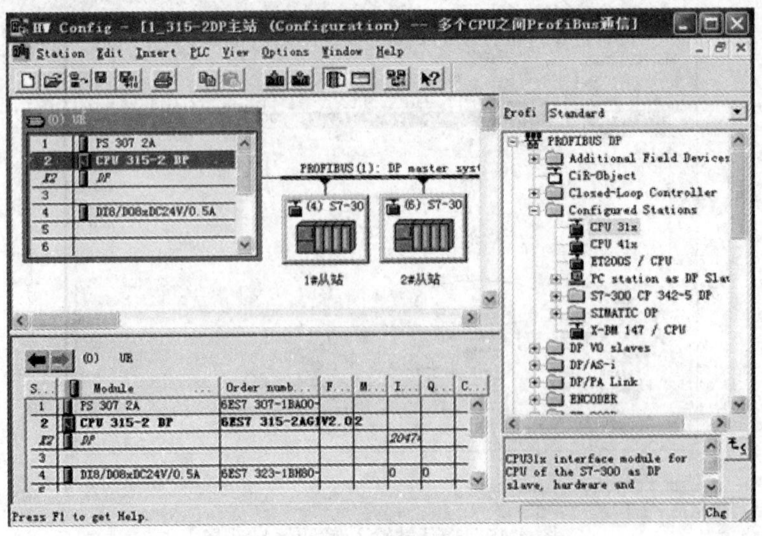

图 4-48 多 CPU 通信配置硬件连接结果

本例中，主站与 1#、2#从站的通信区域对应关系如表 4-4 所示。为避免出现某一个站点掉电使整个网络不能工作的故障，需要在几个 CPU 中加入 OB82、OB86、OB122 等组织块，必要时还要对其进行编程。

表 4-4 主站与 1#、2#从站的通信区域对应关系

| 主　站 | 传输方向 | 1#从站 | 主　站 | 传输方向 | 2#从站 |
|---|---|---|---|---|---|
| IB50 | ← | QB50 | IB60 | ← | QB60 |
| IB51 | ← | QB51 | IB61 | ← | QB61 |
| QB50 | → | IB50 | QB60 | → | IB60 |
| QB51 | → | IB51 | QB61 | → | IB61 |

（4）应用举例

① 编程实现主站 I0.0 对 1#从站 Q0.0 的控制，如图 4-49 所示。

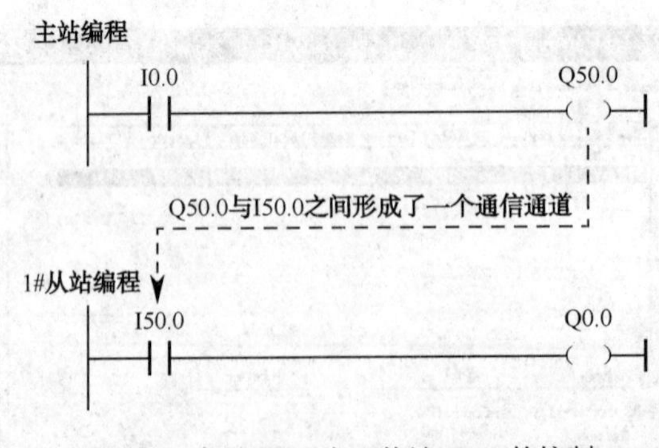


图 4-49 主站 I0.0 对 1#从站 Q0.0 的控制

② 编程实现主站 I0.0 对 2#从站 Q0.0 的控制，如图 4-50 所示。

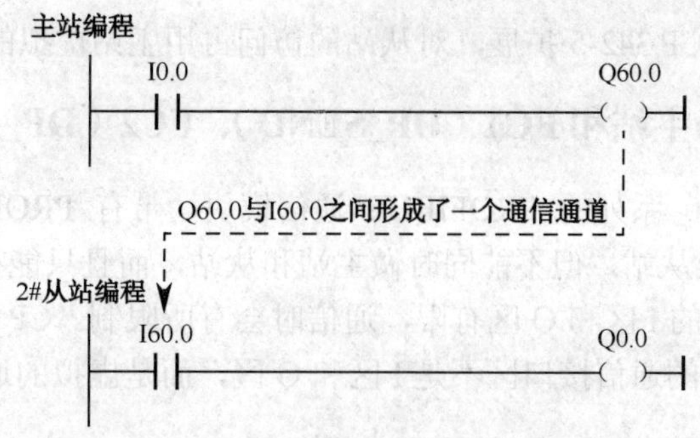


图 4-50　主站 I0.0 对 2#从站 Q0.0 的控制

③ 编程实现 1#从站 I0.0 对 2#从站 Q0.0 的控制，如图 4-51 所示。

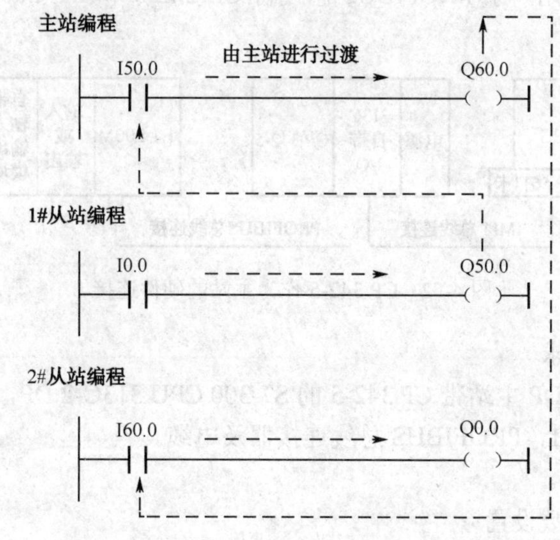


图 4-51　1#从站 I0.0 对 2#从站 Q0.0 的控制

### 4.3.4　利用 SFC14、SFC15 扩展通信区及访问从站数据的方法

（1）利用 SFC14、SFC15 扩展通信区

有的设备通信数据区小，如 ET 200S CPU 通信区只有 64 个字节，如果想要扩展通信可以调用 SFC14、SFC15 把数据分成若干个数据包，给每个数据包自定义一个识别符，为了数据安全可做异或校验，结果放在数据包的最后，然后发送方、接收方分别识别每包数据的识别符，再做异或校验。如果异或结果与接收到的数据的异或结果相同，说明接收数据正确，这只是个特殊应用，仅供参考。

（2）访问从站数据的方法

数据的连续性类型是“Unit”时，就直接读写输入和输出区（如 IW、PIW、QW）；如果数据的连续性是“All”或“Total Length”，程序中就要调用 SFC14、SFC15 对数据进行打包和解包。

S7-400 系统除了使用 CPU 集成的 DP 接口以外，还可以利用 IM 467、CP 443-5 Extend 模块扩展 S7-400 系统的 PROFIBUS-DP 接口作为主站，组态方法与 CPU 集成 DP 接口的一样。对从站的访问都是占用主站的 I 区和 Q 区。

S7-300 系统可以用 CP 342-5 扩展，对从站的访问占用主站虚拟的 I 区和 Q 区。

### 4.3.5 CP 342-5 作为主站和 FC1（DP_SEND）、FC2（DP_RECV）的应用

CP 342-5 是 S7-300 系列的 PROFIBUS 通信模块，带有 PROFIBUS 接口，可以作为 PROFIBUS-DP 的主站或从站，但不能同时做主站和从站，而且只能在 S7-300 的中央机架上使用。由于 S7-300 系统的 I 区和 Q 区有限，通信时会有所限制。CP 342-5 与 CPU 上集成的 DP 接口不一样，它对应的通信接口区不是 I 区和 Q 区，而是虚拟的通信区，需要调用 CP 通信功能 FC1 和 FC2。

（1）网络配置图

本例选用 CP 342-5 作为 PROFIBUS-DP 的主站和 ET 200M 组成网络，将 CP 342-5 插在 S7-300 的中央机架上，用一条 PROFIBUS 总线将 CP 342-5 和 ET 200M 相连接，如图 4-51 所示。

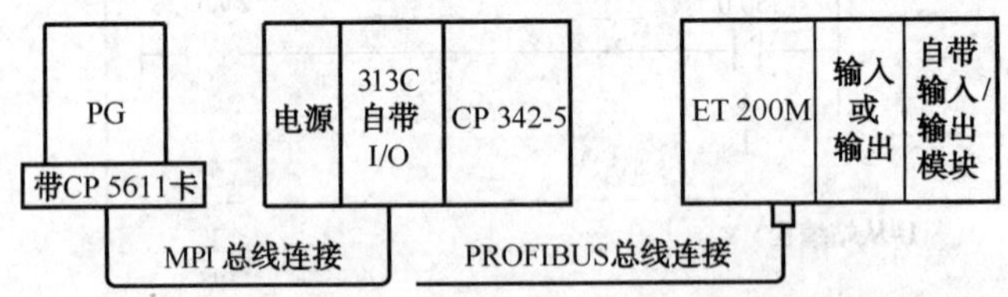


图 4-52　CP 342-5 作为主站的硬件连接

（2）硬件和软件需求

硬件：PROFIBUS-DP 主站带 CP 342-5 的 S7-300 CPU 313C-2 DP，从站选用 ET 200M，PROFIBUS 网卡 CP 5611，PROFIBUS 总线连接器及电缆。

软件：STEP 7 V5.2。

（3）网络组态及参数设置

① 组态主站硬件。

新建项目，在 STEP 7 中创建一个新项目，项目名为“CP342-5 作为主站”，右击，在弹出的菜单中选择“Insert New Object”→“SIMATIC 300 Station”命令，插入 S7-300 站，如图 4-53 所示。

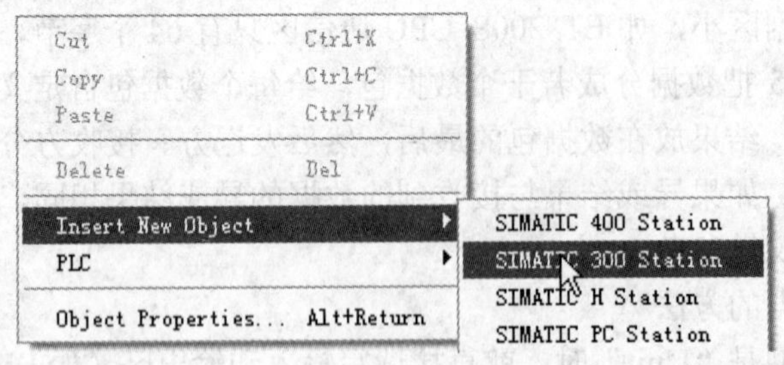


图 4-53　创建新项目

双击“Hardware”选项，进入“HW Config”窗口。单击“Catalog”图标打开硬件目录，按硬件安装次序和订货号依次插入机架、电源、CPU 及 CP 342-5 等进行硬件组态，如图 4-54 所示。

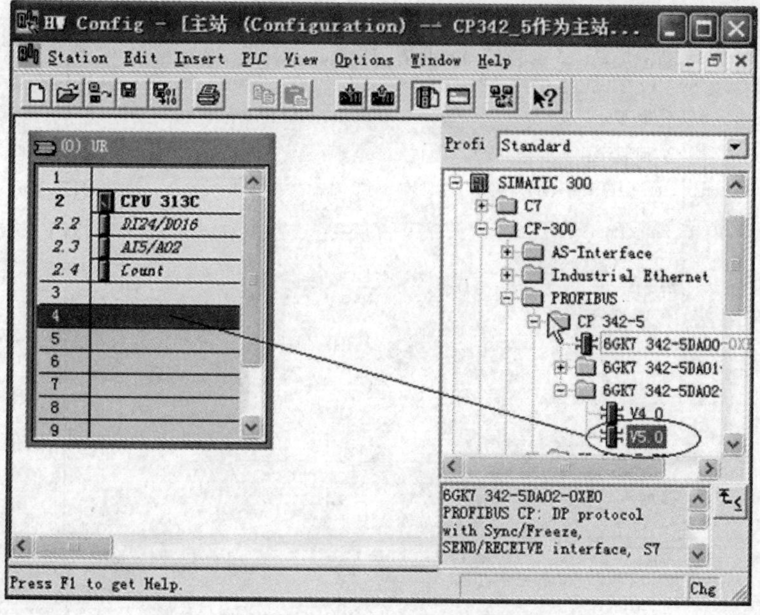


图 4-54 将 CP 342-5 添加到主站 CPU 中

本例中选择传输速率为“1.5Mbps”和“DP”行规，无中继器和 OBT 等网络元件，单击“OK”按钮确认。然后定义 CP 342-5 的站地址，本例中为 2 号站，加入 CP 后双击该栏，在弹出的对话框中选择“Operating Mode”标签，选择“DP master”模式，如图 4-55 和图 4-56 所示。单击“OK”按钮确认，主站组态完成。

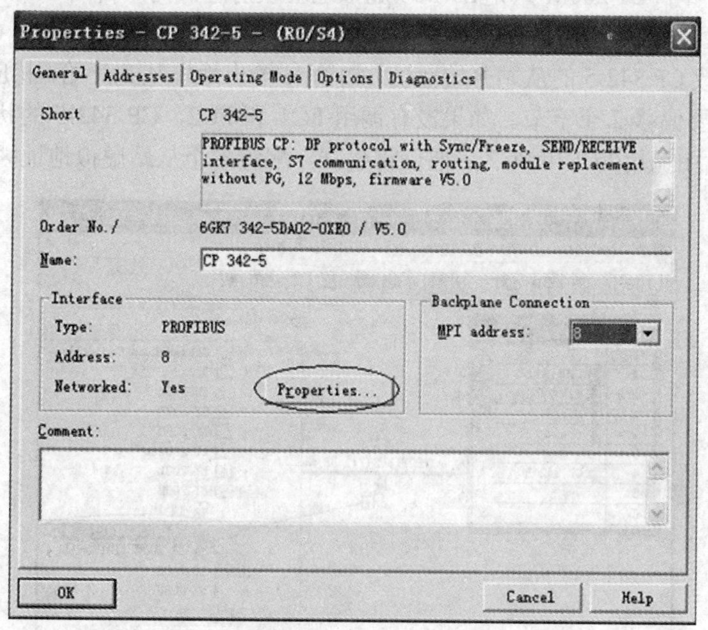


图 4-55 CP 342-5 的 PROFIBUS 网络属性设置

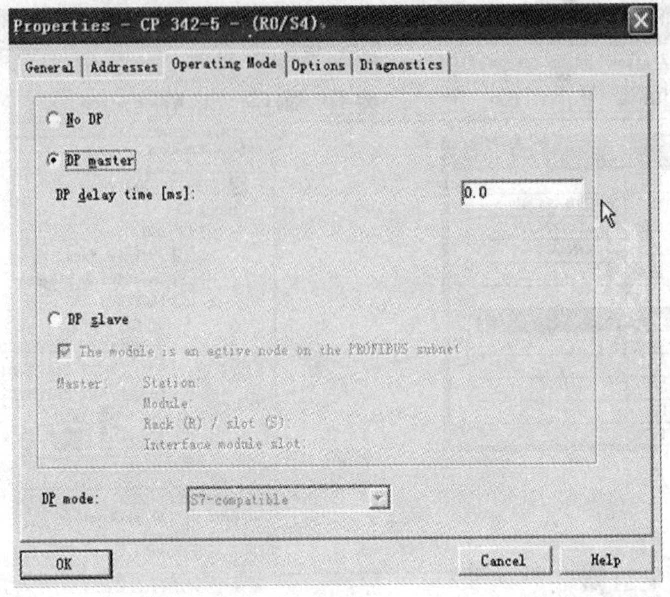


图 4-56　设定 CP 342-5 为 PROFIBUS 主站

② 组态从站。

在“HW Config”窗口中单击“Catalog”图标打开硬件目录，依次选择“PROF1BUS DP”→“DP V0 Slaves”→“ET 200M”。如图 4-57、图 4-58 和图 4-59 所示，将其添加到 PROFIBUS 网络上并为其配置 2 字节输入和 2 字节输出，输入/输出的地址均从 0 开始，组态完成后编译存盘下载到 CPU 中。ET 200M 只是 S7-300 虚拟地址映射区，而不占用 S7-300 实际 I/Q 区。虚拟地址的输入区和输出区在主站上要分别调用 FC1（DP_SEND）和 FC2（DP_RECV）进行访问。如要修改 CP 342-5 的从站开始地址，如输入/输出地址从 2 开始，相应的 FC1 和 FC2 对应的地址区也要偏移 2 个字节。如果没有调用 FC1 和 FC2，CP 342-5 的状态灯“BUSF”将闪烁，在 OB1 中调用 FCl 和 FC2 后通信将建立，配置多个从站虚拟地址区将顺延。

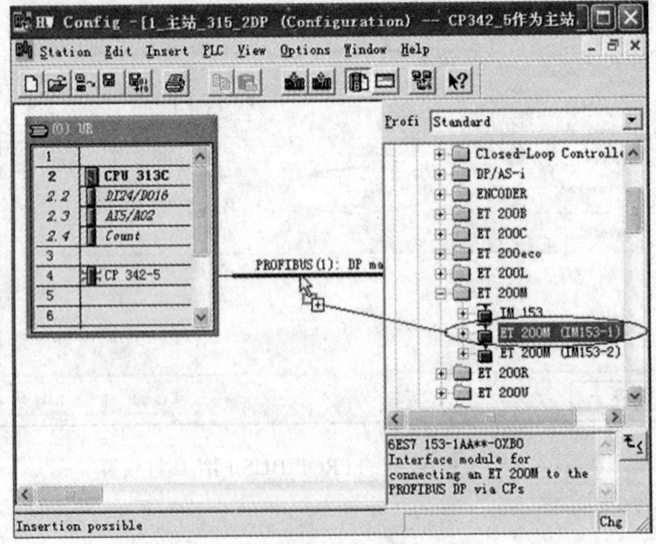


图 4-57　将 ET 200M 添加到 CP 342-5 主站系统中

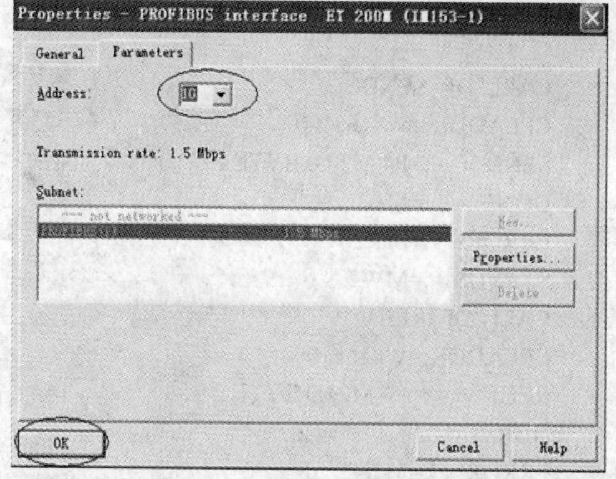


图 4-58　进行 ET 200M 参数设置

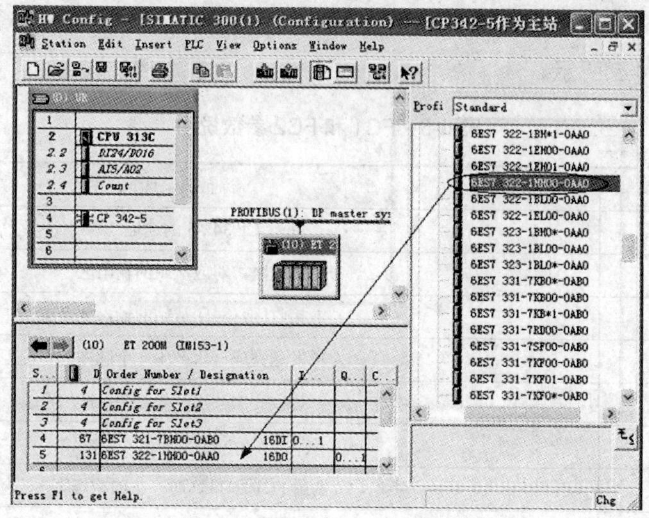


图 4-59　为 ET 200M 配置输入/输出模块

（4）编程

在 OB1 中调用 FCl 和 FC2，如图 4-60 所示。

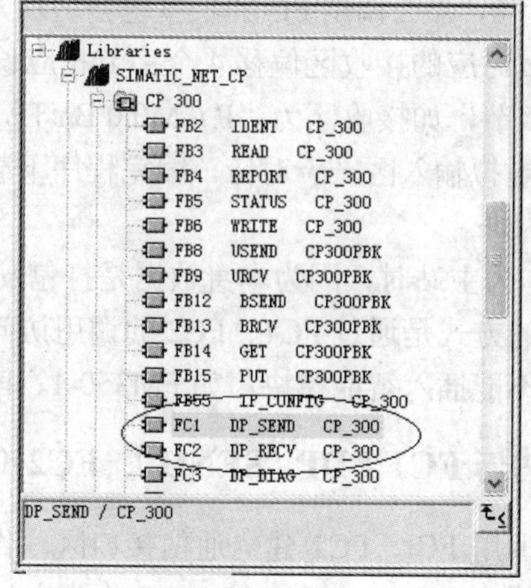


图 4-60　调用系统程序块 FC1、FC2

具体程序如下：

```
CALL"DP_SEND"
CPLADDR:=W#16#100
SEND      :=P# M20.0 BYTE 2
DONE      :=M1.1
ERROR     :=M1.2
STATUS    :=MW2
CALL"DP_RECV"
CPLADDR:=W#16#100
RECV      :=P# M22.0 BYTE 2
NDR :=M1.3
ERROR     :=M1.4
STATUS    :=MW4
DPSTATUS:=MB6
```

参数说明如表 4-5 所示。

**表 4-5　FC1 和 FC2 参数说明**

| 参 数 名 | 参 数 说 明 |
|---|---|
| CPLADDR | CP 342-5 的地址 |
| SEND | 发送区，对应从站的输出区 |
| RECV | 接收区，对应从站的输入区 |
| DONE | 发送完成一次产生一个脉冲 |
| NDR | 接收完成一次产生一个脉冲 |
| ERROR | 错误位 |
| STATUS | 调用 FC1 和 FC2 时产生的状态字 |
| DPSTATUS | PROFIBUS-DP 的状态字节 |

MB33、MB23 对应从站输入的第一个字节和第二个字节。连接多个从站时，虚拟地址将向后延续和扩大。调用 FC1、FC2 只考虑虚拟地址的长度，而不会考虑各个从站的站地址。如果虚拟地址的起始地址不为 0，那么调用 FC 的长度也会增加，假设虚拟地址的输入区开始为 4，长度为 10 个字节，那么对应的接收区偏移 4 个字节相应长度为 14 字节，接收区的第 5 字节对应从站输入的第一个字节，如接收区为“P # M0.0 BYTE 14,MB0～MB13”，偏移 4 个字节后，MB4～MB3 与从站虚拟输入区一一对应。编完程序下载到 CPU 中，通信区建立后，PROFIBUS 的状态灯将不会闪烁。

**注意：**使用 CP 342-5 作为主站时，因为本身数据是打包发送的，不需要调用 SFC14、SFC15，由于 CP 342-5 寻址的方式是通过 FC1、FC2 的调用访问从站地址，而不是直接访问 I/Q 区，所以在 EM 200M 上不能插入智能模块，如 FM350-1、FM352 等。

### 4.3.6　CP 342-5 作为从站与 FC1（DP _SEND）、FC2（DP _RECV）的应用

CP 342-5 作为主站需要调用 FCl、FC2 建立通信接口区，作为从站同样需要调用 FC1、FC2 建立通信接口区。下面将以 S7-300 CPU 315-2 DP 作为主站，CP 342-5 作为从站，举例说明 CP 342-5 作为从站的应用。主站发送 16 个字节给从站，同样从站发送 16 个字节给主站。

（1）网络配置图

网络配置如图 4-61 所示。

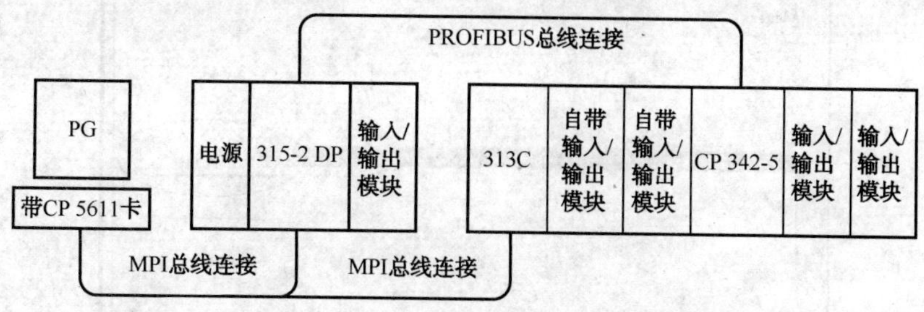


图 4-61　CP 342-5 作为从站的硬件连接

本例中 S7-300 CPU 315-2 DP 作为主站，CP 342-5 作为从站。先用 CP 5611 通过 PROFIBUS 对所有 CPU 进行初始化，再用 PROFIBUS 电缆将 S7-300 的 DP 口与 CP 342-5 的 PROFIBUS 接口连接好。修改 CP 5611 上的参数使之与 PROFIBUS 网络一致，并将其连接到 PROFIBUS 网络上。

（2）硬件和软件需求

硬件：PROFIBUS-DP 主站 S7-300 CPU 315-2 DP、从站选用 S7-300、CP 342-5、PROFIBUS 网卡 CP 5611、PROFIBUS 总线连接器及电缆。

软件：STEP 7 V5.2。

（3）网络组态及参数设置

① 组态从站硬件。

新建项目：在 STEP 7 中创建一个新项目，项目名为“CP 342-5 作为从站”，右击，在弹出的菜单中选择“Insert New Object” →“SIMATIC 300 Station”命令，插入 S7-300 从站，如图 4-62 所示。

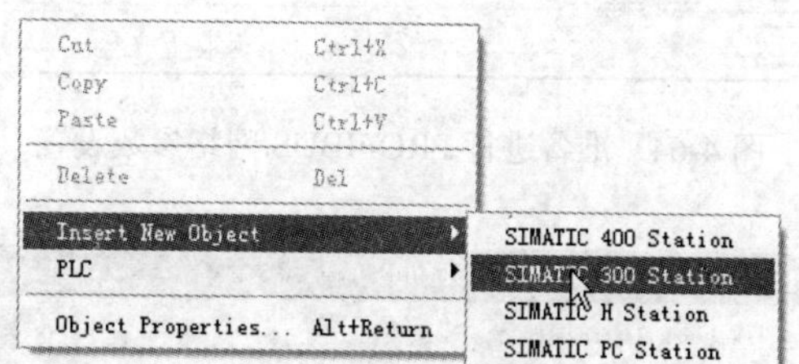


图 4-62　插入 S7-300 从站

双击“Hardware”选项，进入“HW Config”窗口。单击“Catalog”图标打开硬件目录，按硬件安装次序和订货号依次插入机架、电源、CPU 等进行硬件组态（2 号槽和 4 号槽分别插入 S7-300 CPU 和 CP 342-5）。配置 CP 342-5 网络参数时，先新建一条 PROFIBUS 网络，然后组态 PROFIBUS 属性，如图 4-63、图 4-64 所示。

如果在总线上有 OLM、OBT 和 RS-485 中继器，可单击“Options”按钮加入，单击“OK”按钮确认后出现 PROFIBUS 网络。本例中选择传输速率为“1.5Mbps”和“DP”行规，无中继器和 OBT 等网络元件，单击“OK”按钮确认。然后定义 CP 342-5 的站地址，本例为 4 号站，加入 CP 后，双击该栏，在弹出的对话框中选择“Operating Mode”标签，并激活“DP slave”模式，如图 4-65 所示。

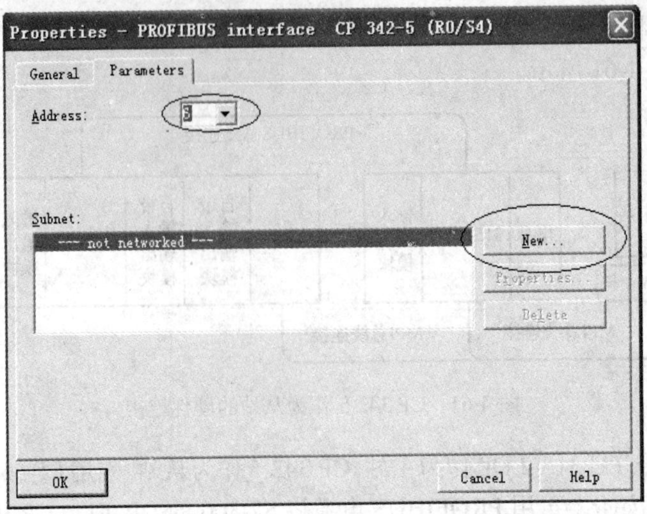

Properties - PROFIBUS interface CP 342-5 (R0/S4)
General Parameters
Address: 3
Subnet:
--- not networked ---
New...
Properties...
Delete
OK Cancel Help

图 4-63 插入 CP 342-5 同时生成 PROFIBUS 网络

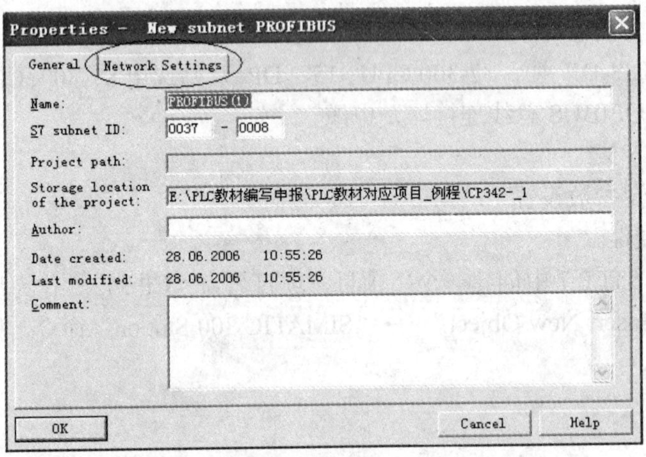

Properties - New subnet PROFIBUS
General Network Settings
Name: PROFIBUS(1)
S7 subnet ID: 0037 - 0008
Project path:
Storage location of the project: E:\PLC教材编写申报\PLC教材对应项目_例程\CP342-_1
Author:
Date created: 28.06.2006 10:55:26
Last modified: 28.06.2006 10:55:26
Comment:
OK Cancel Help

图 4-64 准备进行 PROFIBUS 网络参数设置

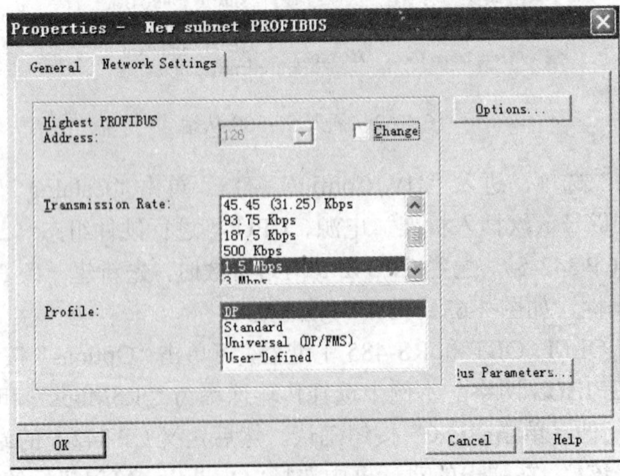


图 4-65 设置 PROFIBUS 网络参数

CP 342-5 从站配置结果如图 4-66 所示。

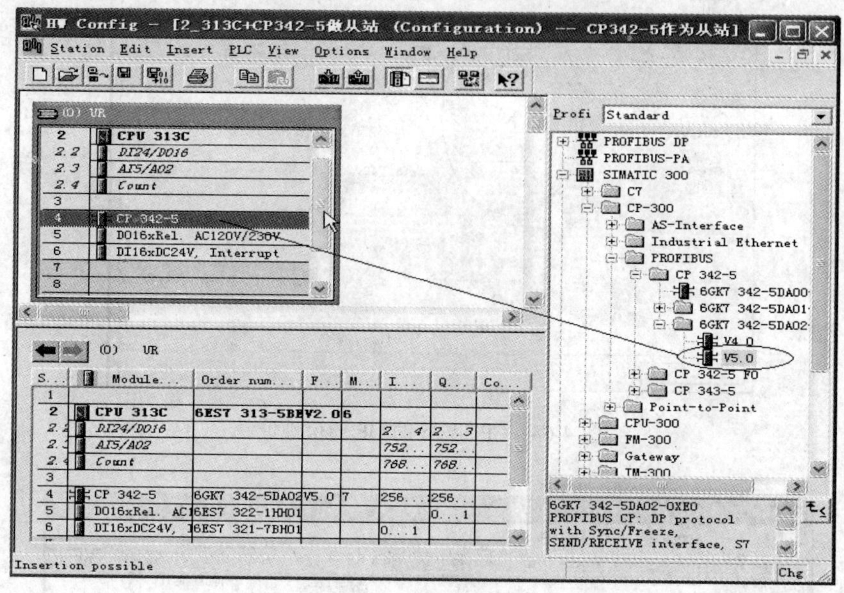


图 4-66 CP 342-5 从站配置结果

如果勾选“DP slave”项下的复选框，表示 CP 342-5 作为从站的同时，还支持编程功能和 S7 协议，如图 4-67 所示。选择 CP 342-5 的通信起始地址，如图 4-68 所示。组态完成后编译存盘并下载到 CPU 中。

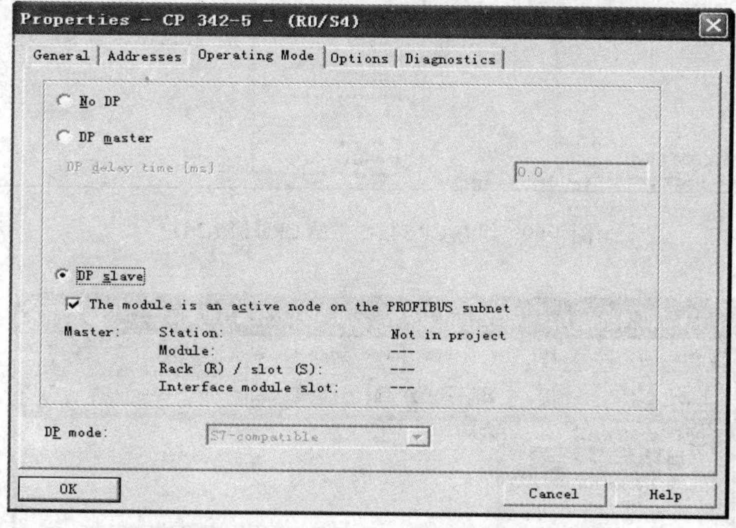


图 4-67 选择 CP 342-5 的编程功能

② 组态主站硬件。

在 STEP 7 中选择“CP 342-5 作为从站”，右击，在弹出的菜单中选择“Insert New Object”→“SIMATIC 300 Station”命令，插入 S7-300 站，如图 4-69 和图 4-70 所示。

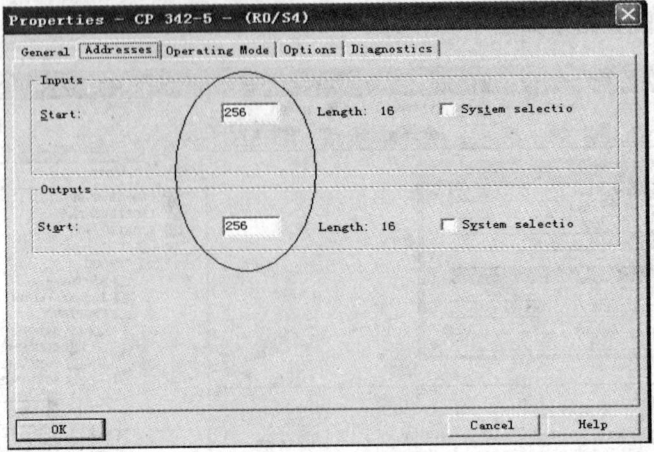


图 4-68　CP 342-5 的 DP 通信地址

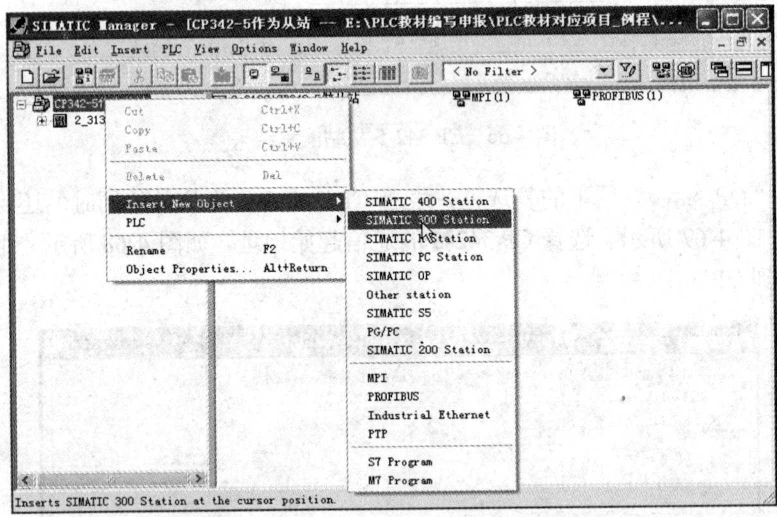


图 4-69　组态 CP 342-5 主站 CPU 315-2 DP

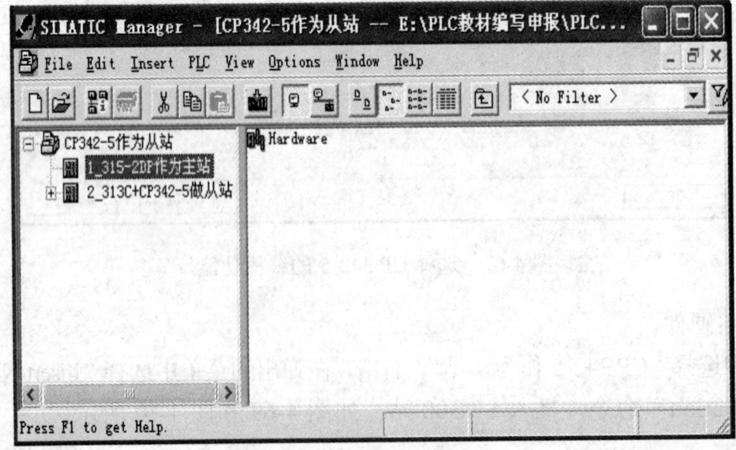


图 4-70　插入主站 CPU 315-2 DP

双击“Hardware”选项，进入“HW Config”窗口。单击“Catalog”图标打开硬件目录，按硬件安装次序和订货号依次插入机架、电源、CPU 等进行硬件组态。插入 CPU 时要同时组态 PROFIBUS，选择与从站同一条的 PROFIBUS 网络，并选择主站地址，本例中主站为 2 号站，CPU 组态后会出现一条 PROFIBUS 网络，在硬件中选择“Configured Stations”，从“S7-300 CP 342-5 DP”中选择与订货号、版本号相同的 CP 342-5，如图 4-71 和图 4-72 所示。

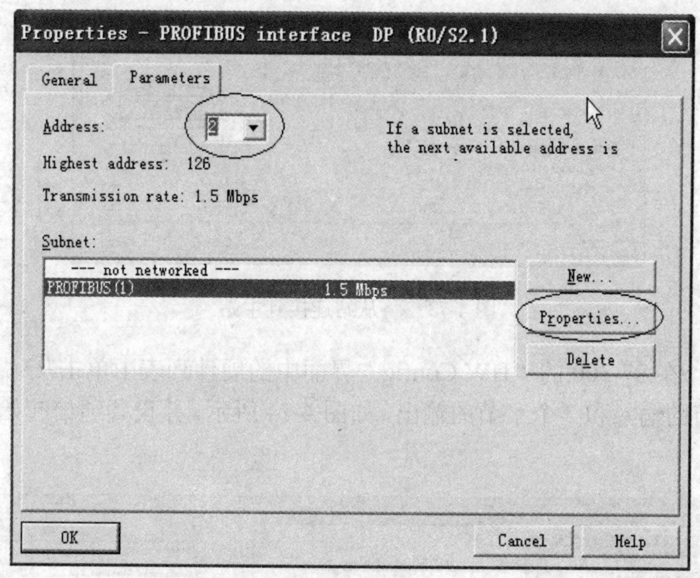


图 4-71　设置主站 PROFIBUS 参数

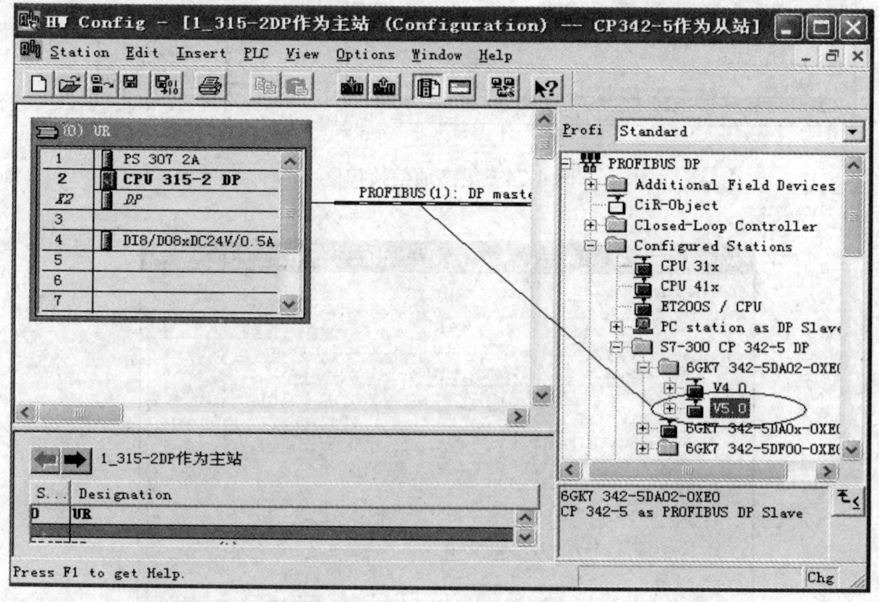


图 4-72　插入主站 CPU 315-2 DP

在刚才已经组态完的从站列表中选择 CP 342-5，单击“Connect”按钮，连接从站到主站的 PROFIBUS 网上，如图 4-73 所示。

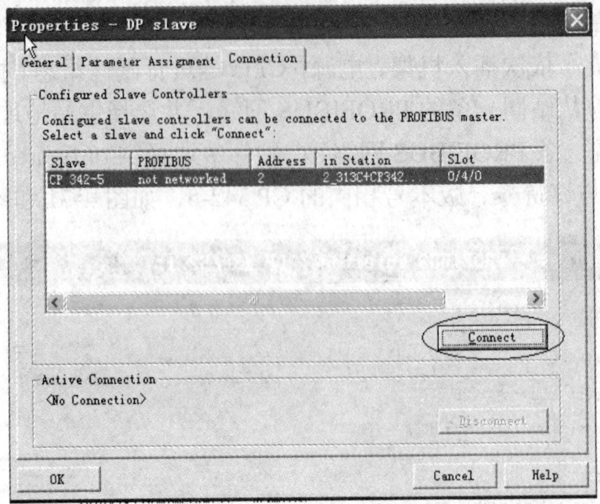


图 4-73　将从站连接到主站

连接完成后，在 S7-300 的“HW Config”界面中的硬件列表中单击从站，组态通信接口区，插入 2 个字节的输入和 2 个字节的输出，如图 4-74 所示，并设置通信起始地址，如图 4-75 所示。

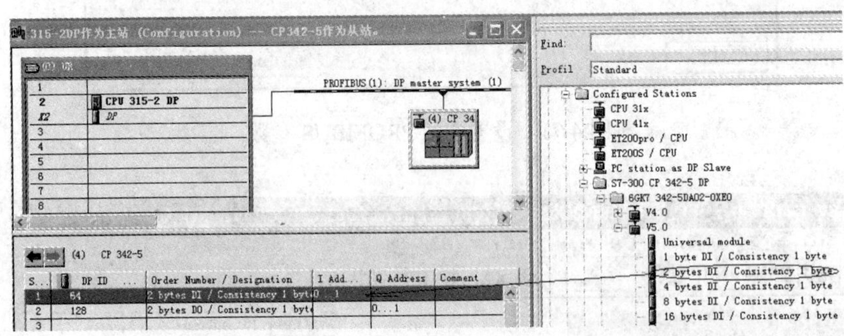


图 4-74　组态通信接口区

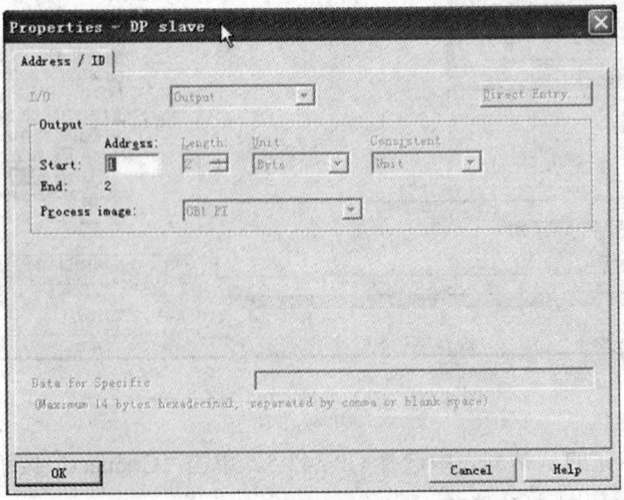

图 4-75　设置通信起始地址

如果选择的输入、输出类型是“Total Length”，要在主站CPU中调用SFC14、SFC13对数据包进行打包和解包处理。本例中选择的输入、输出为“Unit”类型，即按字节通信，在主站中不需要对通信进行编程。

组态完成后编译存盘下载到CPU中，可以修改CP 5611参数，使之可以连接到PROFIBUS网络上同时对主站和从站编程。从图4-76中可以看到主站的通信区已经建立，主站发送到从站的数据区为QB0～QB15，主站接收从站的数据区为IB0～IB15，从站需要调用FC1、FC2实现。

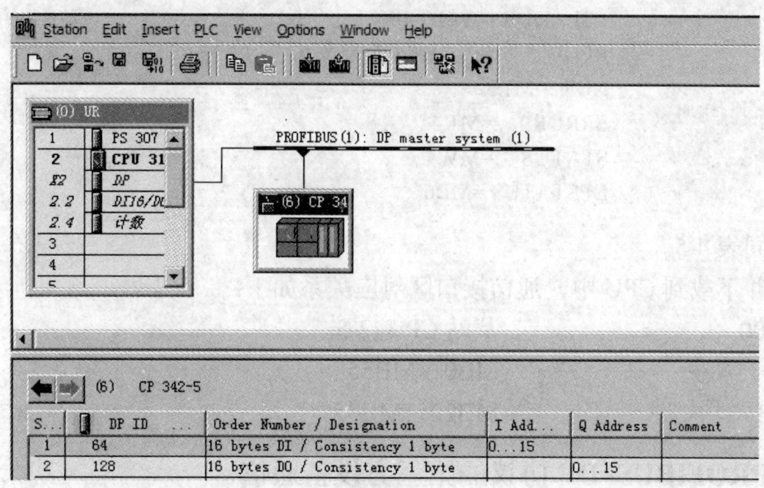


图4-76 主站的通信区已经建立

（4）编程

在“Libraries”→“SIMATIC_NET_CP”→“CP 300”找到FC1、FC2，并在OB1中调用FCl、FC2，如图4-77所示。

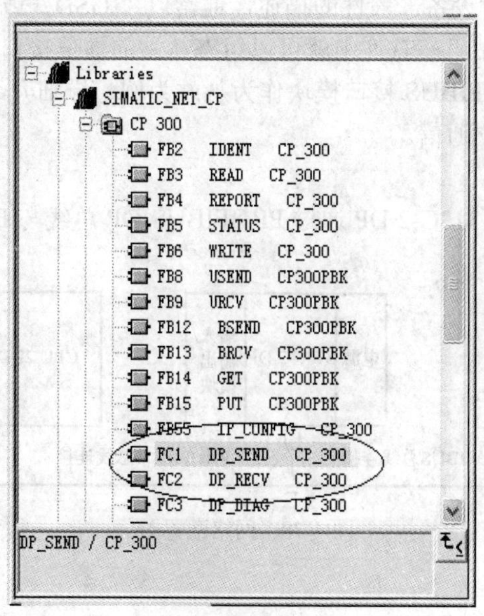


图4-77 调用系统程序块FC1、FC2

具体程序如下：

```
CALL"DP_SEND"
 CPLADDR:=W#16#100
 SEND      :=P# M20.0 BYTE 16
 DONE      :=M1.1
 ERROR     :=M1.2
 STATUS    :=MW2
CALL"DP_RECV"
 CPLADDR:=W#16#100
 RECV      :=P# M22.0 BYTE16
 NDR :=M1.3
 ERROR     :=M1.4
 STATUS    :=MW4
 DPSTATUS:=MB6
```

参数说明同表 4-5。

编译存盘并下载到 CPU 中，通信接口区对应关系如下：

主站 S7-300　　　　　　　　从站 CP 342-5

QB0～QB15 ————→ MB0～MB55

IB0～IB15 ←———— MB20～MB35

### 4.3.7 支持 PROFIBUS–DP 协议的第三方设备通信

PROFIBUS-DP 是一种通信标准，一些符合 PROFIBUS-DP 协议的第三方设备也可以加入 PROFIBUS 网络作为主站和从站。第三方设备作为主站，相关组态软件需要第三方提供；第三方设备作为从站，如果主站是 S7 设备，组态软件是 STEP 7 和 SIMATIC NET；如果主站是 S5 设备，组态软件是 COM PROFIBUS 或 COM5431。支持 PROFIBUS-DP 的从站设备都会有 GSD 文件，GSD 文件是对设备一般性的描述，通常以“.GSD”或“.GSE”形式的文件名出现。将此 GSD 文件加入主站组态软件中就可以组态从站的通信接口。现以 S7-300 CPU 313C-2 DP 作为主站，S7-200 PROFIBUS 接口模块作为从站为例，详细介绍怎样导入 GSD 文件，组态从站通信接口区进而建立通信。

（1）网络配置图

本例是将 S7-300 CPU 313C-2 DP 通过 PROFIBUS-DP 总线与 EM 277 相连来建立通信。网络配置如图 4-78 所示。

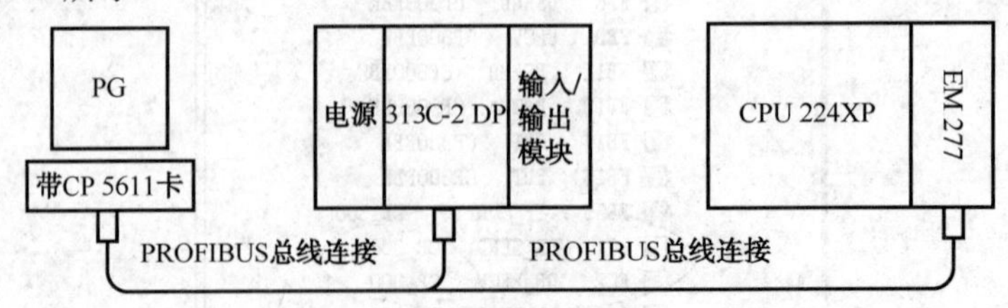


图 4-78　网络配置图

（2）硬件和软件需求

硬件：PROFIBUS-DP 主站 S7-300 CPU 224XP、从站 EM 277、PROFIBUS 网卡 CP 5611、PROFIBUS 总线连接器及电缆。

软件：STEP 7 V5.2。

（3）网络组态及参数设置

① 组态主站系统。

在 STEP 7 中创建一个名为“PROFIBUS-DP 与 EM277 通信”的新项目，右击，在弹出的菜单中选择“Insert New Object”→“SIMATIC 300 Station”命令，插入 S7-300 站，如图 4-79 所示。

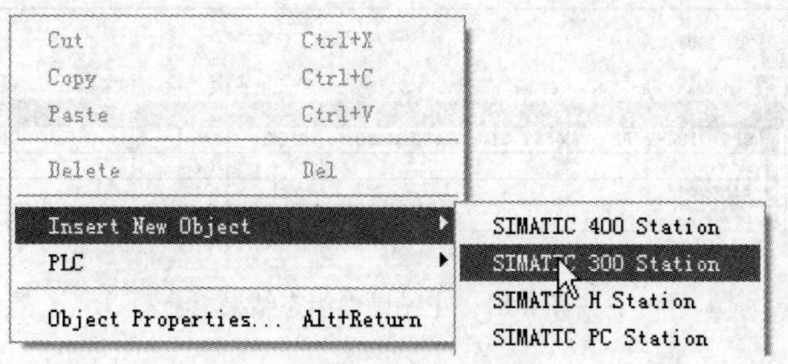


图 4-79 插入 S7-300 站

双击“Hardware”选项，进入“HW Config”窗口。单击“Catalog”图标打开硬件目录，按硬件安装次序和订货号依次插入机架、电源、CPU 等进行硬件组态。插入 CPU 时会同时弹出 PROFIBUS 组态界面。单击“New”按钮新建 PROFIBUS（1），组态 PROFIBUS 站地址，本例中为 6。单击“Properties”按钮组态网络属性，选择“Network Settings”标签进行网络参数设置，在本例中设置 PROFIBUS 的传输速率为“1.5Mbps”，行规为“DP”，如图 4-80 所示。无中继器和 OBT 等网络元件，单击“OK”按钮确认并存盘，硬件组态结果如图 4-81 所示。

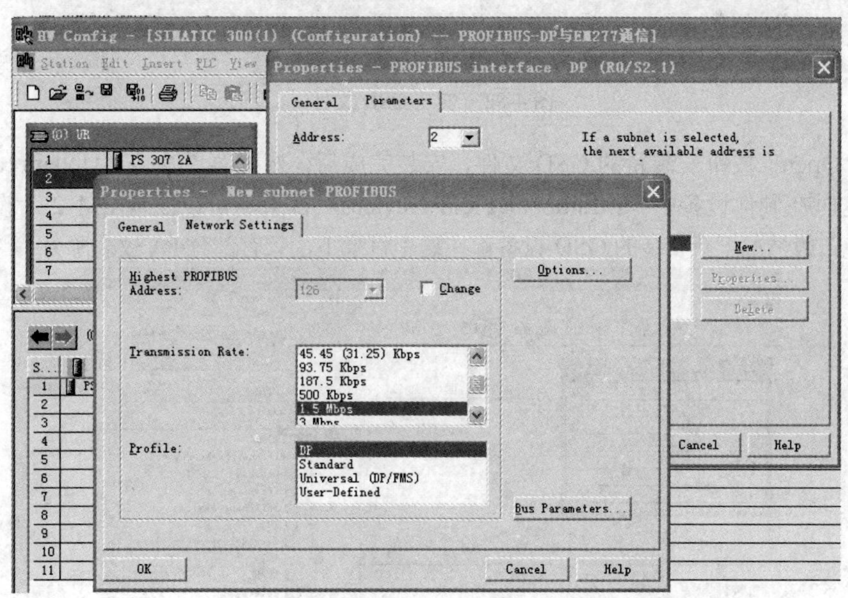


图 4-80 网络参数设置

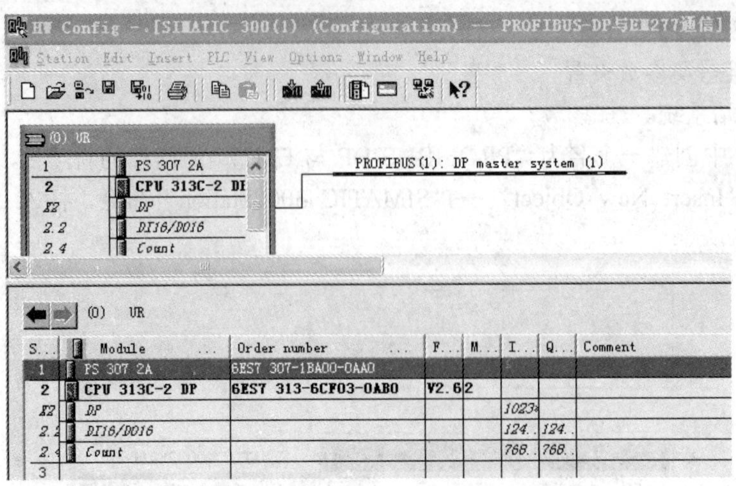
图 4-81　主站硬件组态结果

在硬件组态界面中，退出所有的应用程序，选择菜单“Options”→“Install GSD File”命令，找到所提供的 GSD 文件，如图 4-82 所示。

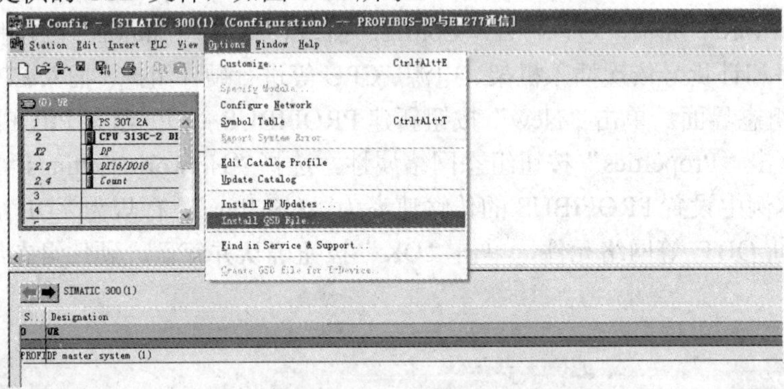
图 4-82　安装 GSD 文件

单击“Open”按钮安装新的 GSD 文件，安装完成后，选择菜单命令“Update catslog”更新画面，这时在硬件设备中“Additional Field Devices”目录下可以发现 EM 277 设备，如图 4-83 所示。一般情况下新安装的 GSD 设备都在这个目录下，只有部分 PA 仪表除外。

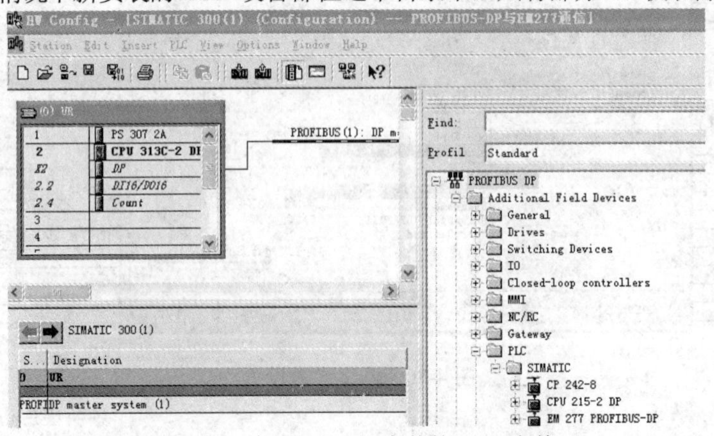
图 4-83　完成 EM 277 安装的 GSD 文件

② 从站配置。

打开主站硬件组态窗口，在 PROFIBUS 网络上添加 EM 277 从站设备并组态通信接口区，如图 4-84 所示。

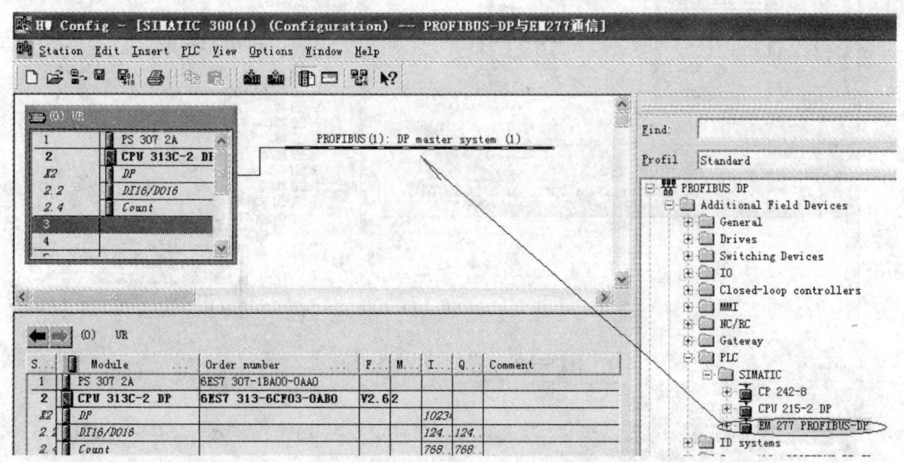

图 4-84 添加 EM 277

软件组态的 EM 277 PROFIBUS 站地址要与实际 EM 277 上的拨码开关设定的地址相一致，参数设置如图 4-85 所示。

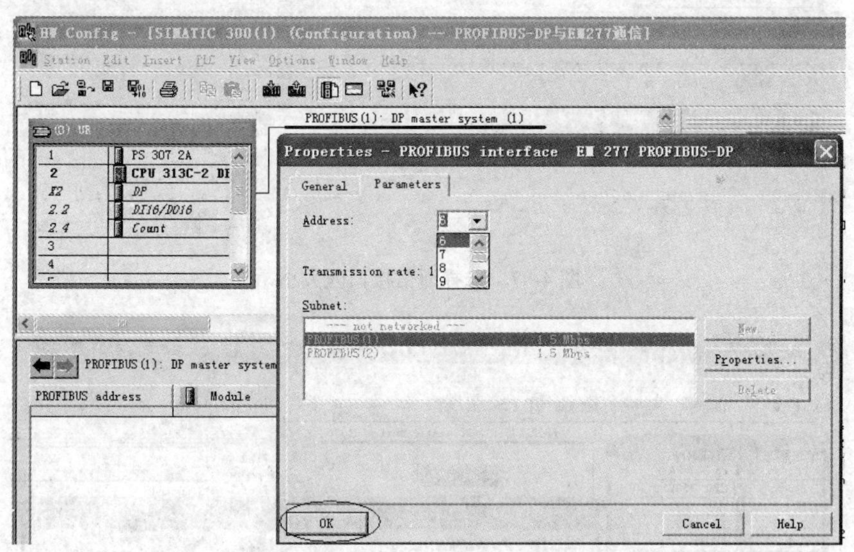

图 4-85 EM 277 参数设置

打开硬件目录中 EM 277 前面的“+”，可以根据实际需要选择通信接口区大小，如图 4-86 所示。

本项目选择通信接口区大小为 32 个字节输入和 32 个字节输出，如图 4-87 所示，对应的地址是主站的通信地址，输入区为 IB0～IB31，输出区为 QB0～QB31。对应于 S7-200 的通信接口区为 V 区，占用 62 个字节，其中前 32 个字节为接收区，后 32 个字节为发送区。V 区的偏移默认为 0，那么 S7-200 的通信接口区为 VB0～VB61，V 区的偏移量可以根据 S7-200 的要求相应修改，在主站硬件组态中双击 EM 277，按图 4-88 所示设置 V 区的偏移量为 100。

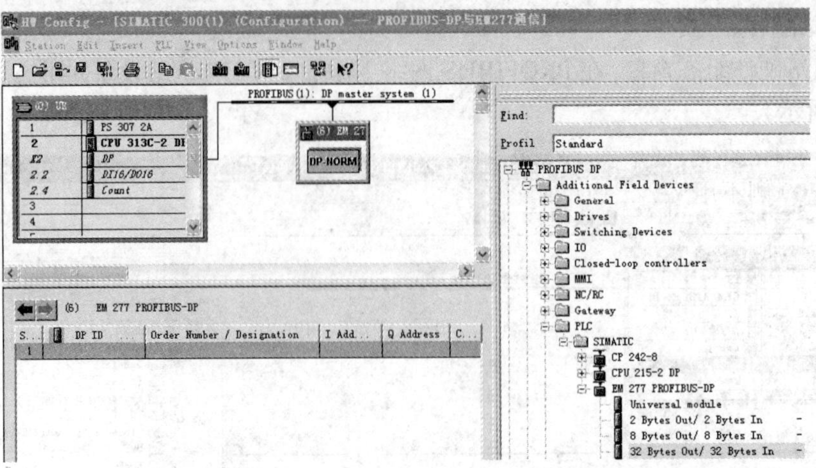


图 4-86 通信接口区设置

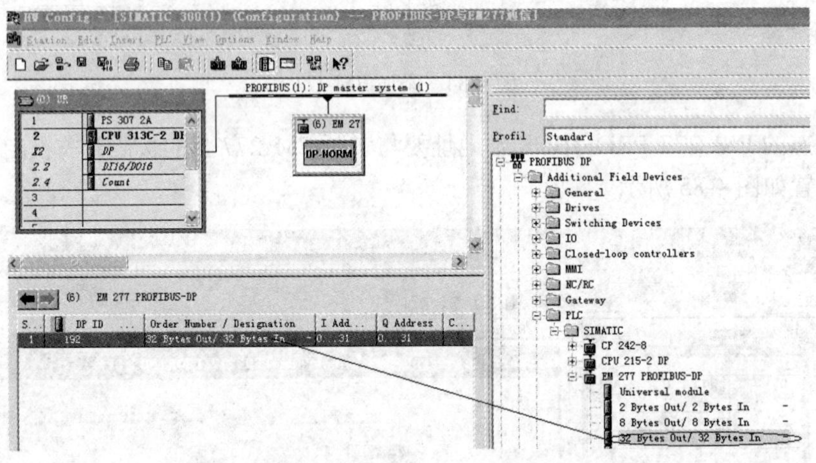


图 4-87 选择通信接口区大小

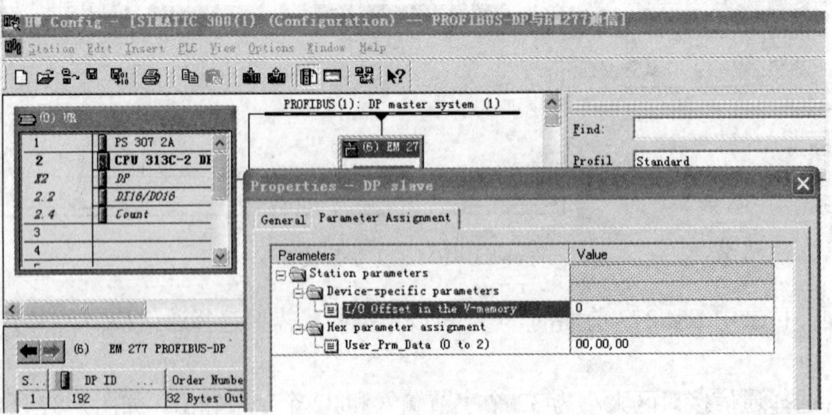


图 4-88 V 区的偏移量设置

设置完成后通信接口的对应关系如下：

主站 S7-300　　　　　　　从站 CPU 224

QB0～QB31 ⟶ VB0～VB131

IB0～IB31 ⟵ VB132～VB163

在 S7-200 侧不用编写任何通信程序。

**注意：**

（1）若要和第三方设备通过 PROFIBUS-DP 协议通信，除了要提供 GSD 文件外，还需提供通信数据内容的定义。

（2）在修改运行设备的组态参数时，如果有源程序，在编程器中打开项目时会自动导入 GSD 文件（STEP 7 V5.1 以上），修改参数后下载不会造成 CPU 故障；如果编程器上没有集成所需的 GSD 文件，从 CPU 上载的组态信息将不完整，修改参数后若重新下载到 CPU 中，会造成 CPU 故障。

## 4.4 PROFIBUS-DP 连接从站设备应用

### 4.4.1 S7–300 与变频器 MM440 的连接

1）网络配置

网络配置如图 4-89 所示。

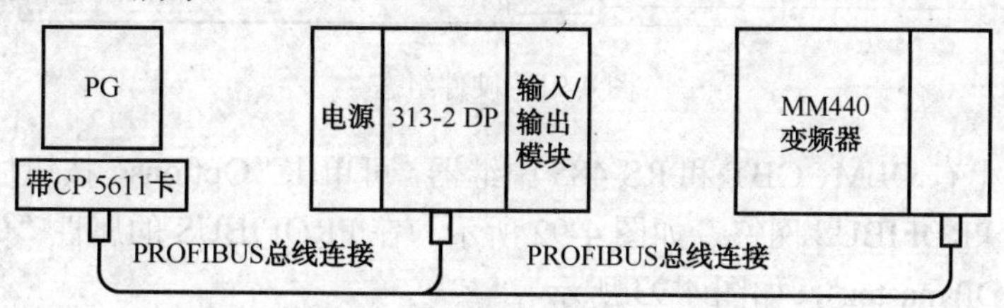


图 4-89　网络配置

本例中选用 S7-300 CPU 313-2 DP 作为 PROFIBUS-DP 主站，连接一台变频器 MM440。

2）硬件和软件需求

硬件：S7-300 CPU 313-2 DP；变频器 MM440；PROFIBUS-DP 接口模块，用于安装在变频器 MM440 上，使之成为 PROFIBUS-DP 从站；带有 CP 5611 的编程器。

软件：STEP 7 V5.2。

3）网络组态及参数设置

（1）组态主站系统

在 STEP 7 中创建一个新项目，右击，在弹出的菜单中选择“Insert New Object”→“SIMATIC 300 Station”命令插入 S7-300 站，如图 4-90 所示。

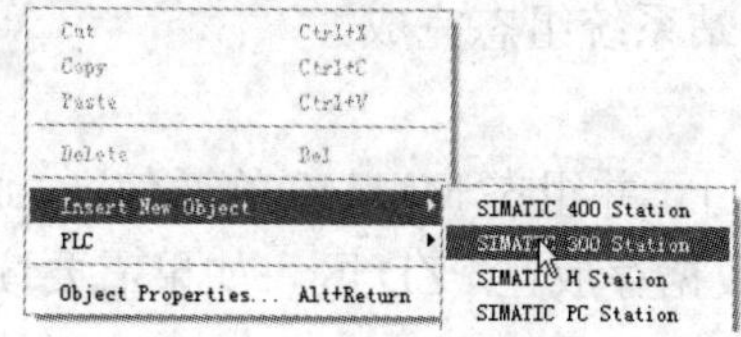


图 4-90　新建 S7-300 站

双击“Hardware”选项，进入“HW Config”窗口。单击“Catalog”图标打开硬件目录，按硬件安装次序和订货号依次插入机架、电源、CPU 等进行硬件组态。插入 CPU 时，会同时弹出 PROFIBUS 组态界面。单击“New”按钮新建 PROFIBUS（1），组态 PROFIBUS 站地址，本例中为 6。单击“Properties”按钮组态网络属性，选择“Network Settings”标签进行网络参数设置，在本例中，设置 PROFIBUS 的传输速率为“1.5Mbps”，行规为“DP”，如图 4-91 所示。

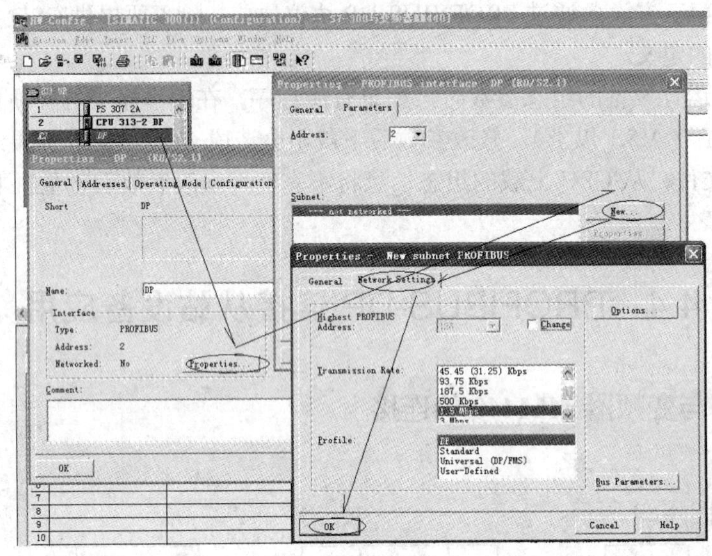

图 4-91 硬件组态

如果在总线上有 OLM、OBT 和 RS-485 中继器，可单击“Options”按钮加入，单击“OK”按钮确认后出现 PROFIBUS 网络，如图 4-92 所示。在 PROFIBUS 的属性“Operating Mode”中，将其设为“DP master”，如图 4-93 所示。

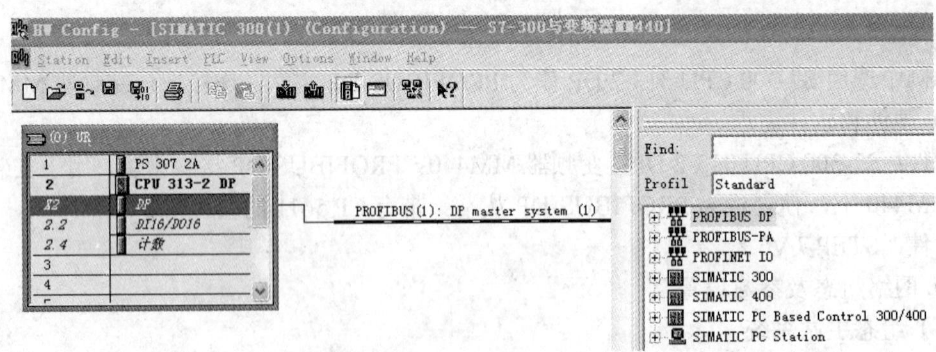


图 4-92 创建 PROFIBUS 网络

单击“OK”按钮确认，主站系统组态完成。

（2）组态从站

将 MM440 连接到 DP 网络上，并组态 MM440 的通信区。通信区的设置与应用方式有关：设置值和控制字及它们的反馈数据存放在 PZD 区，如果需要读写 MM440 参数（如 P 参数），则还需要 PKW 数据区，如图 4-94 所示。

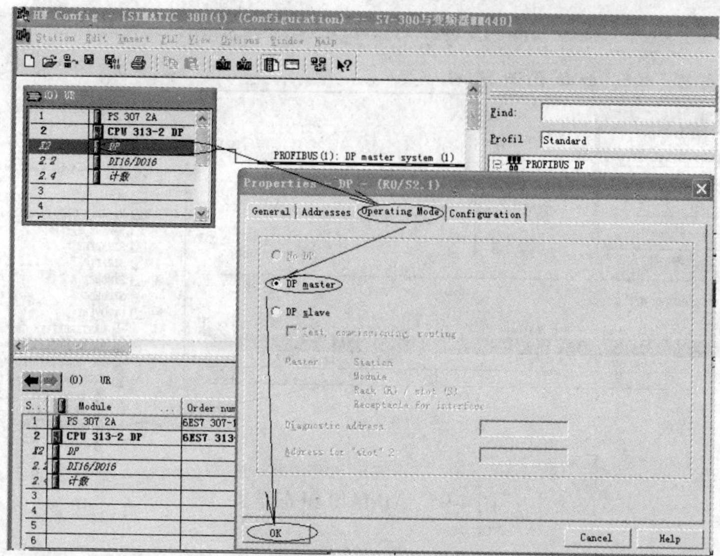


图 4-93 设置 PROFIBUS 网络参数

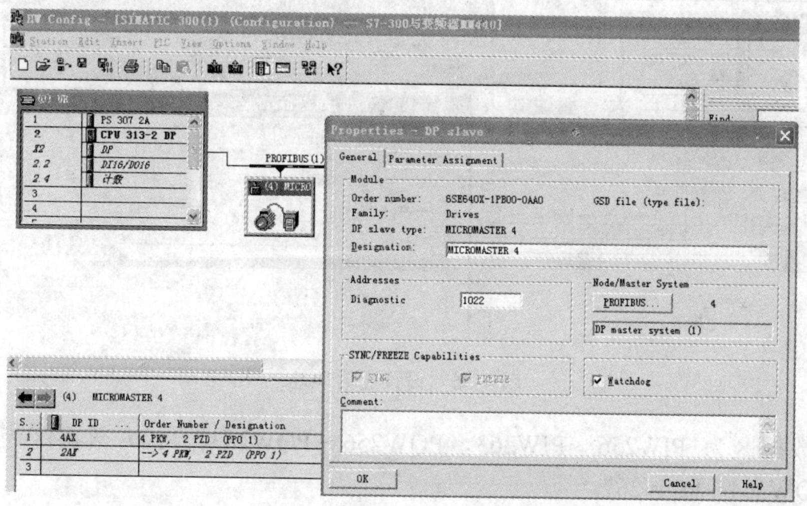


图 4-94 MM440 参数设置

通信数据区有两种：

① WHOLE CONS：PZD 和 PKW 数据区都是连续的，主站需要调用 SFC14、SFC15 对数据打包和解包。

② WORD CONS：PKW 数据区是连续的，需要调用 SFC14、SFC15，而 PZD 数据区不需要调用 SFC14、SFC15。

数据的打包和解包需不需要调用 SFC14、SFC15 要看数据的连续性，如果是“All”或“Total Length”，则需要调用 SFC14、SFC15；如果不是，则不需要调用。

本例中采用 4 个 PKW、2 个 PZD，组态结果如图 4-95 所示。

此时，已将 MM440 连接到 PROFIBUS 网络上，并组态选择通信报文为 PPO1。接下来设置通信地址，MM440 地址为 4，如图 4-96 所示。

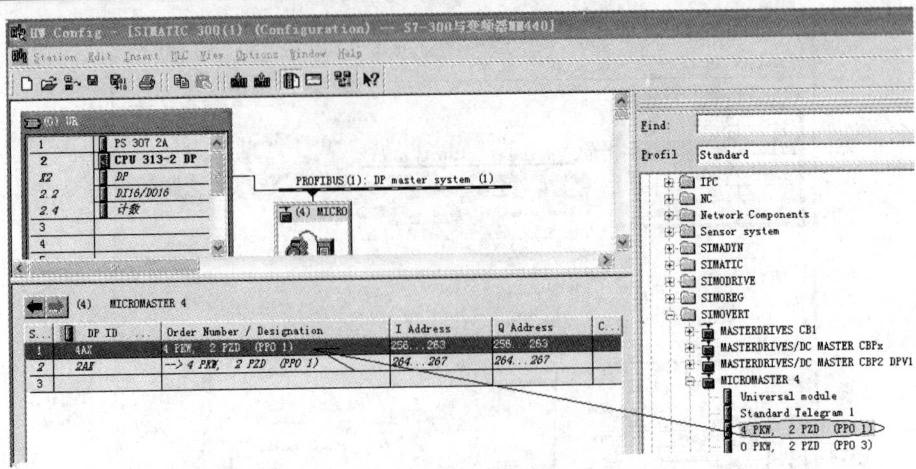


图 4-95 MM440 组态结果

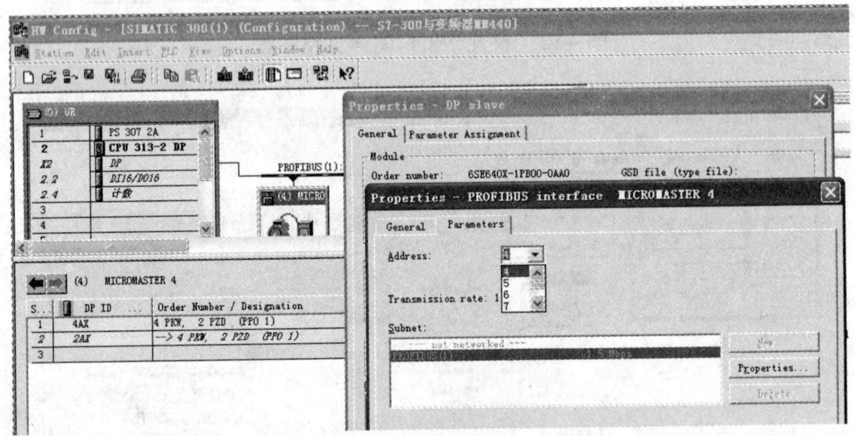


图 4-96 设置通信地址

PKW 数据区为 PIW256～PIW263，PQW256～PQW263；PZD 数据区为 PIW264～PIW267，PQW264～PQW267。

组态完成后需设置 MM440 变频器侧的参数。

（3）MM440 参数设置

PLC 要想通过 PROFIBUS 来控制变频器，变频器本身也需要设定如下参数：

① P700 设为 6——命令源（远程控制，从 CB 来）；

② P918 设为 4——站号设定（需与硬件组态保持一致）；

③ P1000 设为 6——频率设定源（远程设置，从 CB 来）。

4）程序编写

（1）对 PZD（过程数据）的读写

PZD1 输出：输出命令到 MM440，控制启停、正反转等。

PZD2 输出：输出主设定值到 MM440。

PZD1 输入：MM440 当前的状态。

PZD2 输入：实际的转速反馈。

① 建立数据块，如 DB1，将数据块中的数据地址与从站 MM440 中的 PDZ、PKW 数据

区相对应，如图 4-97 所示。

| Address | Name | Type | Initial value |
|---|---|---|---|
| 0.0 | | STRUCT | |
| +0.0 | PKE_R | WORD | W#16#0 |
| +2.0 | IND_R | WORD | W#16#0 |
| +4.0 | PKE1_R | WORD | W#16#0 |
| +6.0 | PKE2_R | WORD | W#16#0 |
| +8.0 | PZD1_R | WORD | W#16#0 |
| +10.0 | PZD2_R | WORD | W#16#0 |
| +12.0 | PKE_W | WORD | W#16#0 |
| +14.0 | IND_W | WORD | W#16#0 |
| +16.0 | PKE1_W | WORD | W#16#0 |
| +18.0 | PKE2_W | WORD | W#16#0 |
| +20.0 | PZD1_W | WORD | W#16#0 |
| +22.0 | PZD2_W | WORD | W#16#0 |
| =24.0 | | END_STRUCT | |

图 4-97　建立数据块

② 在 OB1 中调用通信功能块 SFC14、SFC15，完成对从站（MM440）数据的读和写，如图 4-98 所示。

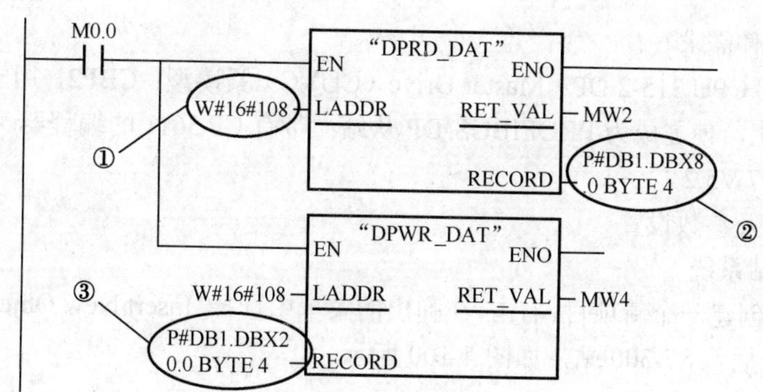


图 4-98　调用通信功能块 SFC14、SFC15

其中：

a．SFC14（DPRD_DAT）用于读 PROFIBUS 从站（MM440）的数据。

b．SFC15（DPWR_DAT）用于将数据写入 PROFIBUS 从站（MM440）。

功能块参数说明：

a．LADDR：硬件组态时 PZD 的起始地址为 W#16#108，即 264（十进制数）。

b．RECORD：数据块（DB1）中定义的 PZD 数据区相对应的数据地址，将从站数据读入 DB1.DBX8.0 开始的 4 个字节（P#DB1.DBX8.0 BYTE 4）PZD1→DB1.DBW8（状态字）PZD2→DB1.DBW10（实际速度）。

c．将 DB1.DBX20.0 开始的 4 个字节写入从站，（P#DB1.DBX20.0 BYTE 4）DB1.DBW20→PZD1（控制字）DB1.DBW22→PZD2（给定速度）。

d．RET_VAL：程序块的状态字，可以编码的形式反映出程序执行的状态和错误信息。M0.0 为 1 时执行程序，在本例中设定值和控制字可以从数据块 DB1 中传送，而具体的设定值信息可以参考变频器手册。如 DB1.DBW20 设为 047E 再变为 047F 后，变频器将按照 DB1.DBW22 中设定的频率运行。状态字和实际值可从 DB1.DBW8、DB1.DBW10 读出，要对变频器其他不同的参数进行设置，只要改变 RECORD 地址里的控制字即可。

（2）对 PKW（参数区）读写

读写过程和对 PZD（过程数据）的读写相同，只要编程改变 RECORD 地址里的数值即可。

### 4.4.2 S7–300 与变频器 Master Drive（6SE70）的通信

1）网络配置

网络配置如图 4-99 所示。

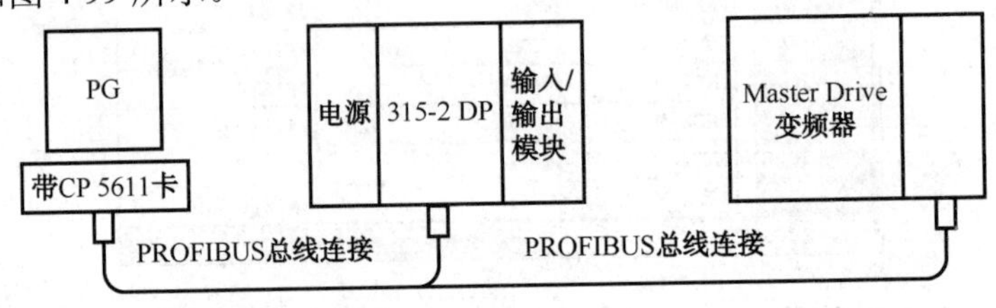


图 4-99 网络配置

本例中选用 S7-300 CPU 315-2 DP 作为 PROFIBUS-DP 的主站，连接一个变频器 Master Drive。

2）硬件和软件需求

硬件：S7-300 CPU 315-2 DP；Master Drive（CUVC）紧凑型；CBP2，用于安装在 Master Drive（CUVC）上，使之成为 PROFIBUS-DP 从站；带有 CP 5611 的编程器。

软件：STEP 7 V5.2。

3）网络组态及参数设置

（1）组态主站系统

在 STEP 7 中创建一个新项目，右击，在弹出的菜单中选择“Insert New Object”→“SIMATIC 300 Station”命令插入 S7-300 站，如图 4-100 所示。

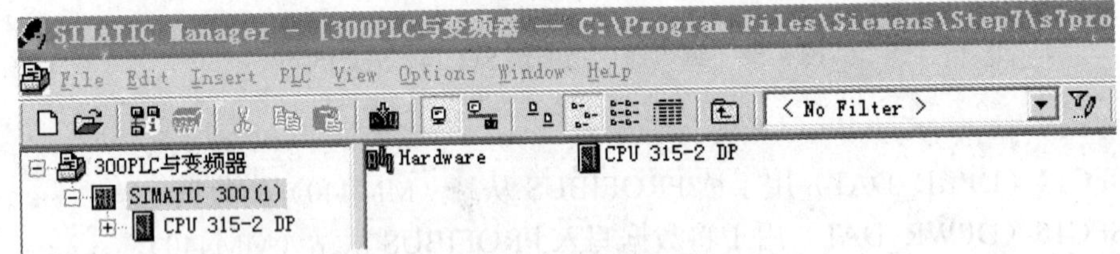


图 4-100 创建新项目

双击“Hardware”选项，进入“HW Config”窗口。单击“Catalog”图标打开硬件目录，按硬件安装次序和订货号依次插入机架、电源、CPU 等进行硬件组态。插入 CPU 时，会同时弹出 PROFIBUS 组态界面。单击“New”按钮新建 PROFIBUS（1），组态 PROFIBUS 站地址，本例中为 6。单击“Properties”按钮组态网络属性，选择“Network Settings”标签进行网络参数设置，在本例中，设置 PROFIBUS 的传输速率为“1.5Mbps”，行规为“DP”，如图 4-101 所示。

如果在总线上有 OLM、OBT 和 RS-485 中继器，可单击“Options”按钮加入，单击“OK”按钮确认后出现 PROFIBUS 网络。

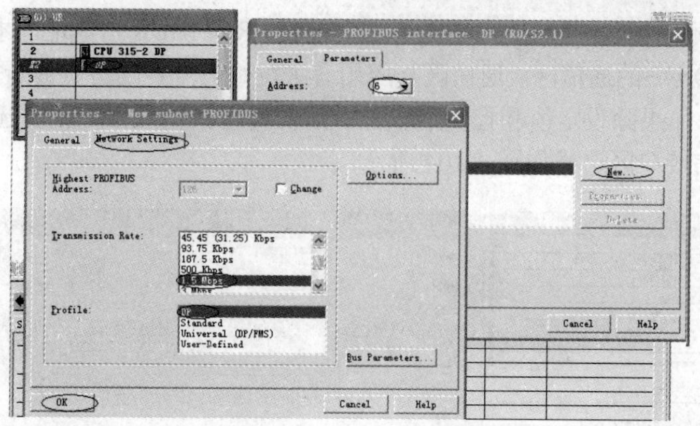


图 4-101 网络参数设置

在“Operating Mode”标签中，将其设为“DP master”，如图 4-102 所示。单击“OK”按钮确认，主站系统组态完成。

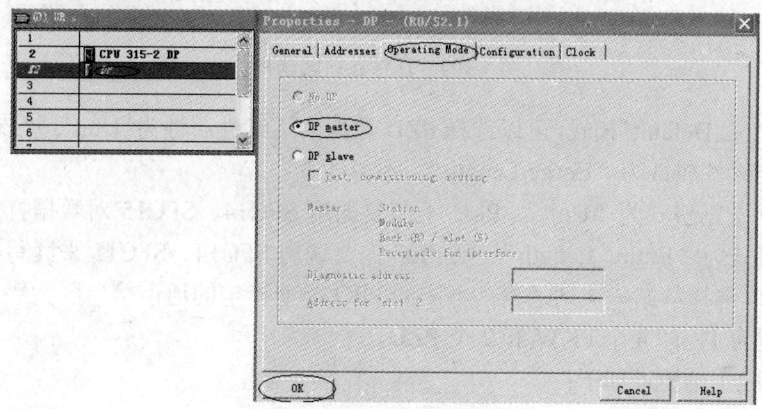


图 4-102 网络参数设置完成

（2）组态从站

在 DP 网上连接 Master Drive，如图 4-103 所示。

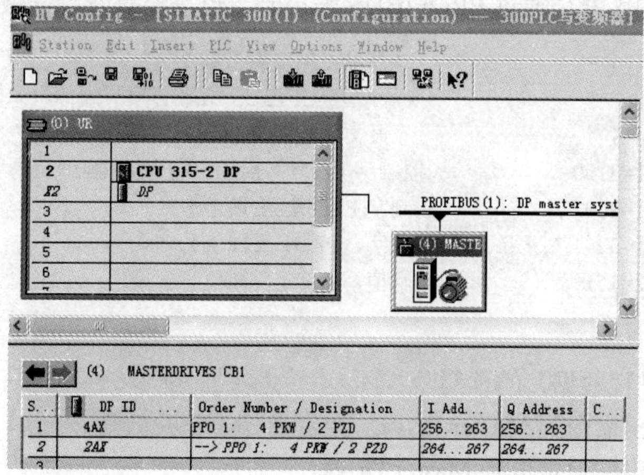


| S... | DP ID | Order Number / Designation | I Add... | Q Address | C... |
| --- | --- | --- | --- | --- | --- |
| 1 | 4AX | PPO 1: 4 PKW / 2 PZD | 256...263 | 256...263 | |
| 2 | 2AX | --> PPO 1: 4 PKW / 2 PZD | 264...267 | 264...267 | |
| 3 | | | | | |

图 4-103 组态从站

将西门子变频器接口卡连接到 DP 网络上，定义 PROFIBUS 站地址，本例中为 4 号站，然后组态 Master Drive 的通信区。通信区与应用有关，如果需要读写 Master Drive 参数，则需要 PKW 数据区；如果除设定值和控制字以外，还需传送其他数据，则要选择多个 PZD。双击从站图标，通信接口区选择如图 4-104 所示。

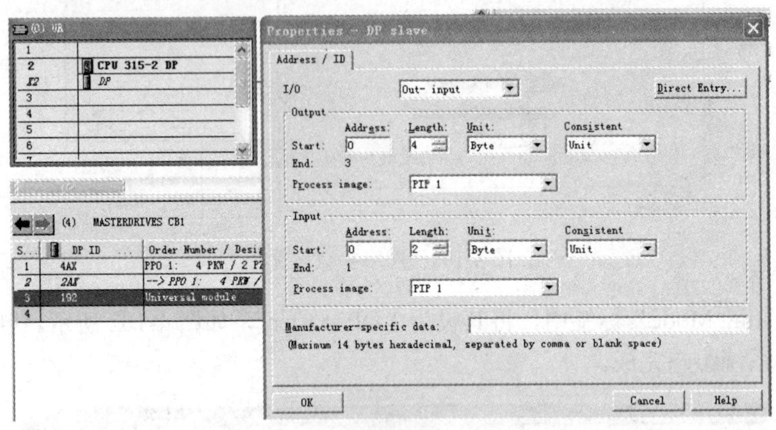

图 4-104　通信接口区选择

如果选择"No Default"模式，可以选择 PZD 数据的连续性属性为"Unit"或"Entire Length"，PKW 数据的连续性属性为"Entire Length"，不可改变。

如果 PZD 数据格式为"Unit"，PLC 不需要调用 SFC14、SFC15 对数据打包和解包；如果 PZD 数据格式为"Entire Length"，则 PLC 需要调用 SFC14、SFC15 来读写数据。在这种模式下，还可以选择从站—从站通信。不同的 PPO 类型指定的通信接口区大小不同，本例中选择 PPO 类型为 1，即 4 个 PKW 和 2 个 PZD。

通信区对应主站地址如下：

PKW 数据区为 PIW256～PIW263，PQW256～PQW263；PZD 数据区为 PIW264～PIW267，PQW264～PQW267。

组态完成后需设置变频器 Master Drive 的参数。

（3）Master Drive 参数设置

要使变频器能够用 PLC 通过 PROFIBUS 来控制，也需要对变频器做如下参数设置。

| | |
|---|---|
| P053=W#16#FF | （使能 CBP2 参数化） |
| P918=4 | （从站 PROFIBUS 站号必须与硬件组态时保持一致） |
| P695=10MS | （报文监控时间） |
| P554,i001=3100 | （控制字 PZD1，启动/停止变频器） |
| P443,i001=3002 | （控制字 PZD2，主设定值） |
| P734,i001=32 | （状态字，PZD1 反馈值） |
| P734,i002=151 | （实际值，PZD2 反馈值） |

4）程序编写

（1）对 PZD（过程数据）的读写

PZD1 输出：输出命令到 Master Drive，控制启停、正反转等。

PZD2 输出：输出主设定值到 Master Drive。

PZD1 输入：Master Drive 当前的状态。

PZD2 输入：实际的转速反馈。

① 建立数据块，如 DB1，将数据块中的数据地址与从站（Master Drive）中的 PDZ、PKW 数据区相对应。

② 在 OB1 中调用特殊功能块 SFC14、SFC15，完成对从站（Master Drive）数据的读和写。

（2）对 PKW（参数区）的读写

读写过程和对 PZD（过程数据）的读写相同，只要编程改变 RECORD 地址里的数值即可。

### 4.4.3 S7-300 与 DC-Master（6RA70）直流传动器的通信

1）网络配置

网络配置如图 4-105 所示。

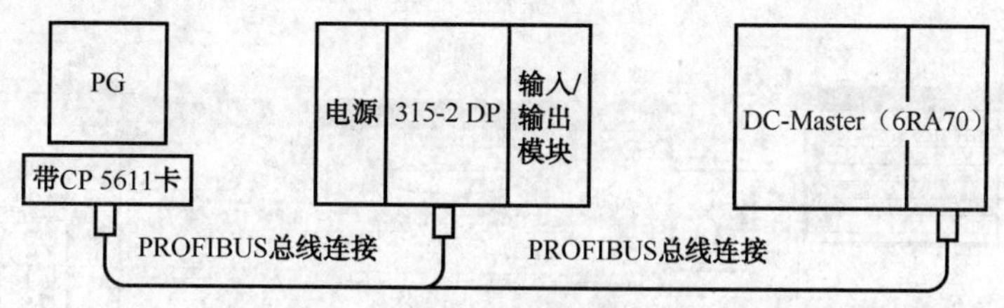


图 4-105 网络配置

本例中选用 S7-300 CPU 315-2 DP 作为 PROFIBUS-DP 主站，连接一个 SIMOREG DC-Master（6RA70）直流传动装置。

2）硬件和软件需求

硬件：S7-300 CPU 315-2 DP；DC-Master；CBP2，用于安装在 DC-Master 2 号槽上，使之成为 PROFIBUS-DP 从站；带有 CP 5611 的编程器。

软件：STEP 7 V5.2。

3）网络组态及参数设置

（1）组态主站系统

在 STEP 7 中创建一个新项目，右击，在弹出的菜单中选择“Insert New Object”→“SIMATIC 300 Station”命令插入 S7-300 站。

双击“Hardware”选项，进入“HW Config”窗口。单击“Catalog”图标打开硬件目录，按硬件安装次序和订货号依次插入机架、电源、CPU 等进行硬件组态。插入 CPU 时，会同时弹出 PROFIBUS 组态界面。单击“New”按钮新建 PROFIBUS（1），组态 PROFIBUS 站地址，本例中为 4。单击“Properties”按钮组态网络属性，选择“Network Settings”标签进行网络参数设置，在本例中，设置 PROFIBUS 的传输速率为“1.5Mbps”，行规为“DP”。

如果在总线上有 OLM、OBT 和 RS-485 中继器，单击“Options”按钮加入，单击“OK”按钮确认后出现 PROFIBUS 网络。在标签“Operating Mode”中，将其设为“DP Master”。单击“OK”按钮确认，主站系统组态完成。

（2）组态从站

在 DP 网上连接 DC-Master，选择“PROFIBUS-DP”→“SIMOREG”→“DC MASTER CBP/CBP2”，如图 4-106 所示。

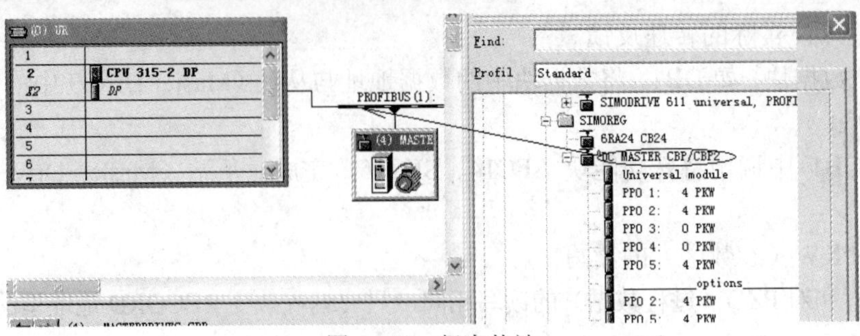

图 4-106 组态从站

单击“DC MASTER CBP2”连接到 DP 网络上，定义 PROFIBUS 站地址，本例中为 4 号站，然后组态 DC-Master 的通信区。通信区与应用有关，设定值和控制字及它们的反馈数据存放在 PZD 区；如果需要读写 DC-Master 参数，则还需要 PKW 数据区。通信接口区选择如图 4-107 所示。

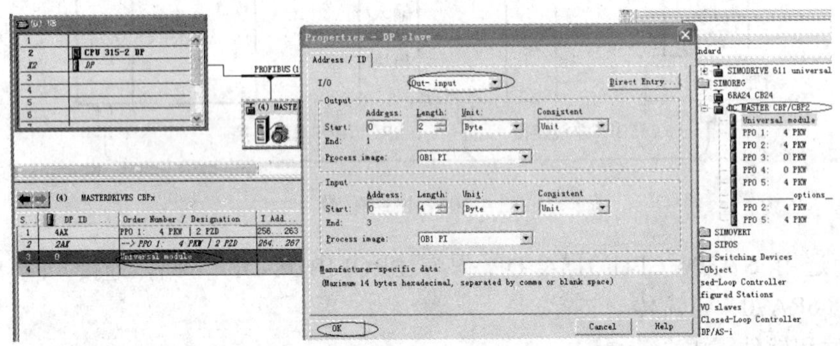

图 4-107 组态 DC-Master 的通信区

如果选择“No Default”模式，可以选择 PZD 数据的连续性属性为“Unit”或“Entire Length”，PKW 数据的连续性属性为“Entire Length”，不可改变。

如果 PZD 数据格式为“Unit”时，PLC 不需要调用 SFC14、SFC15 进行数据的打包和解包。如果 PZD 数据格式为“Entire Length”时，则 PLC 需要调用 SFC14、SFC15 来读写数据。

在这种模式下，还可以选择从站—从站通信。不同的 PPO 类型指定的通信接口区大小不同，本例中选择 PPO 类型为 1，即 4 个 PKW 和 2 个 PZD。

对应主站地址如下：

PKW 数据区为 PIW256～PIW263，PQW256～PQW263；PZD 数据区为 PIW264～PIW267，PQW264～PQW267。

组态完成后组态直流传动 DC-Master 的通信参数。

（3）DC-Master 参数设置

要使 DC-Master 能够用 PLC 通过 PROFIBUS 来控制，变频器也需要设置如下参数。

P927=40 （使能 CBP2 参数化）
P918=4 （从站 PROFIBUS 站号必须与硬件组态时保持一致）
U772=10MS （报文监控时间）
P648=3100（控制字 PZD1）
P644,i001=3002（控制字 PZD2，主设定值）
P734,i001=32 （状态字，PZD1 反馈值）
P734,i002=151（实际值，PZD2 反馈值）

4）程序编写

（1）对 PZD（过程数据）的读写

PZD1 输出：输出命令到 DC-Master，控制启停、正反转等。

PZD2 输出：输出主设定值到 DC-Master。

PZD1 输入：DC-Master 当前的状态。

PZD2 输入：实际的转速反馈。

① 建立数据块，如 DB1，将数据块中的数据地址与从站（DC-Master）中的 PDZ、PKW 数据区相对应。

② 在 OB1 中调用特殊功能块 SFC14、SFC15，完成对从站（DC-Master）数据的读和写。

（2）对 PKW（参数区）的读写

读写过程和对 PZD（过程数据）的读写相同，只要编程改变 RECORD 地址里的数值即可。

## 4.5 PROFIBUS 其他通信方式简述

### 1. FDL 通信

（1） FDL 通信概述

FDL 是 PROFIBUS 的第二层——数据链路层（Fieldbus Data Layer）的缩写，它可以提供高等级的传输安全保证，能有效检测出错位、双向数据传输，发送方和接收方可以同时触发发送和接收响应。

FDL 实现 PROFIBUS 主站和主站之间的通信。在 PROFIBUS-DP 的通信中，具有令牌功能的 PROFIBUS-DP 主站轮循无令牌功能的从站进行数据交换。与此不同的是，PROFIBUS FDL 的每一个通信站点都具有令牌功能，通信以令牌环的方式进行数据交换，每一个 FDL 站点都可以和多个站点建立通信连接。FDL 服务允许发送和接收最大 240 个字节的数据，它既可以用于 S7 PLC 间，也可以用于 S7 与 S5 PLC 或与 PC 间的数据传输。

（2）支持 FDL 通信的通信处理器

只有 PROFIBUS 通信处理器支持 FDL 的数据传输，如 S7 系统有 CP 342-5、CP 343-5 用于 S7-300，两种型号的 CP 443-5 用于 S7-400；S5 系统通常使用 CP 5431。上位机可以使用 PROFIBUS 网卡，如 CP 5512/CP 5611/CP 5613 等。S7-200 不支持 FDL 通信。FDL 的数据传输通过通信处理器来完成，每一个通信处理器可以同时与多个主站建立通信连接，大多数通信处理器的最大连接数为 16，具体的数值可以参考产品样本或手册。

（3）FDL 通信的实现

主站和主站的 FDL 通信是通过调用发送和接收功能块实现的，通信的双方一方调用功能块发送数据，另一方必须调用功能块接收数据。FDL 可以实现 SDA（发送数据有确认）、SDN（发送数据无确认）、自由第二层、多点通信、广播通信。使用 FDL 通信只要掌握两点就可以灵活应用，一是 PROFIBUS 站地址，二是 LSAP（连接服务访问点）用于通信处理器的发送和接收。

### 2. FMS 通信

（1）FMS 通信概述

FMS（现场总线报文规范）通信采用服务器/客户机方式，也是主—主通信的一种，用于单元级 PLC 与 PLC、PLC 和 PC 之间的通信。

在服务器端定义通信变量，客户机端可以调用读、写等功能块访问服务器端的变量，FMS 通信与 DP 通信一样都是标准通信协议，可以和第三方支持 FMS 协议的设备通信，所以在服务器端定义的变量要用符号名，如“变量 1”、“阀门开度”等，活用索引（INDEX），如“<101>”、“<102>”等，而不能用西门子 PLC 变量 M、DB、I、Q 区表示。S5 系列 PLC 只支持索引变量，S7 系列 PLC 两者都支持。符号名和索引表示的变量可以是布尔值变量、8 位无符号变量、8 位有符号变量等简单数据类型，也可以是一维数组变量、结构变量。

PROFIBUS-FMS 与 PROFIBUS-DP 使用相同的传输技术和总线存取协议，所以可以在同一根电缆上同时并行使用。

FMS 协议利用第一、二、七层的网络模式进行通信，组态比较烦琐，支持 FMS 协议的通信处理器通常还支持 FDL 或 DP 通信协议，所以 FMS 通信方式逐渐被 DP、FDL 这种组态编程简单的通信方式替代，目前只有少数的 FMS 通信应用，主要用于与 S5 PLC 通信。

（2）支持 FMS 的通信处理器

通常只有通信处理器（CP）支持 FMS 通信。例如：

① S7-300 PLC 系列为 CP 343-5；

② S7-400 PLC 系列为 CP 443-5Basic；

③ S5 PLC 系列为 CP 5431FMS、IM308。

上位机 PROFIBUS 通信卡 CP 5412A2、CP 5613，CP 5613 已经替代 CP 5412A2。CP 5512/CP 5611 不支持 FMS 通信。

（3）FMS 的通信方式

FMS 的通信方式有：主—主，如 S5 PLC/S7 PLC/PC 之间的通信；主—从，如主站与 ET 200U 的通信；广播，如 S5 PLC/S7 PLC 之间服务器端向客户端发送信息报告。大部分应用为主—主通信。

### 3. PROFIBUS-S7 通信

（1）PROFIBUS-S7 通信概述

S7 通信是 S7 系列 PLC 基于 PROFIBUS、ETHERNET 网络的一种优化的通信协议，主要用于 S7-400/400、S7-300/400 PLC 之间主—主通信，也非常适合 S7 PLC 与 HMI 通信，如与操作面板 OP/TP 及与上位监控软件 WinCC 的通信。这里着重介绍基于 PROFIBUS 网络的 S7 通信。

（2）支持 PROFIBUS-S7 通信的通信处理器和网络接口

① S7-300 系列、S7-400 系列、C7 系列集成的 DP 接口。

② 通信处理器 CP 342-5、CP 343-5、CP 443-5Basic、CP 443-5Extend。

③ PC 通信卡 CP 5511/CP 5512、CP 5611、CP 5613/CP 5614。

（3）CPU 的 S7 连接资源

每个 CPU 都有资源限制，如过程映像区的大小、计数器/计时器的个数。同样，通信的资源也有限制，在产品样本里有 CPU 的连接数量指标，这是指 CPU 的通信资源。旧版本的 S7-300 PLC 中有动态连接和静态连接之分，动态连接是指通过 PROFIBUS、PLC 与 PLC 通过调用 SFC 通信的通信连接，调用 SFC 时连接建立，停止连接时连接仍然维持，通过调用断开连接的 SFC 才能释放连接资源；静态连接是指与 HMI 的通信连接，当

把 OP/TP、WinCC 连接到同一 CPU 时会出现有的 OP/TP、WinCC 连接不上的现象，这是因为使用的连接数已经超过了 CPU 的连接资源限制，此外还有一个静态连接资源保留给编程器使用。

PLC 与 PLC 之间的通信也占用这些资源，一个 S7 的连接要占用一个静态连接，因为 S7-300 PLC 静态连接资源较少，所以 S7-300 系统建议不采用 S7 连接。同时 S7-300 系统之间也不能直接建立 S7 连接，如两个 S7-300 CPU 315-2 DP 集成的 DP 接口、PROFIBUS 之间不能直接建立 S7 连接。可以通过最新版本 CP 342-5（V5.0 以上）、CP 343-1 扩展 16 个 S7 连接而只占用 CPU 一个连接资源，扩展的连接资源可以连接 PLC 和 OP/TP，但不能连接 WinCC。S7-400 PLC 连接资源随 CPU 的型号而定，至少有 16 个，但不能扩展。

S7-300 PLC 只能作为通信的 Server，S7-400 PLC 调用“PUT”、“GET”命令访问 Server 的数据，这种方式称为单边通信。S7-300 PLC 通过 CP 可以与 S7-300 PLC（通过 CP）或 S7-400 PLC 建立双边 S7 通信，通过发送/接收功能块相互访问对方的数据。通常 S7-300 PLC 主站之间通过 FDL 方式通信，因为通过 CP 实现的 FDL 通信不占用 CPU 的连接资源，并可以建立多个连接（连接数可以查看 CP 的连接数指标，CP 342-5 的 S/R 连接数是 16）。

（4）S7 通信所需的功能块

① S7-400 SFB 8（USEND）/SFB 9（URCV），S7-300 FB 8（USEND）/FB 9（URCV），发送数据后无对方接收确认。

② S7-400 SFB 12（BSEND）/SFB 13（BRCV），S7-300 FB 12（BSEND）/FB 13（BRCV），发送数据后有对方接收确认。

③ S7-400 SFB 14（GET）/SFB 15（PUT），S7-300 FB 14（GET）/FB 15（PUT），单边编程访问 Server 端数据并得到对方确认。

此外还有其他一些功能块，如查询通信方 CPU 的状态及连接状态等，这里不做介绍。

## 延伸活动

| 序号 | 安排 | 活动内容 | 加分 | 资源 |
|---|---|---|---|---|
| 1 | 活动一：数据交换 | 要求：<br>（1）一台 S7-300 PLC 作为主站，CP 342-5 作为从站<br>（2）主站—从站交换数据 12 个字节 | 5 分 | 现场 |
| 2 | 活动二：电动机的星/三角启动控制 | 要求：<br>（1）使用一台 S7-300 PLC 的输入端所接按钮通过 DP 通信控制另一台 S7-300 PLC 输出端所控制接触器<br>（2）S7-300 PLC 之间使用智能从站的方式通信 | 10 分 | 现场 |
| 3 | 活动三：封口机的温度数据传输 | 项目要求：<br>（1）通过一台 S7-300 PLC 作为 DP 从站读入封口机温度，同时传给另两台 S7-300 PLC<br>（2）多个 S7-300 之间的 PROFIBUS 通信 | 10 分 | 现场 |

# 测 试 题

## 一、选择题

1．为了使不同厂家的 PROFIBUS 产品集成在一起，厂家以（　　）文件方式提供产品功能参数。

A．GSD　　B．VC　　C．VB　　D．JAVA

2．PROFIBUS 根据应用特点，不属于三个兼容版本的是（　　）。

A．PROFIBUS-FMS　　B．PROFIBUS-DA

C．PROFIBUS-PA　　D．PROFIBUS-DP

3．（　　）是专为过程自动化设计的协议。

A．PROFIBUS-FMS　　B．PROFIBUS-DA

C．PROFIBUS-PA　　D．PROFIBUS-DP

4．（　　）是用于车间级监控网络的协议。

A．PROFIBUS-FMS　　B．PROFIBUS-DA

C．PROFIBUS-PA　　D．PROFIBUS-DP

5．（　　）是用于数据链路层的高速数据传送。

A．PROFIBUS-FMS　　B．PROFIBUS-DA

C．PROFIBUS-PA　　D．PROFIBUS-DP

6．PROFIBUS 现场总线，每条总线区段可连接（　　）个设备

A．16　　B．128　　C．32　　D．64

7.（　　）DP 主站是系统的中央控制器，在预定的周期内与分布式 I/ O 站循环地交换信息，并对总线通信进行控制和管理。

A．1 类　　B．2 类　　C．3 类　　D．4 类

8.（　　）是进行输入信息采集和输出信息发送的外围设备，它只与组态它的 DP 主站交换用户数据。

A．1 类 DP 主站　　B．2 类 DP 主站　　C．DP 从站　　D．PA 主站

9．PROFIBUS-DP 通信中，给数据打包，数据以数据包的形式一次性完成发送的是（　　）。

A．SFC14　　B．SFC15　　C．SFC34　　D．SFC35

10．下面可以将 S7-300 PLC 连接到 PROFIBUS 总线的接口模块是（　　）。

A．CP 5611　　B．CP 340　　C．CP 343-1　　D．CP 342-5

## 二、简答题

1．串行通信和并行通信有什么差别？工业控制中计算机之间的通信一般采用哪种方式？

2．IEC（国际电工委员会）对现场总线（Fieldbus）的定义是什么？

3．与网络通信故障有关的中断组织块有哪些，该怎样使用？

4．简述 S7-300 PLC 的 CPU 315-2 DP 如何与 ET 200M 实现通信？

5．PROFIBUS-DP 通信中，如何理解数据的一致性？

6．S7-300 中要编写哪些组织块，从而避免因某个站点掉电使整个网络不能正常工作的故障？

7．什么是 GSD 文件？简述 EM 277 的 GSD 文件如何使用。

# 项目五　工业以太网通信系统设计

## 教学方案设计

| 教学程序 | 课堂活动 | 资　源 |
|---|---|---|
| 课题引入 | 目的：了解本单元任务，分析项目功能及控制要求，提出需要掌握的新知识、新设备<br>1. 分析任务书，了解本单元任务<br>2. 教师讲授以太网、工业以太网的基本概念、西门子工业以太网的网络部件 | ● 多媒体设备<br>● 通信设备<br>● S7-300 PLC<br>● S7-200 PLC |
| 活动一 | 目的：S7-300 PLC 与 S7-300 PLC 的工业以太网通信设计<br>1. 教师演示全局数据库的工业以太网通信方法<br>2. 学生练习全局数据库的工业以太网通信方法<br>3. 学生完成两台 S7-300 PLC 之间的工业以太网通信编程及调试<br>4. 教师指导项目实施 | ● 教材<br>● 多媒体设备<br>● 编程器<br>● S7-300 PLC |
| 活动二 | 目的：S7-300 PLC 与 S7-200 PLC 的工业以太网通信设计<br>1. 教师演示单边编程的工业以太网通信方法<br>2. 学生练习单边编程的工业以太网通信方法<br>3. 学生完成 S7-300 PLC 与 S7-200 PLC 之间的工业以太网通信编程及调试<br>4. 教师指导项目实施 | ● 教材<br>● 多媒体设备<br>● 编程器<br>● S7-300 PLC<br>● S7-200 PLC |
| 活动三 | 目的：S7-300 PLC 与 WinCC 之间的工业以太网通信设计<br>1. 教师演示 PLC 与 HMI 之间的工业以太网通信方法<br>2. 学生练习 PLC 与 HMI 之间的工业以太网通信方法<br>3. 学生完成 S7-300 PLC 与 WinCC 之间的工业以太网通信编程及调试<br>4. 教师辅导、检查 | ● 教材<br>● 多媒体设备<br>● 编程器<br>● S7-300 PLC<br>● 上位机 |
| 活动四 | 目的：S7-300 PLC 与多台 S7-300 PLC 的工业以太网通信设计<br>1. 教师演示双边编程的工业以太网通信方法<br>2. 学生练习双边编程的工业以太网通信方法<br>3. 学生完成 S7-300 PLC 与多台 S7-300 PLC 之间的工业以太网通信编程及调试<br>4. 教师指导项目实施 | ● 参考教材<br>● 多媒体设备<br>● 编程器<br>● S7-300 PLC |

续表

| 教学程序 | 课堂活动 | 资　源 |
|---|---|---|
| 活动五 | 目的：检查与验收，查看学生在项目实施过程中对知识点的应用情况<br>1. 教师检查并考核项目的完成情况，包括功能的实现、工期、同组成员合作情况及存在的问题等<br>2. 教师检查是否简洁、合理<br>3. 教师检查技术文件是否完整、规范 | ● 现场设备<br>● 完成的各种技术文件<br>● S7-300 PLC<br>● S7-200 PLC<br>● 上位机 |
| 活动六 | 目的：总结提高，帮助学生尽快提高综合能力和素质<br>1. 学生总结在工作过程中的经验教训和心得体会，总结对本单元知识点的掌握情况<br>2. 教师总结全班情况并提出改进意见 | ● 多媒体设备<br>● 各种技术文件 |

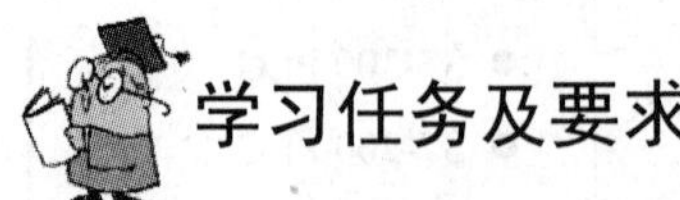

## 学习任务及要求

### 1. 学习任务说明

本单元要求了解以太网和工业以太网的发展，熟悉西门子工业以太网的网络部件，重点掌握几种常见的西门子工业以太网通信方法。具体完成项目如下：

（1）两台 S7-300 PLC之间的工业以太网通信设计、安装及调试。

（2）S7-300 PLC 与 S7-200 PLC之间的工业以太网通信设计、安装及调试。

（3）S7-300 PLC 与 WinCC之间的工业以太网通信设计、安装及调试。

### 2. 学习目的

（1）通过该单元的学习，进一步培养学生工程实践、自我学习的能力及团队协作精神。

（2）熟悉以下国家/行业相关规范与标准：

① 盘、柜及二次回路结线施工及验收规范 GB 50171—2012。

② 电气设备安全设计导则 GB 4064—83。

③ 国家电气设备安全技术规范 GB 19517—2009。

④ 机械安全机械电气设备：通用技术条件 GB 5226.1—2008。

⑤ 电热设备的安全：第一部分 通用要求 GB 5959.1—2005。

⑥ 电气安全管理规程 JBJ6—80。

⑦ 电控设备 第二部分 装有电子器件的电控设备 GB 3797—2005。

⑧ 用电安全导则 GB/T 13869—2008。

（3）熟悉小型自动化工业以太网通信系统的设计、安装、调试方法：掌握正确分析设计任务、掌握小型控制系统设计的工作流程及方法、总体设计思路、硬件设计、软件设计。

（4）熟悉系统调试方法与步骤。

（5）熟练掌握西门子工业以太网通信协议的应用：以太网的概念、工业以太网的概念、西门子工业以太网通信方法。

（6）能编写技术文件（参照规范与标准）：原理图、位置图、布线图、程序框图及程序清单、调试记录等。

（7）练习工程项目实施的方法和步骤。

### 3. 项目要求

（1）通过工业以太网通信，实现由一台 S7-300 PLC 侧的元器件控制另一台 S7-300 PLC 侧的设备（封口机）。

（2）通过工业以太网通信，实现由一台 S7-300 PLC 侧的元器件控制 S7-200 PLC 侧的设备（封口机）。

（3）通过工业以太网通信，实现由上位机（WinCC）控制封口机的启停及传送带速度。

### 4. 工作条件

（1）电源：220V，20kW。

（2）S7-300 PLC，CPU 313C-2 DP　2 台。

（3）S7-200 PLC CPU 224。

（4）封口机。

（5）上位机。

### 5. 需准备的资料

S7-300 PLC 手册、工业以太网资料、WinCC 使用手册、教材、封口机资料。

### 6. 预习要求

（1）读懂工业以太网通信协议的基本概念。

（2）预习西门子工业以太网通信网络部件。

（3）阅读常用工业以太网通信方法。

（4）了解相关的国家/行业标准。

（5）复习 WinCC 知识。

### 7. 重点或难点

（1）重点：工业以太网通信方法的应用、控制方案确定、项目的组织实施、技术文件的编写。

（2）难点：方案确定、工业以太网通信程序调试、技术文件编写。

### 8. 学习方法建议

（1）认真观察老师演示。

（2）要主动查阅相关资料。

（3）项目实施中要主动、积极地自我完成。

（4）遇到问题要主动与同学、老师讨论。

（5）在项目实施中遇到的问题一定要做好详细记录，如故障现象、故障原因、如何解决等。

### 9. 学生需完成的资料

设计方案，原理图、位置图、布线图，调试记录，元件清单，项目进程表，程序框图及程序清单，项目及程序电子文档，个人总结。

### 10. 总结与思考

（1）总结自己在项目中的得与失，以后要注意和改进的地方。

（2）每做一步的时候要多思考，多问几个为什么。

（3）常见的工业以太网通信方法有哪些？

（4）通信出现故障应从哪些方面入手？

### 11. 附件

（1）环境要求：该设备安装于室内，环境温度为 25℃。

（2）该项目所需设备：每组多台 S7-300 PLC，一台 S7-200 PLC，WinCC 作为上位机。

# 5.1 以太网简介

## 5.1.1 以太网的发展史

20 世纪 70 年代中期，美国 Xerox 公司提出了以太网这个新概念，首次提出采用一种传输媒介将 Xerox 打印机与数个计算机相连进行通信的构思，即带有冲突检测的载波侦听多路存取（CSMA/CD）的方法以后，短短的四十多年以来，随着科技的不断发展，这一设想在实践中得到了不断的改进，从而形成一致而又强大的局域网技术。IT 的工程师们从实际应用出发采取了各种措施改进以太网的技术，今天，作为物理层基础的以太网与最广泛的、标准化的通信协议 TCP/IP 有机结合，成为了现代通信技术最成熟的使用方法。以太网发展历史如表 5-1 所示。

表 5-1 以太网发展历史

| | |
|---|---|
| 1972 年 | Xerox 公司开始研发 |
| 1976 年 | 首次展示（3Mbps 传输速率） |
| 1980 年 | 以太网 V1.0 标准（DIX） |
| 1983 年 | IEEE 802.3 标准 |
| 1990 年 | 采用双绞线的以太网（10BaseT） |
| 1995 年 | 快速以太网（100BaseX） |
| 1998 年 | 千兆以太网（1000BaseT） |
| 2002 年 | 万兆以太网 |

## 5.1.2 以太网技术

### 1. OSI 参考模型

通信网络的核心是 OSI（Open System Interconnection，开放系统互联）参考模型。OSI

参考模型是在 1984 年由国际标准化组织 ISO（International Organization for Standardization）发布的，现在已被公认为计算机互联通信的基本体系结构模型。OSI 参考模型对一个开放的网络结构中系统之间的通信进行了系统地描述和标准化。通信所需要的功能被分解为七个易于管理的功能层，分别是物理层、数据链路层、网络层、传输层、会话层、表示层和应用层。通过这种方式，复杂的通信过程被简化和分解为小的逻辑单元。

OSI 的七层协议分别执行一个或一组任务，完成特定的网络功能，各层间相对独立，互不影响。第 1～4 层是面向网络的低层；第 5～7 层是面向应用的，称为高层。每个独自的低层通过所定义的接口向高层提供服务。下面是 OSI 参考模型的七个层次：

（1）物理层。定义了传输介质、连接器和信号发生器的类型，规定了物理连接的电气、机械功能特性如电压、传输速率、传输距离等。

（2）数据链路层。负责在两个相邻结点间的线路上无差错地传送以帧为单位的数据。每一帧包括一定数量的数据和一些必要的控制信息。数据链路层负责建立、维持和释放数据链路的连接。在传送数据时，如果接收点检测到所传数据中有差错，就要通知发送方重发这一帧。

（3）网络层。选择合适的网间路由和交换节点，确保数据及时传送。网络层将数据链路层提供的帧组成数据包，包中封装有网络层包头，其中含有逻辑地址信息——源站点和目的站点的网络地址。

（4）传输层。根据通信子网的特性，利用网络资源并以可靠和经济的方式为两个端系统（源站和目的站）的会话层之间提供建立、维护和取消传输连接的功能，负责可靠地传输数据。在这一层，信息的传送单位是报文。

（5）会话层。不参与具体的传输，它提供包括访问验证和会话管理在内的建立和维护应用之间通信的机制，如服务器验证用户登录便是由会话层完成的。

（6）表示层。主要解决用户信息的语法表示问题。它将想交换的数据从适合于某一用户的抽象语法转换为适合于 OSI 系统内部使用的传送语法，即提供格式化的表示和转换数据服务。数据的压缩和解压缩、加密和解密等工作都由表示层负责。

（7）应用层。确定进程之间通信的性质以满足用户需要，以及提供网络与用户应用软件之间的接口服务。

### 2. CSMA/CD 技术

在局域网中，各个工作站点都处于均等地位，通过公共信道互相通信。信道在一个时间间隔内只能被一个站点占用来传送信息，这就产生了一个信道的合理分配问题。各工作站点由谁占用信道，如何避免冲突，同时又使网络有最好的工作效率及可靠性等，是需解决的重要课题。在以太网中采用了 CSMA/CD 的访问控制方式。

### 3. 以太网的交换技术

传统的以太网采用 CSMA/CD 技术，所有设备共享一个公共传输信道，这就不可回避地产生了冲突、碰撞和重发等情况。在网络负载较轻的情况下，问题并不明显；在网络负载加重的情况下，会产生大量的碰撞和重发，导致网络性能下降。20 世纪 90 年代初，随着计算机性能的提高及通信量的增加，传统以太网已经越来越超出了自身的负荷，这时交换式以太网技术应运而生，大大提高了局域网的性能。与共享数据信道的局域网拓扑结构相比，网络交换机能显著增加带宽。交换技术的加入，就可以建立地理位置相对分散的网络，使局域网交换机的每个端口平行、安全、同时地互相传输信息，而且使局域网可以高度扩充。

局域网交换技术是 OSI 参考模型中的第二层——数据链路层（Data-Link Layer）上的技术，所谓“交换”实际上是指转发数据帧。在数据通信中，所有的交换设备（交换机）执行两个基本的操作：交换数据帧，将从输入介质上收到的数据帧转发至相应的输出介质；维护交换操作，构造和维护交换地址表。

## 5.2 工业以太网简介

### 5.2.1 工业以太网与传统办公网络的比较

所谓工业以太网，是指其在技术上与商用以太网（IEEE 802.3 标准）兼容，但材质的选用、产品的强度和适用性方面应能满足工业现场的需要。工业以太网技术的优点：以太网技术应用广泛，为所有的编程语言所支持；软硬件资源丰富；易于与 Internet 连接，实现办公自动化网络与工业控制网络的无缝连接；可持续发展的空间大等。工业网络与传统办公室网络相比，有一些不同之处，如表 5-2 所示。

表 5-2 工业网络与传统办公室网络的比较

| | 办公室网络 | 工业网络 |
|---|---|---|
| 应用场合 | 普通办公场合 | 工业场合、工况恶劣，抗干扰性要求较高 |
| 拓扑结构 | 支持线型、环型、星型等结构 | 支持线型、环型、星型等结构，并便于各种结构的组合和转换，安装简单，最大的灵活性和模块性，高扩展能力 |
| 可用性 | 一般的实用性需求，允许网络故障时间以秒或分钟计 | 极高的实用性需求，允许网络故障时间<300ms 以避免生产停顿 |
| 网络监控和维护 | 网络监控必须有专门人员使用专用工具完成 | 网络监控成为工厂监控的一部分，网络模块可以被 HMI 软件如 WinCC 监控，故障模块容易更换 |

工业以太网产品的设计制造必须充分考虑并满足工业网络应用的需要。工业现场对工业以太网产品的要求包括：

（1）工业生产现场环境的高温、潮湿、空气污浊及腐蚀性气体的存在，要求工业级的产品具有气候环境适应性，并要求耐腐蚀、防尘和防水。

（2）工业生产现场的粉尘、易燃易爆和有毒性气体的存在，需要采取防爆措施保证安全生产。

（3）工业生产现场的震动、电磁干扰大，工业控制网络必须具有机械环境适应性（如耐震动、耐冲击）、电磁环境适应性或电磁兼容性（Electro Magnetic Compatibility，EMC）等。

（4）工业网络器件的供电，通常采用柜内低压直流电源标准，大多工业环境中控制柜内所需电源为低压 24V 直流。

（5）采用标准导轨安装，安装方便，适用于工业环境安装的要求。工业网络器件要能方便地安装在工业现场控制柜内，并容易更换。

### 5.2.2 工业以太网应用于工业自动化中的关键问题

（1）通信实时性问题

以太网采用 CSMA/CD 的介质访问控制方式，其本质上是非实时的。平等竞争的介质访问控制方式不能满足工业自动化领域对通信的实时性要求。因此以太网一直被认为不适合在底层工业网络中使用，需要有针对这一问题的切实的解决方案。

（2）对环境的适应性与可靠性的问题

以太网是按办公环境设计的，将它用于工业控制环境，其环境适应能力、抗干扰能力等是许多从事自动化的专业人士所特别关心的。在设计产品时要特别注重材质、元器件的选择，使产品在强度、温度、湿度、震动、干扰、辐射等环境参数方面满足工业现场的要求。还要考虑到在工业环境下的安装要求，如采用 DIN 导轨式安装等。像 RJ-45 一类的连接器，在工业上应用太易损坏，应该采用带锁紧机构的连接件，使设备具有抗震动、抗疲劳能力。

（3）总线供电

在控制网络中，现场控制设备的位置分散性使它们对总线有提供工作电源的要求。现有的许多控制网络技术都可以利用网线对现场设备供电。工业以太网目前没有对网络节点供电做出规定。一种可能的方案是利用现有的 5 类双绞线中另一对空闲线对网络节点供电。一般在工业应用环境下，要求采用直流 10～36V 低压供电。

（4）本质安全

工业以太网如果要用在一些易燃易爆的危险工业场所，就必须考虑本身防爆问题。这是在总线供电解决之后要进一步解决的问题。

在工业数据通信与控制网络中，直接采用以太网作为控制网络的通信技术只是工业以太网发展的一个方面，现有的许多现场总线控制网络都提出了与以太网结合，用以太网作为现场总线网络的高速网段，使控制网络与 Internet 融为一体的解决方案。

在控制网络中采用以太网技术无疑有助于控制网络与互联网的融合，使控制网络无须经过网关转换即可直接连至互联网，使测控节点有条件成为互联网上的一员。在控制器、PLC、测量变送器、执行器、I/O 卡等设备中嵌入以太网通信接口，嵌入 TCP/IP 协议，嵌入 Web Server 便可形成支持以太网、TCP/IP 协议和 Web 服务器的 Internet 现场节点。在应用层协议尚未统一的环境下，借助 IE 等通用的网络浏览器实现对生产现场的监视与控制，进而实现远程监控，也是人们提出且正在实现的一个有效的解决方案。

### 5.2.3 西门子工业以太网

西门子公司在工业以太网领域有着非常丰富的经验和领先的解决方案。其中 SIMATIC NET 工业以太网基于经过现场验证的技术，符合 IEEE 802.3 标准并提供 10Mbps 及 100Mbps 快速以太网技术。经过多年的实践，SIMATIC NET 工业以太网的应用已多于 400000 个节点，遍布世界各地，用于严酷的工业环境，并包括高强度电磁干扰的地区。

#### 1. 基本类型

（1）10Mbps 工业以太网：应用基带传输技术，基于 IEEE 802.3，利用 CSMA/CD 介质访问方法的单元级、控制级传输网络。传输速率为 10Mbps，传输介质为同轴电缆、屏蔽双绞线或光纤。

（2）100Mbps 快速以太网：基于以太网技术，传输速率为 100Mbps，传输介质为屏蔽双绞线或光纤。

2. 网络硬件

（1）传输介质

网络的物理传输介质主要根据网络连接距离、数据安全及传输速率来选择。通常在西门子网络中使用的传输介质包括：

① 2 芯电缆，无双绞线，无屏蔽（如 AS Lnterface Bus）。

② 2 芯双绞线，无屏蔽。

③ 2 芯屏蔽双绞线（如 PROFIBUS）。

④ 同轴电缆（如 Industrial Etherenet）。

⑤ 光纤（如 PROFIBUS/ Industrial Etherenet）。

⑥ 无线通信（如红外线和无线电通信）。

在西门子工业以太网络中，通常使用的物理传输介质为屏蔽双绞线（Twisted Pair，TP）、工业屏蔽双绞线（Industrial Twisted Pair，ITP）及光纤。

（2）网络部件

① 工业以太网链路模块 OLM、ELM。

依照 IEEE 802.3 标准，利用电缆和光纤技术，SIMATIC NET 连接模块使工业以太网的连接变得更为方便和灵活。OLM（光链路模块）有 3 个 ITP 接口和两个 BFOC 接口，如图 5-1 所示。其 ITP 接口可以连接 3 个终端设备或网段，BFOC 接口可以连接两个光路设备（如 OLM 等），速度为 10Mbps。

ELM（电气链路模块）有 3 个 ITP 接口和 1 个 AUI 接口。通过 AUI 接口，可以将网络设备连接至 LAN 上，速度为 10Mbps。

图 5-1　光链路模块 OLM

② 工业以太网交换机 OSM、ESM。

OSM 的产品包括：OSM TP62、OSM TP22、OSM ITP62、OSM ITP62-LD 和 OSM BC08。从型号就可以确定 OSM 的连接端口类型及数量，如 OSM ITP62-LD，其中“ITP”表示 OSM 上有 ITP 电缆接口，“6”代表电气接口数量，“2”代表光纤接口数量，“LD”代表长距离，如图 5-2 所示。ESM 的产品包括：ESM TP40、ESM TP80 和 ESM ITP80，命名规则和 OSM 相同，如图 5-3 所示为 ESM TP80。

图 5-2　OSM ITP62-LD

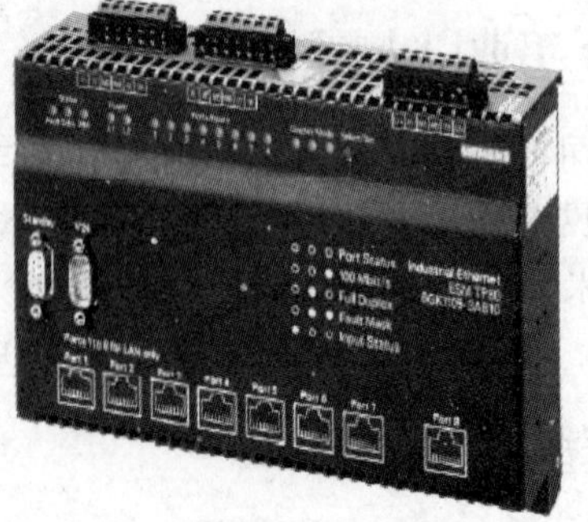
图 5-3　ESM TP80

③ 通信处理器。

常用的工业以太网通信处理器（Communicaton Processer，CP，通信处理单元），包括用在S7 PLC站上的处理器CP 243-1系列、CP 343-1系列、CP 443-1系列等。CP 243-1是为S7-200系列PLC设计的工业以太网通信处理器，通过CP 243-1模块，用户可以很方便地将S7-200系列PLC通过工业以太网进行连接，并且支持使用STEP 7-Micro/WIN 32软件，通过以太网对S7-200进行远程组态、编程和诊断。同时，S7-200也可以同S7-300、S7-400系列PLC进行以太网的连接，如图5-4所示。S7-300系列PLC的以太网通信处理器是CP 343-1系列，按照所支持协议的不同，可以分为CP 343-1、CP 343-1 ISO、CP 343-1 TCP、CP 343-1 IT和CP 343-1 PN，如图5-5所示。

图5-4　CP 243-1模块

图5-5　CP 343-1模块

S7-400 PLC的以太网通信处理器是CP 443-1系列，按照所支持协议的不同，可以分为CP 443-1、CP 443-1 ISO、CP 443-1 TCP和CP 443-1 IT，如图5-6所示。

图5-6　CP 443-1模块

## 5.3　S7-200 以太网解决方案

工业以太网是SIMATIC NET的重要组成部分，它作为控制级的应用网络，同单元级的PROFIBUS和现场级的AS Interface共同组成了西门子完整的工业网络体系。

S7-200系统在西门子自动化产品中属于低端的PLC产品，由于功能完备小巧灵活，具有很高的性价比，因而深受国内用户的青睐，在同档次产品中具有很高的市场占有率。

S7-200系列的PLC可以通过以太网模板CP 243-1及CP 243-1IT接入工业以太网，通过这些模板，S7-200系统不仅可以通过工业以太网与S7-200、S7-300或S7-400系统进行通信，还可以与PC应用程序通过OPC进行通信。

1. 硬件连接

S7-200 PLC 站通过 CP 243-1 与其他 S7 PLC 站、PC 站利用网线及网络交换机等设备组成工业以太网，如图 5-7 所示。

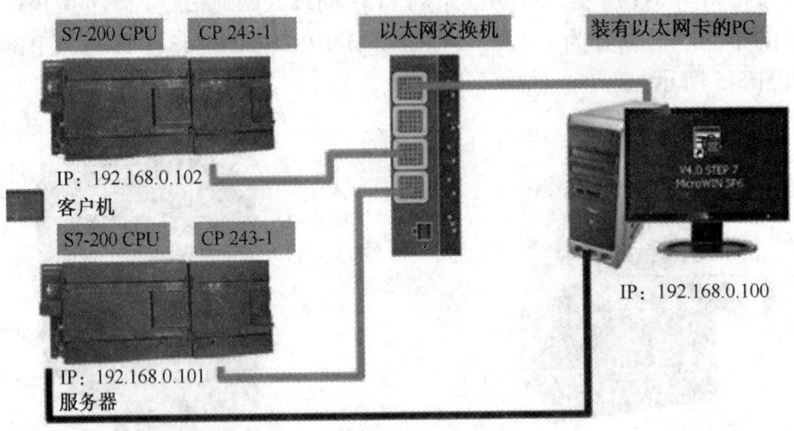


图 5-7　S7-200 的以太网连接

2. 硬件需求和软件需求

硬件：CP 1613/以太网卡、CP 243-1/CP 243-1（IT）/CP 443-1（IT）、PC/PPI 电缆、TP 电缆、网络交换设备。

软件：SIMATIC NET V6.2、SETP 7 Micro/WIN32 V3.2.1 以上版本、SETP 7 V5.2。

3. 网络组态及参数设置

S7-200 以太网通信主要有以下几种方式：

① S7-200 之间的以太网通信。

② S7-200 与 S7-300/400 之间的以太网通信。

③ S7-200 与 OPC 及 WinCC 的以太网通信。

1）S7-200 之间的以太网通信

S7-200 之间的以太网通信，S7-200 既可以作为 Server（服务器）端，也可以作为 Client（客户）端。

（1）S7-200 作为 Server 端

S7-200 作为 Server 端时，只响应 Client 端的数据请求，不需要编程，只要组态 CP 243-1 就可以了。选择“工具”→“以太网向导”命令，如图 5-8 所示。打开“以太网向导”，单击“下一步”按钮，如图 5-9 所示。

设置 CP 243-1 模块的位置，如不能确定，可以单击“读取模块”由软件自动探测模块的位置，单击“下一步”按钮，如图 5-10 所示。

设定 CP 243-1 模块的 IP 地址和子网掩码，并指定模块连接的类型（本例选择“自动检测通信”），单击“下一步”按钮，如图 5-11 所示。

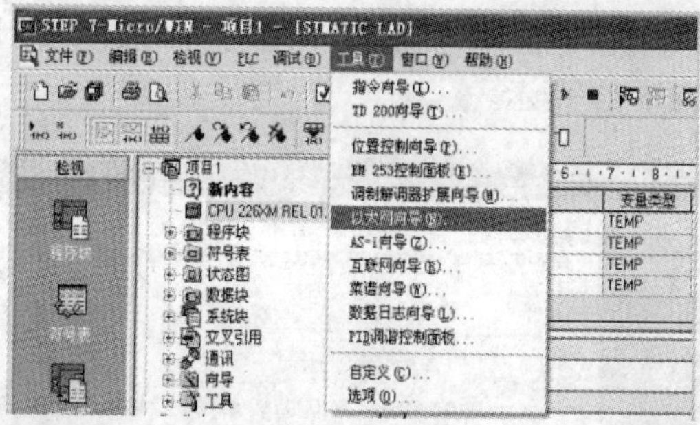


图 5-8　“工具”菜单

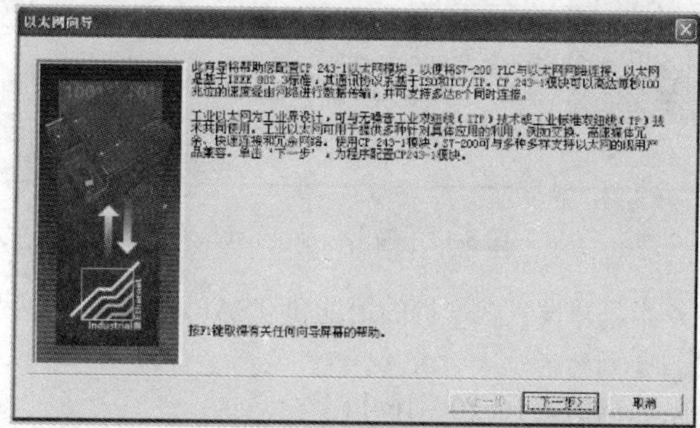


图 5-9　以太网向导

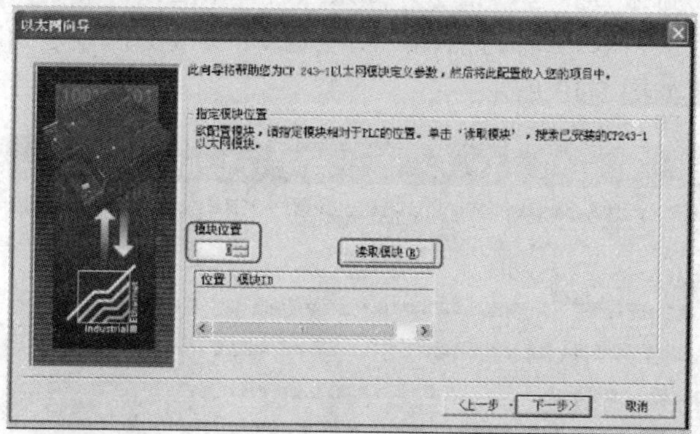


图 5-10　模块位置选择

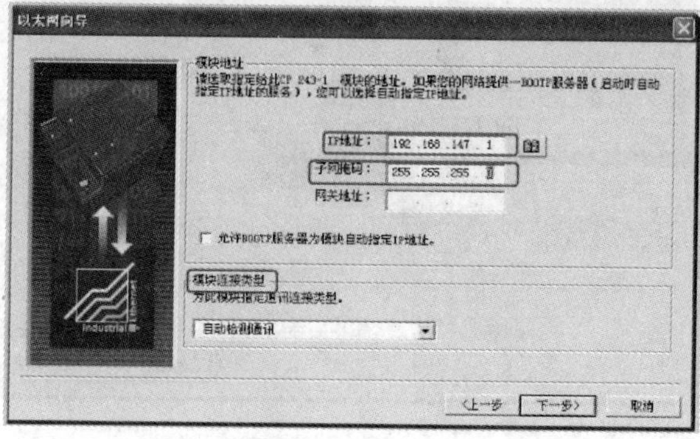


图 5-11　指定模块地址

确定 PLC 为 CP 243-1 分布的输出口的起始字节地址（一般使用默认值即可）和连接数目，单击“下一步”按钮，如图 5-12 所示。

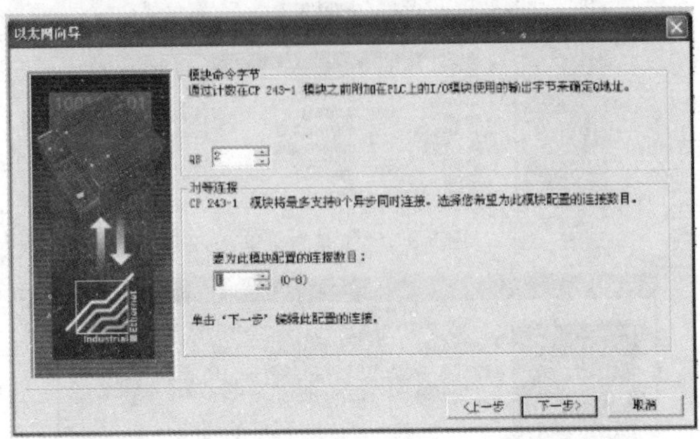


图 5-12　输出口地址设置

① 设置本机为服务器，并设置客户机的地址和 TSAP。TSAP 由两个字节构成，第一个字节定义了连接数，其中：

- 本地 TSAP 范围：16#01，16#10～16#FE。
- 远程 TSAP 范围：16#01，16#03，16#10～16#FE。

第二个字节定义了机架号和 CP 槽号。如果只有一个连接，可以指定对方的地址，否则可以选中接受所有的连接请求。“保持活动”功能是 CP 243-1 以设定的时间间隔来探测通信的状态，此时间的设定如图 5-13 所示。

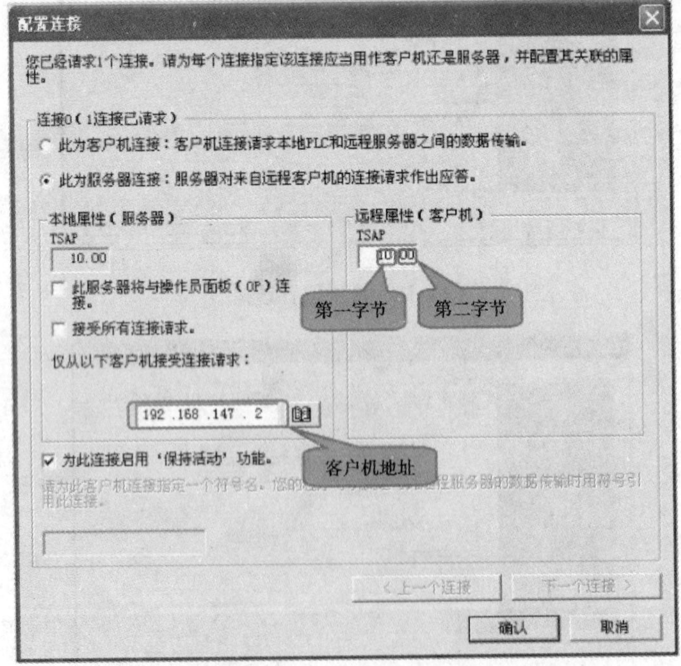


图 5-13　连接参数配置

② 选择是否需要 CRC 保护，如选择了此功能，则 CP 243-1 在每次系统重启时，就校验 S7-200 中的组态信息是否被修改，如被改过，则停止启动，并重新设置 IP 地址。“保持活动间隔”即是上步中的探测通信状态的时间间隔，如图 5-14 所示。

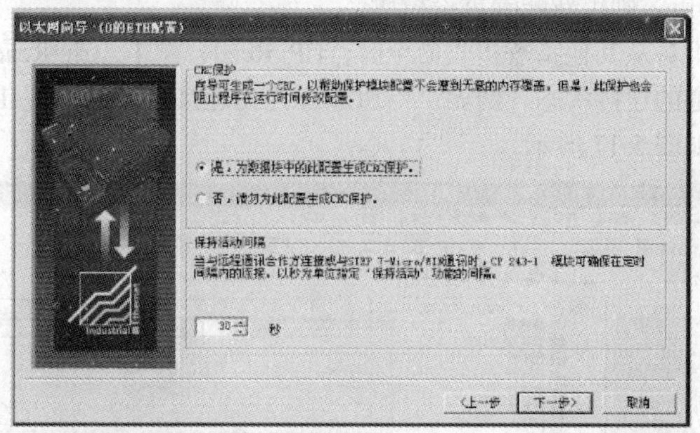


图 5-14　CRC 保护及保持活动间隔时间设置

③ 选定 CP 243-1 组态信息的存放地址，此地址区在用户程序中不可再用，如图 5-15 所示。

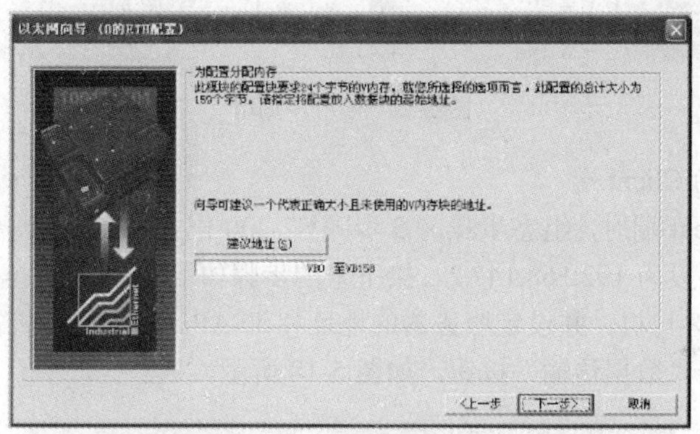


图 5-15　内存地址设置

至此，S7-200 服务器端的以太网通信已经组态完毕，图 5-16 给出了组态后的信息，单击“完成”按钮保存组态信息。

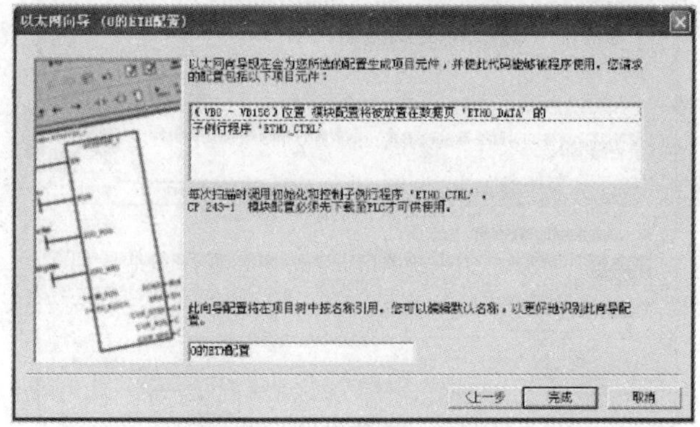


图 5-16　组态信息确认

参数说明：ETH0_CTRL 为初始化和控制子程序，在开始时执行以太网模块检查。应当在每次扫描开始调用该子程序，且每个模块仅限使用一次该子程序。每次 CPU 更改为 RUN（运行）时，该指令命令 CP 243-1 以太网模块检查组态数据区是否存在新配置。如果配置不同或 CRC 保护被禁用，则用新配置重设模块。

当以太网模块准备从其他指令接收命令时，CP_Ready 置 1。Ch_Ready 的每一位对应一个指令，显示该通道的连接状态。例如，当通道 0 建立连接后，位 0 置 1。Error（错误）包含模块通信状态，如图 5-17 所示。

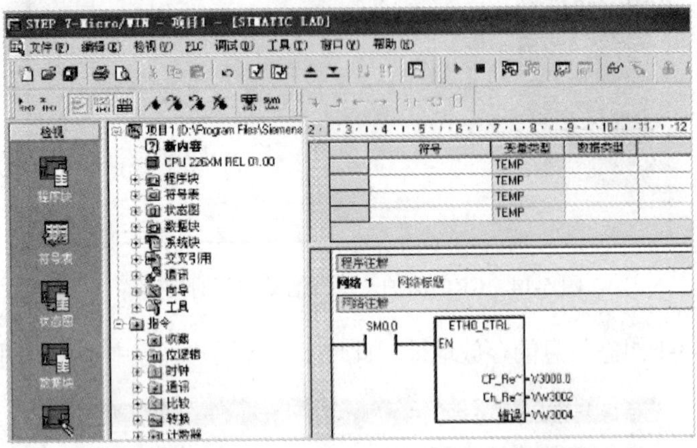


图 5-17　子程序调用

（2）S7-200 作为 Client 端

S7-200 作为 Client 端时，组态步骤前 5 步同 S7-200 作为 Server 时一样，只是注意在第 4 步中客户端的地址要设为 192.168.147.2。接下来的步骤如下：

① 选择本机为客户机，并设定服务器的地址和 TSAP。由于客户机需要组态发送或接收服务器的数据，单击“数据传输”按钮，如图 5-18 所示。

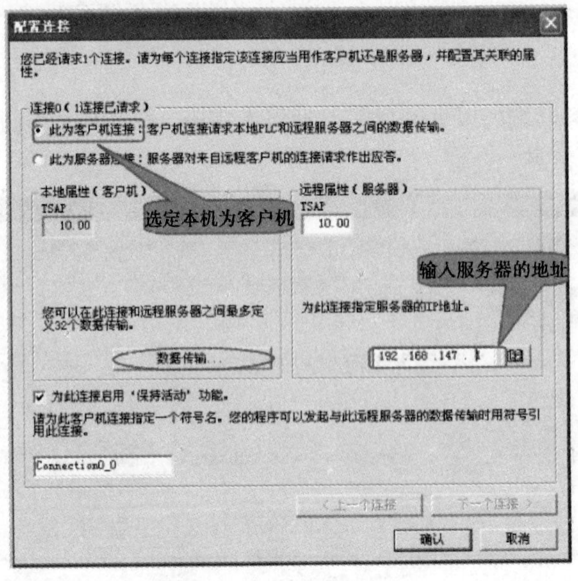


图 5-18　连接参数配置

② 在弹出的界面中单击“新传输”按钮，如图 5-19 所示。

③ 选择客户机是接收还是发送数据到服务器及接收和发送的数据区，如有多个数据传输（最多 32 个，0～31），可单击“新传输”按钮定义新的数据传输，如图 5-20 所示。

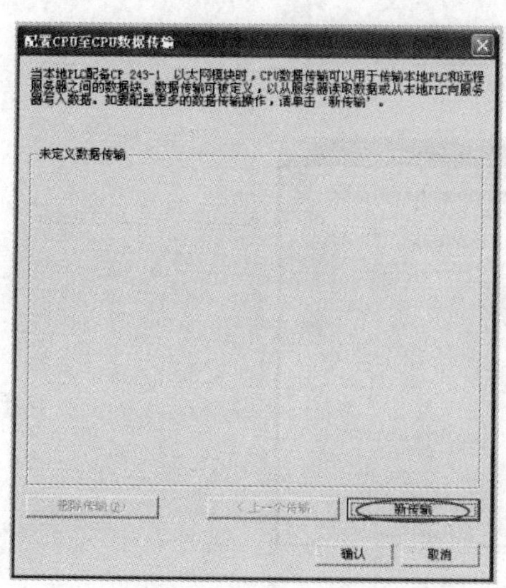


图 5-19　新建数据传输

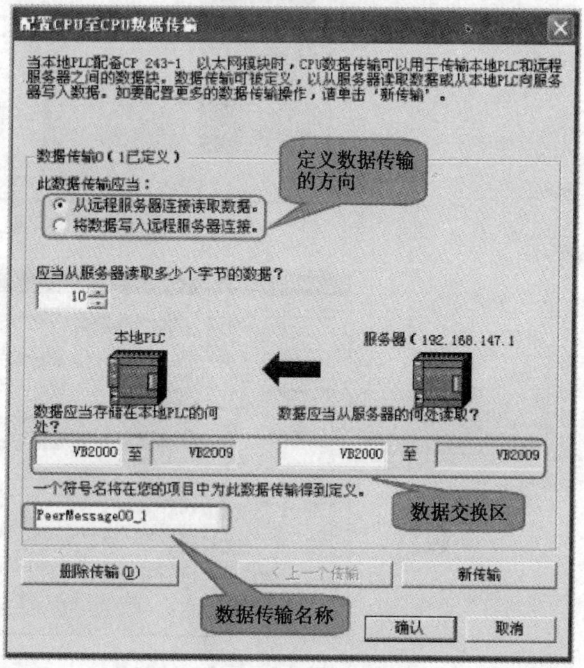

图 5-20　数据传输参数配置

④ 选择是否有 CRC 保护及保持活动的间隔时间，如图 5-21 所示。

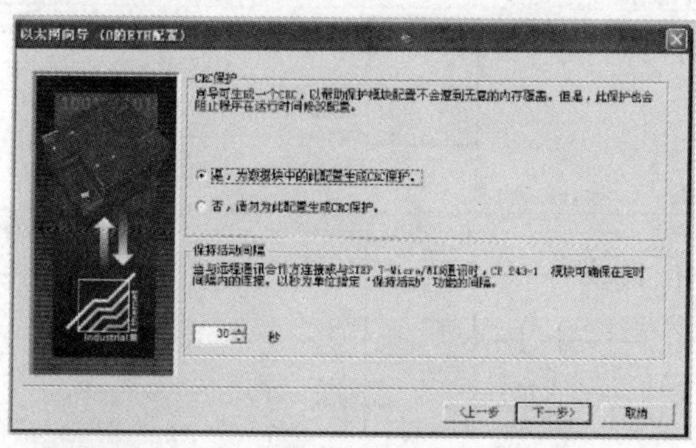


图 5-21　CRC 保护及保持活动间隔时间设置

⑤ 选择 CP 243-1 组态信息的存放地址，如图 5-22 所示。

⑥ CP 243-1 Client 端的组态完成，结果如图 5-23 所示。其中，ETH0_CTRL 为初始化和控制子程序，ETCH0_XFR 为数据发送和接收子程序。

⑦ 服务器端和客户端组态完毕后，分别把组态信息下载到 PLC 中，在客户端就可以利用子程序 ETH0_XFR 来向服务器发送数据或从服务器接收数据了。在客户端，调用以太网子程序如图 5-24 所示。

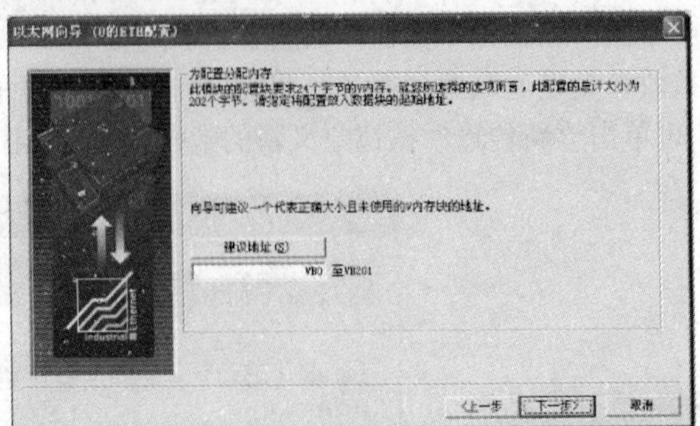


图 5-22　内存地址设置

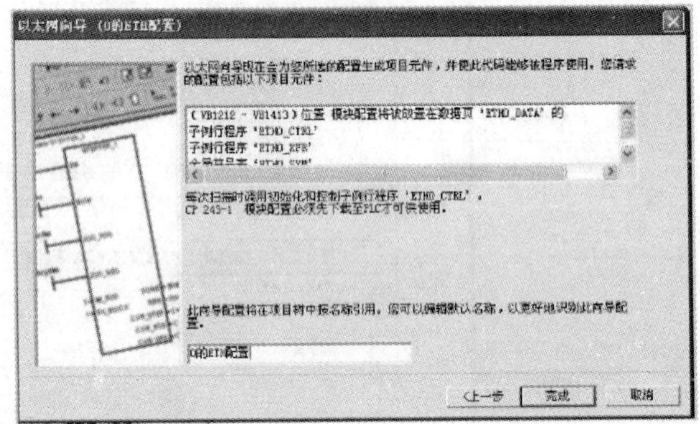


图 5-23　组态结果

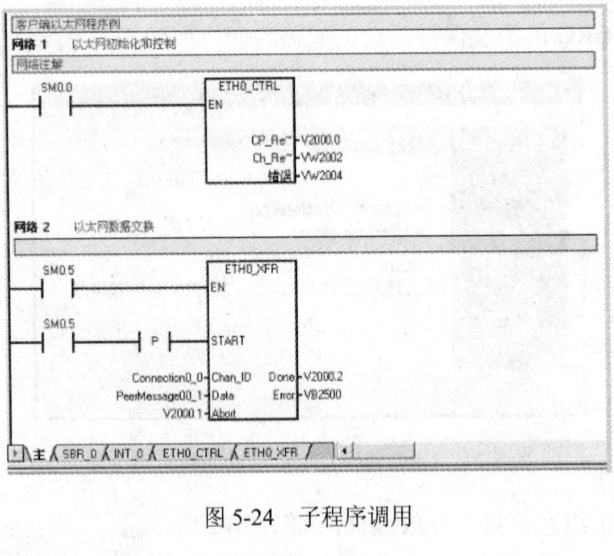

图 5-24　子程序调用

子程序参数说明如下：

START：=1 时触发数据交换；

Chan_ID：连接号（0～7），也可输入连接名称（如本例中的 Connection00_0）；

Data：数据传输号（0～31），也可输入数据传输的名称（如本例中的 PeerMessage00_1）；

Error：通信状态（可查看通信的错误信息）。

2）S7-200 与 S7-300/400 之间的以太网通信

S7-200 和 S7-300/400 以太网通信时，S7-200 既可以作为 Server 端，也可以作为 Client 端。

（1）S7-200 作为 Client 端

S7-200 作为 Client 端时①～⑤步同上（注意组态 CP 243-1 Client 端的地址为 192.168.147.2）。接下来的步骤如下：

① 配置连接属性：TSAP 由两个字节构成，第一个字节定义了连接号。其中：

本地 TSAP 定义范围：16#02，16#10～16#FE。

远程 TSAP 定义范围：16#02，16#03，16#10～16#FE。

第二个字节定义了机架号和 CP 槽号（对于 S7-300/400 系统，该字节表示 CPU 的槽号），如图 5-25 所示。

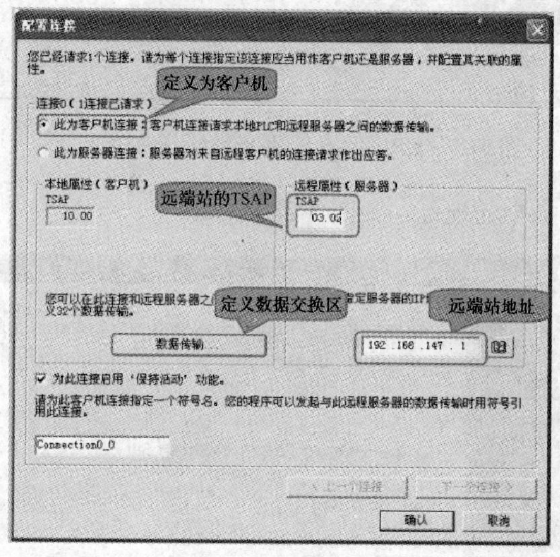


图 5-25　连接参数配置

② 单击“数据传输”按钮，定义数据交换区，如图 5-26 所示。

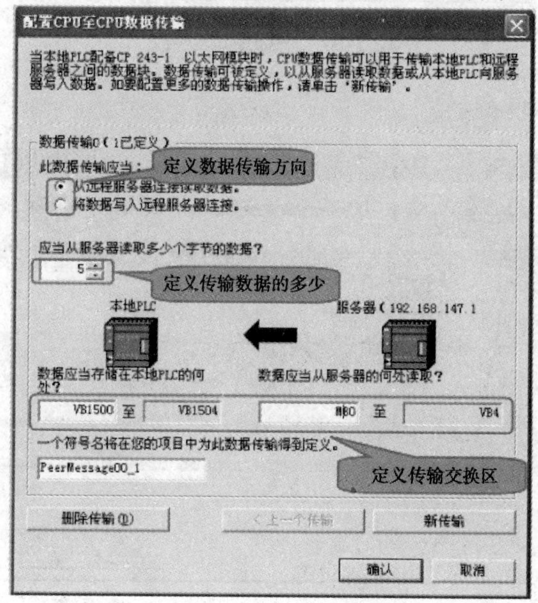


图 5-26　数据传输参数配置

③ 选择 CRC 保护和保持活动间隔的时间，如图 5-27 所示。

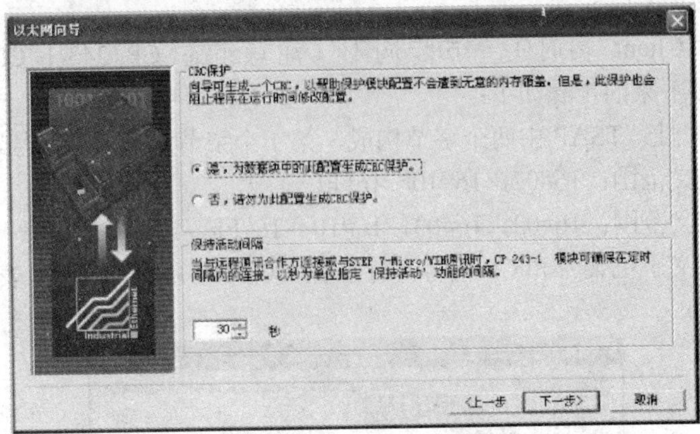


图 5-27　CRC 保护及保持活动间隔时间设置

④ 确定以太网组态数据的地址，如图 5-28 所示。

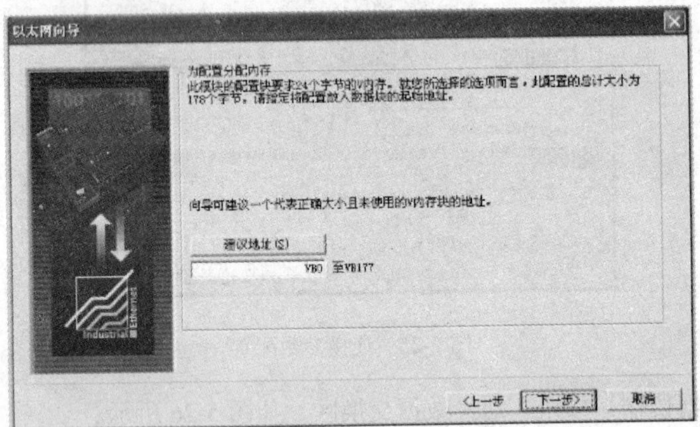


图 5-28　内存地址设置

⑤ 组态结果如图 5-29 所示。

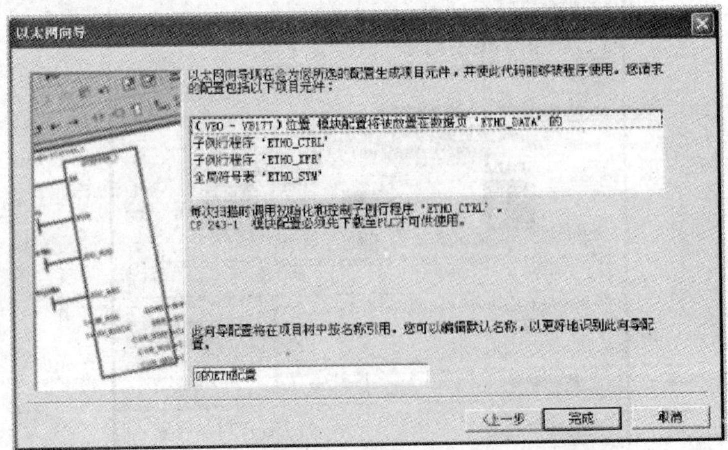


图 5-29　组态结果

⑥ 在 PLC 中调用以太网自动生成的两个子程序，如图 5-30 所示。

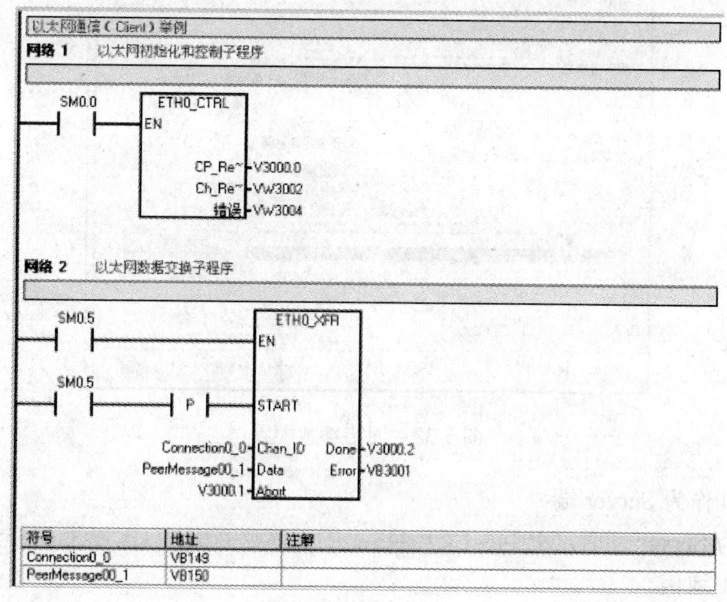


图 5-30　子程序调用

⑦ 配置 S7-300 端：新建项目“S7-300 与 S7-200 以太网通信”，插入 S7-300 站点，再组态硬件（依次放入导轨、电源模块、CPU 模块和 CP 343-1 模块），如图 5-31 所示。

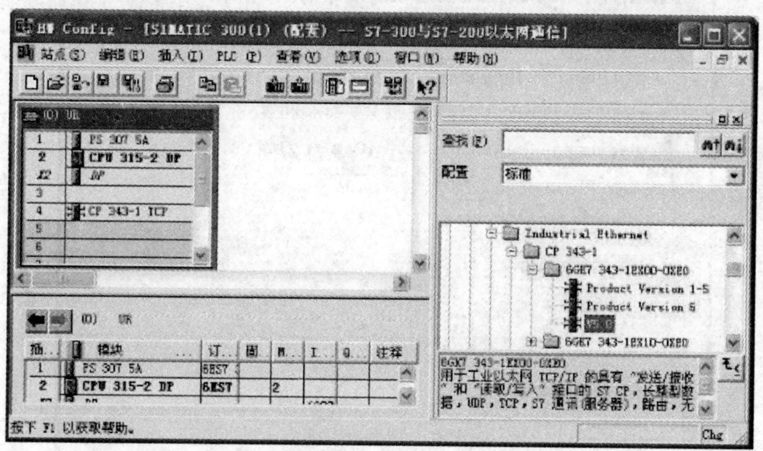


图 5-31　硬件组态

⑧ 在放入 CP 343-1 模块时，会自动弹出“属性-Ethernet 接口”对话框，分配 IP 地址和子网掩码。因 S7-300 作为 Server，不需要编程，只要把组态下载到 PLC 即可，如图 5-32 所示。

至此，一个以 S7-200 作为 Client 端，S7-300 作为 Server 端的以太网通信系统已经组态完毕，这时在 S7-200 端触发子程序 ETH0_XFR 就可以进行 S7-200 和 S7-300 间的数据交换了。

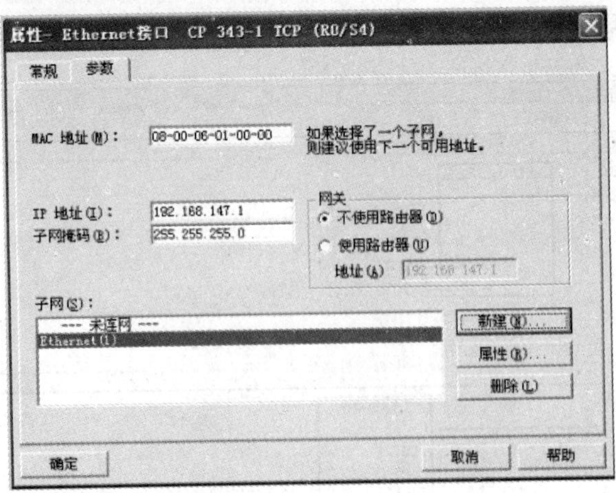


图 5-32　网络参数配置

（2）S7-200 作为 Server 端

S7-200 作为 Server 端时，CP 343-1/CP 443-1 的版本必须是 V1.1 以上，另外，CP 443-1 ISO 不能同 CP 243-1 通信。

S7-200 作为 Server 时的以太网组态前面已经介绍过，这里不再详述，注意 CP 243-1 的 IP 地址是 140.80.0.100，连接属性为 Server，如图 5-33 所示。

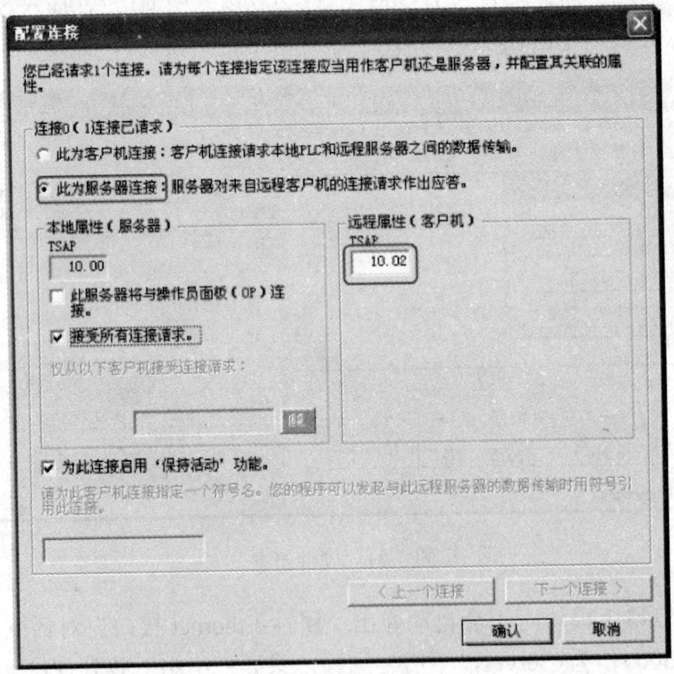

图 5-33　连接参数配置

因为 S7-200 作为 Server，因此在 S7-200 端只需要调用以太网初始化子程序 ETH0_CTRL 就可以了，不需要编程，如图 5-34 所示。

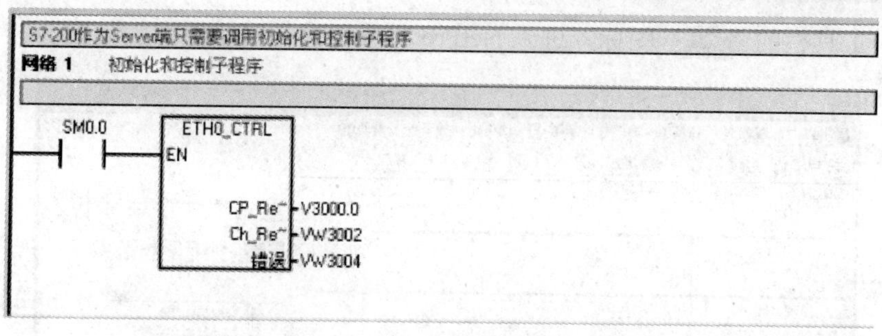


图 5-34　子程序调用

（3）组态 S7-400 的以太网通信

① 新建项目“S7-400 与 S7-200 以太网通信”，插入 S7-400 站点，组态硬件（依次放入导轨、电源模块、CPU 模块和 CP 434-1 模块），如图 5-35 所示。

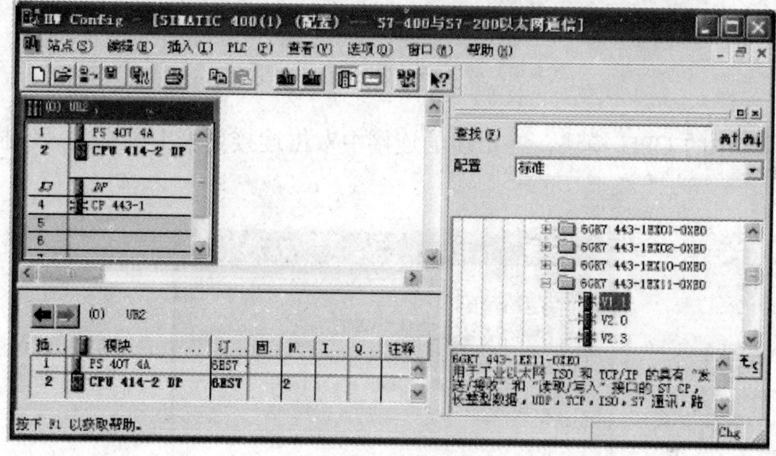


图 5-35　硬件组态

② 在放入 CP 433-1 模块时，会自动弹出“属性-Ethernet 接口”对话框，设置 IP 地址和子网掩码，如图 5-36 所示。

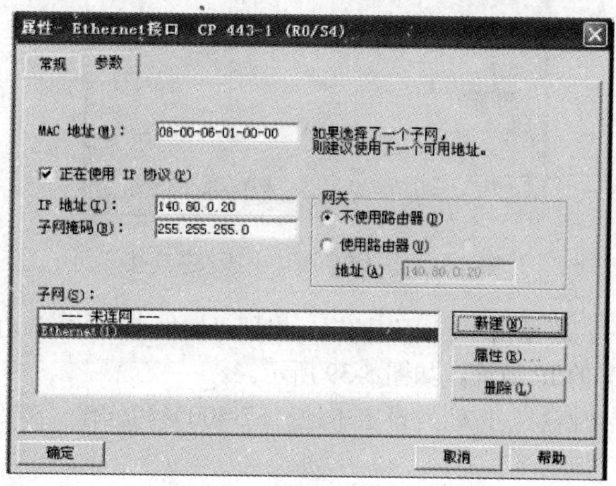


图 5-36　网络参数配置

③ 单击工具栏的“ ”图标，进入 NetPro 环境，进行网络组态，如图 5-37 所示。

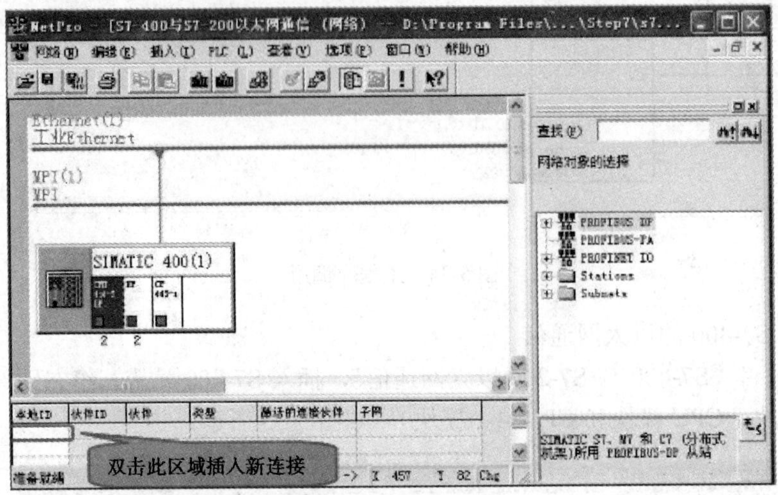


图 5-37　网络组态

④ 单击网络中的 CPU 模块，在出现的连接中双击连接列表中的空白区域插入新连接，如图 5-38 所示。

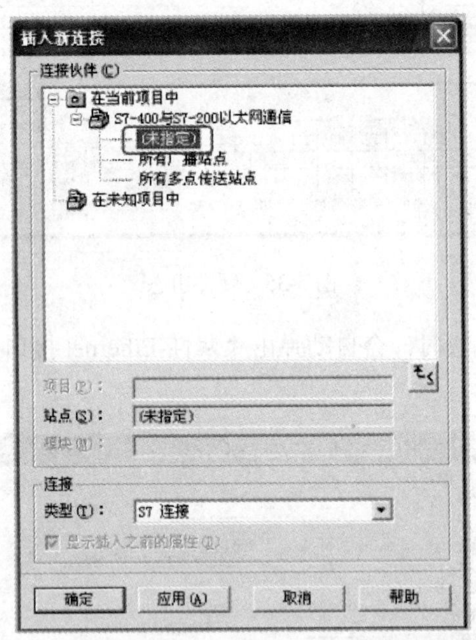


图 5-38　在 CPU 模块中插入新连接

⑤ 选择“未指定”，再单击“应用”按钮，出现“属性-S7 连接”对话框，设定伙伴（本例为 S7-200 CP 243-1）的 IP 地址，如图 5-39 所示。

⑥ 单击“地址详细信息”按钮，设定本地（S7-400）和伙伴（S7-200）的 TSAP 信息，如图 5-40 所示。

⑦ 至此，双方的以太网通信已经组态完毕，接下来需要在 Client（S7-400）端调用程序块 SFB14、SFB15 向 Server（S7-200）读取和发送数据。

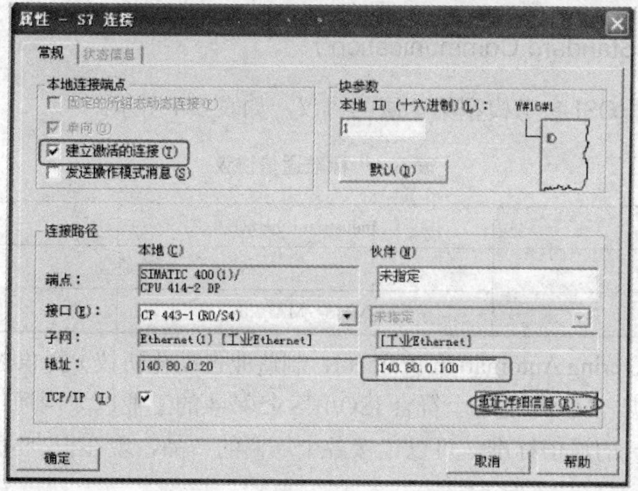


图 5-39　设定通信伙伴的 IP 地址

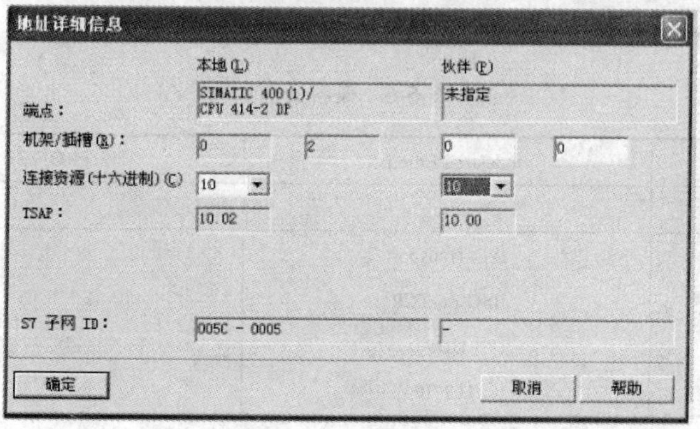

图 5-40　TSAP 信息配置

# 5.4　S7-300/400 以太网解决方案

前面介绍了 S7-200 PLC 的以太网通信，下面介绍 S7-300、S7-400 PLC 的以太网解决方案。首先回顾一下西门子公司支持的网络协议和服务。

## 5.4.1　西门子支持的网络协议和服务

网络通信需要遵循一定的协议，表 5-3 中列出了西门子公司不同的网络可以运行的服务。

表 5-3　西门子公司的网络服务

<table>
<tr><td>子网（Subnets）</td><td>Industrial Ethernet</td><td>PROFIBUS</td><td>PROFIBUS</td></tr>
<tr><td rowspan="4">服务（Services）</td><td colspan="3">PG/OP 通信</td></tr>
<tr><td colspan="3">S7 通信</td></tr>
<tr><td colspan="2">S5 兼容通信</td><td>S7 基本（S7 Basic）通信</td></tr>
<tr><td>标准通信</td><td>DP</td><td>GD</td></tr>
</table>

### 1. 标准通信（Standard Communication）

标准通信运行于 OSI 参考模型第 7 层的协议，如表 5-4 所示。

表 5-4 标准通信协议

| 子网（Subnets） | Industrial Ethernet | PROFIBUS |
|---|---|---|
| 服务（Services） | 标准通信 | |
| 协议 | MMS～MAP3.0 | FMS |

MAP（Manufacturing Automation Protocol，制造业自动化协议）提供 MMS 服务，主要用于传输结构化的数据。MMS 是一个符合 ISO/IES 9506-4 的工业以太网通信标准，MAP3.0 的版本提供了开放统一的通信标准，可以连接各个厂商的产品，现在很少应用。

### 2. S5 兼容通信（S5-Compatible Communication）

SEND/RECEIVE 是 SIMATIC S5 通信的接口，在 S7 系统中，将该协议进一步发展为 S5 兼容通信“S5-Compatible Communication”。该服务包括如表 5-5 所示的协议。

表 5-5 兼容通信

| 子网（Subnets） | Industrial Ethernet | PROFIBUS |
|---|---|---|
| 服务（Services） | S5 兼容通信 | |
| 协议 | ISO Transport<br>ISO-on-TCP<br>UDP<br>TCP/IP | FDL |

（1）ISO 传输协议：ISO 传输协议支持基于 ISO 的发送和接收，使设备（如 SIMATIC S5 或 PC）在工业以太网上的通信非常容易，该服务支持大数据量的数据传输（最大 8KB）。ISO 数据接收有通信方确认，通过功能块可以看到确认信息。

（2）TCP：TCP 即 TCP/IP 中的传输控制协议，提供了数据流通信，但并不将数据封装成消息块，因而用户不能接收到每一个任务的确认信号。TCP 支持面向 TCP/IP 的 Socket。TCP 支持给予 TCP/IP 的发送和接收，使设备（如 PC 或非西门子设备）在工业以太网上的通信非常容易。该协议支持大数据量的数据传输（最大 8KB），数据可以通过工业以太网或 TCP/IP 网络（拨号网络或因特网）传输。通过 TCP，SIMATIC S7 可以通过建立 TCP 连接来发送/接收数据。

（3）ISO-on-TCP：ISO-on-TCP 提供了 S5 兼容通信协议，通过组态连接来传输数据和变量长度。ISO-on-TCP 符合 TCP/IP，但相对于标准的 TCP/IP，还附加了 RFC 1006 协议，RFC 1006 是一个标准协议，该协议描述了如何将 ISO 映射到 TCP 上去。

（4）UDP：UDP（User Datagram Protocol，用户数据报协议）提供了 S5 兼容通信协议，适用于简单的、交叉网络的数据传输，没有数据确认报文，不检测数据传输的正确性，属于 OSI 参考模型第 4 层的协议。UDP 支持基于 UDP 的发送和接收，使设备（如 PC 或非西门子公司设备）在工业以太网上的通信非常容易。该协议支持较大数据量的数据传输（最大 2KB），数据可以通过工业以太网或 TCP/IP 网络（拨号网络或因特网）传输。SIMATIC S7 通过建立 UDP 连接，提供了发送/接收通信功能，与 TCP 不同，UDP 实际上并没有在通信双方建立一

个固定的连接。除了上述协议，FETCH/WRITE 还提供了一个接口，使 SIMATIC S5 或其他非西门子公司控制器可以直接访问 SIMATIC S7 CPU。

3. S7 通信（S7 Communication）

S7 通信集成在每一个 SIMATIC S7/M7 和 C7 的系统中，属于 OSI 参考模型第 7 层应用层的协议，它独立于各个网络，可以应用于多种网络（PROFIBUS、工业以太网）。S7 通信通过不断地重复接收数据来保证网络报文的正确性。在 SIMATIC S7 中，通过组态建立 S7 连接来实现 S7 通信，在 PC 上，S7 通信需要通过 SAPI-S7 接口函数或 OPC（过程控制用对象链接与嵌入）来实现。在 STEP 7 中，S7 通信需要调用功能块 SFB（S7-400）或 FB（S7-300），最大的通信数据可达 64KB。对于 S7-400，可以使用系统功能块 SFB 来实现 S7 通信，对于 S7-300，可以调用相应的 FB 功能块进行 S7 通信，如表 5-6 所示。

表 5-6 S7 通信功能块

| 功能块 | | 功能描述 |
|---|---|---|
| SFB8/9 | USEND | 无确认的高速数据传输，不考虑通信接收方的通信处理时间，因而有可能会覆盖接收方的数据 |
| FB8/9 | URCV | |
| SFB12/13 | BSEND | 保证数据安全性的数据传输，当接收方确认收到数据后，传输才完成 |
| FB12/13 | BRCV | |
| SFB14/15 | GET | 读、写通信对方的数据而无须对方编程 |
| FB14/15 | PUT | |

4. PG/OP 通信

PG/OP 通信分别是 PG 和 OP 与 PLC 通信来进行组态、编程、监控及人机交互等操作的服务。

## 5.4.2 S7–300 PLC 进行工业以太网通信所需的硬件与软件

（1）硬件：CPU、CP 343-1 IT/CP 343-1、PC（带网卡）。

（2）软件：STEP 7 V5.2。

（3）PG/PC Interface 的设定。

在“SIMATIC Manger”界面中，选择“Options”→“Set PG/PC Interface”命令，进入“Set PG/PC Interface”界面，选定“TCP/IP（Auto）→Realtek RTL8139/810”为通信协议，如图 5-41 所示。

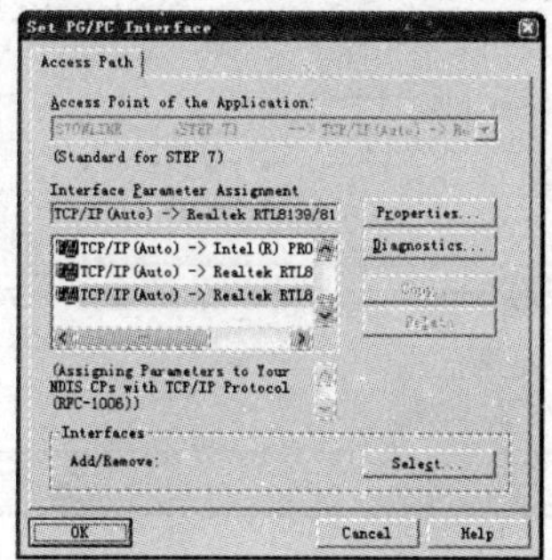


图 5-41 “Set PG/PC Interface”界面

### 5.4.3 S7–300 PLC 利用 S5 兼容的通信协议进行工业以太网通信（以 TCP 为例）

（1）新建项目：在 STEP 7 中创建一个名为“TCP of IE”的新项目。右击，在弹出的菜单中选择“Insert New Object”→“SIMATIC 300 Station”，插入一个 300 站，取名为“313C-2DP”。用同样的方法在项目“TCP of IE”下插入另一个 300 站，取名为“315-2DP”，如图 5-42 所示。

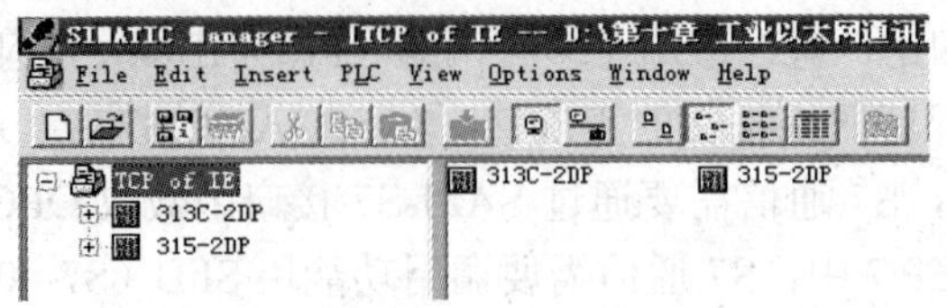


图 5-42 新建项目

（2）硬件组态：首先对“313C-2DP”站进行硬件组态，双击“Hardware”进入“HW Config”界面。在机架上加入 CPU 313C-2 DP、SM 323 和 CP 343-1 IT，如图 5-43 所示。同时把 CPU 的 PROFIBUS 地址设为“4”，CP 模块的 PROFIBUS 地址设为“5”。CP 343-1 IT 可以在“SIMATIC 300”→“CP 300”→“Industrial Ethernet”下找到，如图 5-44 所示。

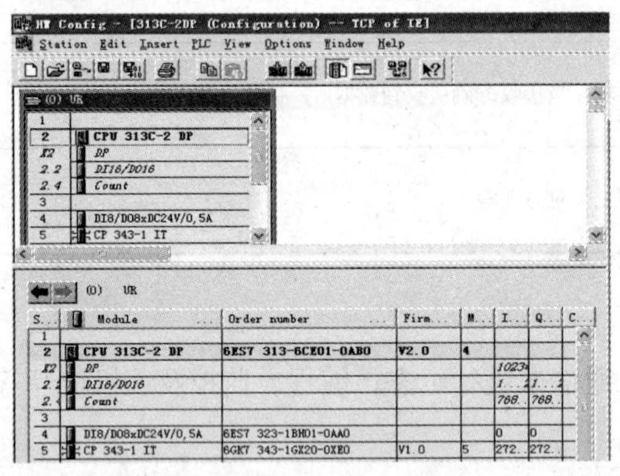


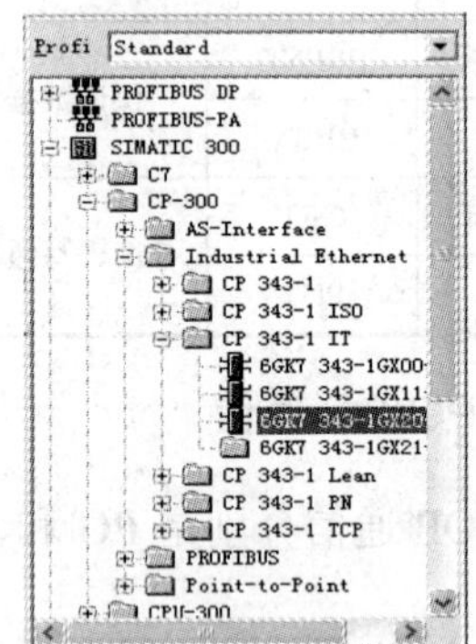


图 5-43 “313C-2DP”站的硬件组态　　图 5-44 CP 343-1 IT 的硬件位置

当把 CP 343-1 IT 插入机架时，弹出一个 CP 343-1 IT 的属性对话框，新建以太网“Ethernet（1）”，因为要使用 TCP，故只需设置 CP 模块的 IP 地址，如图 5-45 所示。本例中 CP 343-1 IT 的 IP 地址为 10.10.3.28，子网掩码为 255.255.255.192。

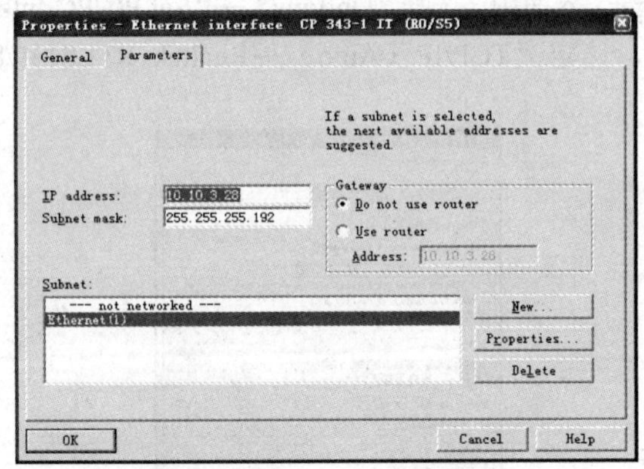


图 5-45 CP 343-1 IT 的属性对话框

用同样的方法建立“315-2DP”站的硬件组态。CPU 的 PROFIBUS 地址设为“2”，CP 模块的 PROFIBUS 地址设为“3”。CP 模块的 IP 地址为 10.10.3.58，子网掩码为 255.255.255.192。硬件组态好后保存编译，分别下载到两台 PLC 中。

（3）网络参数配置。

与做一般的项目不同，在做工业以太网通信的项目时，除了要组态硬件，还要进行网络参数的配置，以便在编写程序时，可以方便地调用功能块。在“SIMATIC Manger”界面中单击“Configure Network”按钮，打开“NetPro”设置网络参数。此时可以看到两台 PLC 已经加入了工业以太网中，选中一个 CPU，右击，选择“Insert New Connection”命令建立新的连接，如图 5-46 所示。

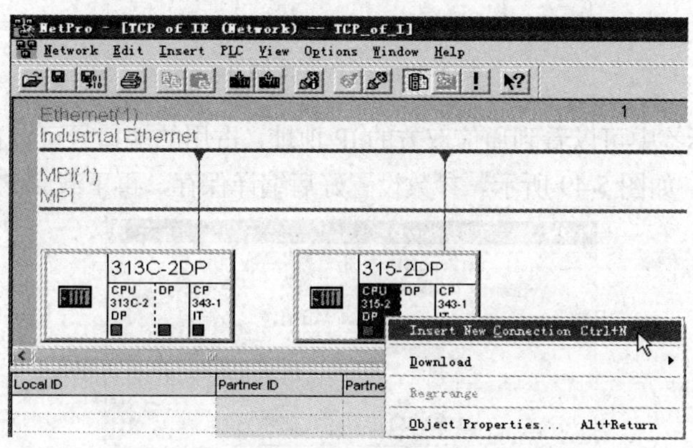


图 5-46 建立新的连接

在连接类型中，选择“TCP connection”，如图 5-47 所示。

单击“OK”按钮，设置连接属性，如图 5-48 所示。“General Information”标签中“ID=1”是通信的连接号；“LADDR=W#16#0110”是 CP 模块的地址，这两个参数在后面的编程时会用到。

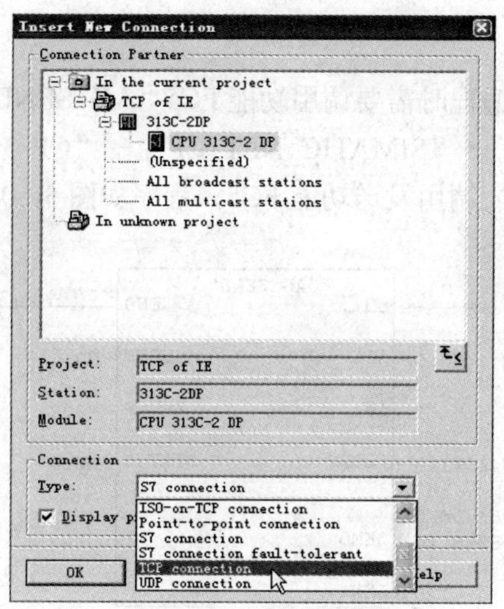


图 5-47 选择“TCP connection”连接

通信双方其中一个站（本例中为 CPU 315-2 DP）必须激活“Active connection establishment”

选项，以便在通信连接初始化中起到主动连接的作用，如图 5-48 所示。

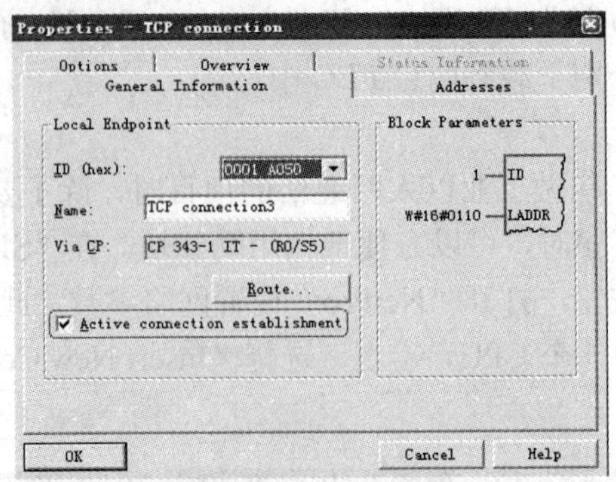


图 5-48　TCP 连接属性

在“Address”标签中可以看到通信双方的 IP 地址，占用的端口号可以自定义，也可以使用默认值，如“2000”，如图 5-49 所示。参数设置好后编译保存，再下载到 PLC 中就完成了。

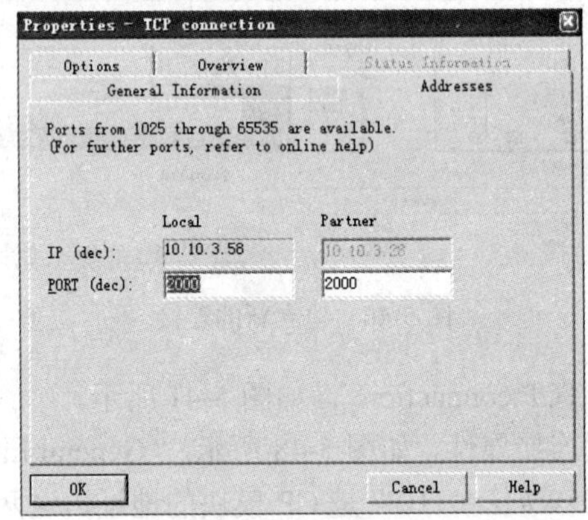


图 5-49　设定 TCP/IP 端口

（4）编写程序。

在进行工业以太网通信编程时需要调用功能 FC5“AG_SEND”和 FC6“AG_RECV”，该功能块在指令库“Libraries”→“SIMATIC_NET_CP”→“CP 300”中可以找到。其中发送方（本例中为 CPU 315-2DP）调用发送功能 FC5，程序如图 5-50 所示。

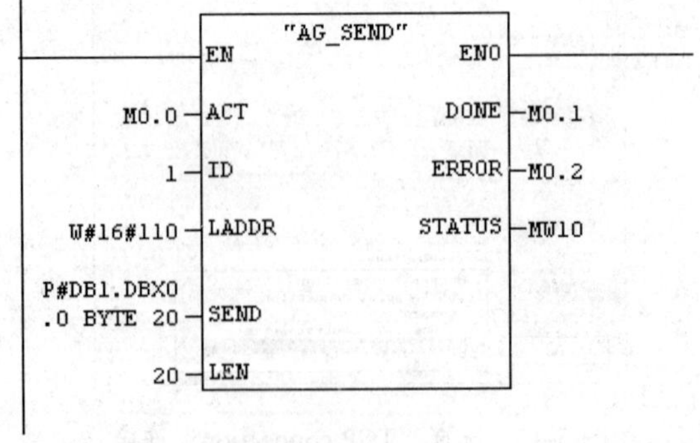


图 5-50　发送方程序

当 M0.0 为 1 时，触发发送任务，将“SEND”数据区中的 20 个字节发送出去，发送数据“LEN”的长度不大于数据区的长度。如表 5-7 所示为功能 FC5 的各个管脚参数说明。

**表 5-7　功能 FC5 的各个管脚参数说明**

| 参数名 | 数据类型 | 参数说明 |
|---|---|---|
| ACT | BOOL | 触发任务，该参数为“1”时发送 |
| ID | INT | 连接号 |
| LADDR | WORD | CP 模块的地址 |
| SEND | ANY | 发送数据区 |
| LEN | INT | 被发送数据的长度 |
| DONE | BOOL | 为“1”时，发送完成 |
| ERROR | BOOL | 为“1”时，有故障发生 |
| STATUS | WORD | 故障代码 |

同样在接收方（本例为 CPU 313C-2 DP）接收数据时需要调用接收功能 FC6，如图 5-51 所示。

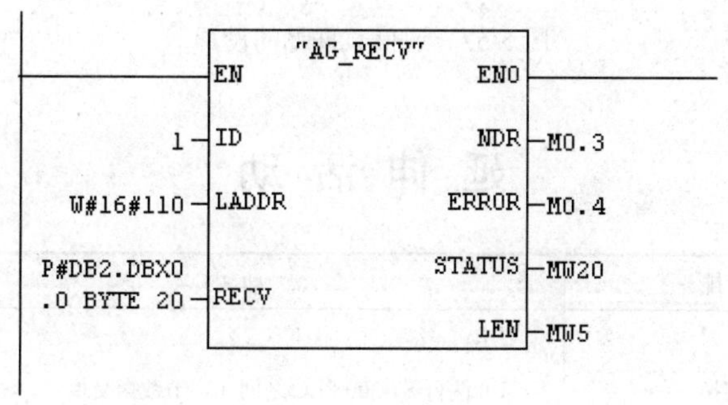


图 5-51　接收方程序

功能 FC6 的各个管脚参数说明如表 5-8 所示。

**表 5-8　功能 FC6 的各个管脚参数说明**

| 参数名 | 数据类型 | 参数说明 |
|---|---|---|
| ID | INT | 连接号 |
| LADDR | WORD | CP 模块的地址 |
| RECV | ANY | 接收数据区 |
| NDR | BOOL | 为“1”时，接收到新数据 |
| ERROR | BOOL | 为“1”时，有故障发生 |
| STATUS | WORD | 故障代码 |
| LEN | WORD | 接收到的数据长度 |

程序编写好后保存下载，这样就可以把发送方 CPU 315-2 DP 内的 20 个字节的数据发送给接收方 CPU 313C-2 DP。正常情况下，功能块 FC5“AG_SEND”和 FC6“AG_RECV”的最大数据通信量为 240 个字节，如果用户数据大于 240 个字节，则需要通过硬件组态在 CP

模块的硬件属性中设置数据长度大于 240 个字节（最大 8KB），如图 5-52 所示。如果数据长度小于 240 个字节，不要激活此选项以减少网络负载。

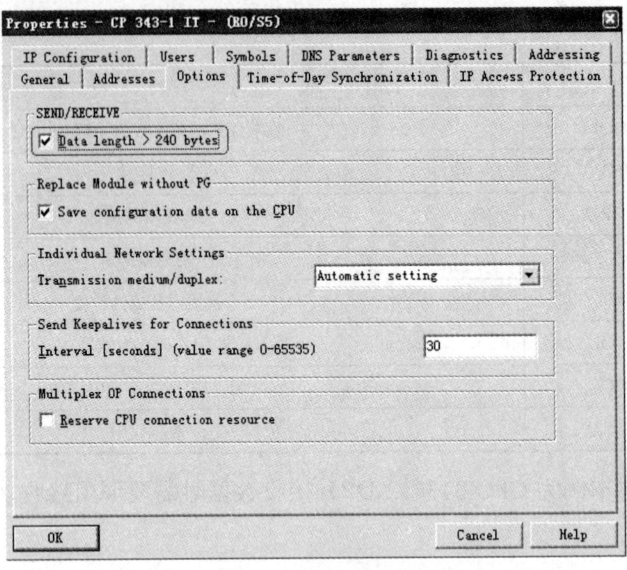


图 5-52　通信数据量的设置

# 延伸活动

| 序号 | 安　排 | 活动内容 | 加分 | 资源 |
|---|---|---|---|---|
| 1 | 活动一：数据交换 | 要求：<br>（1）两台 S7-300 PLC 之间 4 字节数据交换<br>（2）工业以太网环境下的 S7 通信 | 5 分 | 现场 |
| 2 | 活动二：电机的星/三角启动控制 | 要求：<br>（1）使用一台 S7-300 PLC 的输入端所接按钮通过工业以太网控制另一台 S7-300 PLC 输出端所控制接触器<br>（2）S7-300 PLC 之间使用 CP 343-1 通信 | 10 分 | 现场 |
| 3 | 活动三：封口机的异地控制 | 要求：<br>（1）一台 S7-200 PLC 与封口机相连，它把温度信号传给另一台 S7-200 PLC，同时接收按钮信号<br>（2）S7-200 之间通过工业以太网通信 | 10 分 | 现场 |

# 测试题

## 一、选择题

1．工业网络器件的供电，通常采用柜内低压直流电源标准，大多的工业环境中控制柜内所需电源为低压（ ）直流。

A．10V　　B．15V　　C．24V　　D．96V

2．下面为 S7-200 系列 PLC 设计的工业以太网通信处理器的是（ ）。

A．CP 5611　　B．CP 243-1　　C．CP 343-1　　D．CP 342-5

3．S7-200 系列 PLC 的以太网配置时，TSAP 的第（ ）个字节定义了机架号和 CP 槽号。

A．1　　B．2　　C．3　　D．4

4．S7 系列 PLC 在下面通信中，传输速率最快的是（ ）。

A．MPI 通信　　B．DP 通信

C．高速工业以太网通信　　D．PPI 通信

5．西门子支持的网络协议和服务中，S7 通信属于 OSI 参考模型第（ ）层的协议。

A．1　　B．2　　C．6　　D．7

6．192.168.1.1 属于哪一类 IP 地址（ ）。

A．A 类　　B．B 类　　C．C 类　　D．D 类

7．OSI 七层参考模型中第二层被称为（ ）。

A．物理层　　B．数据链路层　　C．网络层　　D．传输层

8．路由器属于 OSI 参考模型的第（ ）层设备。

A．1　　B．2　　C．3　　D．4

## 二、简答题

1．通信网络的 OSI 参考模型有哪七层？

2．工业以太网与传统办公网络有什么区别？

3．S7-300 系列 PLC 的以太网通信处理器有哪些，支持什么协议？

4．交换技术和中继技术相比有什么优点？

5．PC 如何与 S7-300 PLC 实现工业以太网通信？

6．组成工业以太网的几类网络器件是什么？

7．给出一种 S7 系列 PLC 的 E-mail 功能实现方案。

8．给出一种 S7 系列 PLC 的 FTP 功能实现方案。

9．S7-300 PLC 工业以太网通信 PG/PC 接口如何设置？

10．简述 TCP 与 UDP 协议的差别。

11. [illegible]

A. 10M[illegible] B. [illegible]15V C. [illegible] D. [illegible]

12. [illegible] S7-200 [illegible] PLC [illegible]

A. [illegible] B. [illegible] C. CP [illegible] D. CP [illegible]

S7-200 [illegible] PLC [illegible]

[illegible]

[illegible]

[illegible]

四、简答题

1. PLC [illegible] CSM [illegible]

2. [illegible]

3. S7-300 [illegible] PLC [illegible]

4. [illegible]

5. PC [illegible] S7-300 PLC [illegible]

6. [illegible]

7. [illegible] E-mail [illegible]

8. [illegible] S7-300 PLC [illegible]

9. S7-300 PLC [illegible] CP [illegible]

10. [illegible] CP [illegible]